Me too
智慧飲食

Me too @ Smart Dietarian

王裕文 著

目錄

編後語
第一章　緣起 3
第二章　人類飲食與農業發展 27
I 人類飲食發展史 29
II 農業發展史 41
III 新一波人類文明演化 62
IV 現代農業與資本合體 76
第三章　現代食物的新樣貌 115
I 小麥到麵包 128
II 飼料到肉 158
III 種子到食用油 196

IV 水果到果汁 224
V 蔬菜到藥丸 262
第四章 食物到毒物 283
原料來源 287
生產加工流程 289
物流保鮮 293
原物料延壽大變身 294
I 玉米 294
II 加工食品與精製原料的共生 300
III 味素與人工添加劑 303
IV 純化 307
V 迷失在透明的資訊大海 311
第五章 跨入智慧飲食的大門 317

轉個心態，重新選擇 317
智慧飲食起手式 331
御物不役於物 335
淡定選擇下一餐 338
How to do 340
你也可以是廚師 349
採購達人 354
有機農產品好吃與有機認證標籤的迷思 360
現代農業農產品的滋味？ 365
翻轉觀念 367

參考文獻 401

編後語

記得兩年多前的一個午後，與作者前往台北市的迪化街，採買課程的材料。沿路四處進入眼簾的不外乎就屬「種子」「作物」為大宗。用這樣的名詞形容綠豆，芝麻，米……很好笑吧！但這對作者而言，這些作物在學農的人眼裡，真的就是這樣區分的。若更進一步思考就會有禾本科，草本科以及這是甚麼品種，然後再往下討論就有多年生、單年生……等等。

在採買的過程中，我看到了一區各式各樣米的展示區，吸引了我的目光。有一個小透明容器中，盛裝的米外觀好奇特喔！它是細長型約1.5公分，黑黑的略發亮的黑長形米。聞起來沒什麼味道，觸碰起來像抓起一把沙一樣會從指縫中串串滑落，就是說不上來的吸引我注意。心想這種米不知道吃起來是什麼味道？就想說那買一斤回家煮看看好了！看了一下價錢，哇！店家是標錯了嗎？一斤600元？是多寫了一個0嗎？為求證，我還是問一下老闆多少錢一斤？後來我確定店家沒標錯價格，這時我心裡就犯嘀咕，天啊……是甚麼狀況會需要這麼高的生產成本呢？請教了作者這種米是什麼品種？很難栽種嗎？作者只淡淡的回答我，這不算是米的品種，它只是一種植物的種子，但長得像米，栽種條件需某地區的「風土」適合以及沒有病原菌感染情況下才可以順利結成種子……喔！聽完我心裡就更好奇了，不是米的米，放在米的櫃區又賣這麼貴，好！買了吧！

我想嚐嚐它到底是何方風味，所以就忍痛下手了！當然回家後，就急著下鍋烹煮，但沒成功。後來再試了一兩次，才抓到它的屬性，把它煮出像米的硬度。進入到品評了！先聞一下它的味道，有撲鼻而來的鄉村乾稻草香氣，吃下第一口帶有薄皮的穀物類口感，很有嚼勁但不硬。在咀嚼的過程中，會有更重的稻草香味出現，中段時，會有很淡很淡的花香味出現，但因為非常的輕淡，所以抓不到哪種花香，最後口腔中有淡淡的蔗糖甜味，這與我們吃的白米飯的甜味不相同。真的不是米的黑米，讓我的味蕾很驚艷，它煮熟後的外觀更是漂亮。它原本的黑色外皮變成顏色較為淡的黑檀木顏色，不再發亮，但是更顯得敦厚溫暖。而一粒粒的米呈半月彎形的小彎刀。彎曲的地方爆出裡面半乳白透明的米，與黑檀木的外殼相互輝映更是賞心悅目啊～～在欣賞這黑米時，我也發展出我自己的新吃法。煮好後拌入一茶匙的亞麻仁油，然後再盛一碗品嘗時，它的氣味及口感變化，更令我歡心，細節就不在此再形容了。

日後有向作者報告了食用黑米的驚豔及細節，也討論了很多這個作物的歷史及栽培……但我還是一直介意著為什麼這麼多樣性又豐富的食物，不能讓每個人都有機會吃到呢？？～%*農業生態多樣性是農業專家琅琅上口的口頭禪，也不斷提醒指引我們消費者，多樣性就像繽紛的色彩般，讓土地健康，也讓人體古老的基因綿延至今，人類的食物不是也應該如此嗎？就這個話題談了一整個下午……。沒想到作者將一個看似不是太特別的對談，仔細的思考了一大圈，反覆的系統驗證，及將其所學交叉思考寫出這本巨作，就容我為大家做簡易說明。

第一章(p.3)為作者以自我的經驗，經由「選擇」而慢慢體會出這套飲食的理論與實踐。內容敘述由求學到進入社會的種種點滴，希望透過分享自我經驗讓讀者們也能回顧自己生命歷程，也應用在未來每餐食物的選擇上。

若您是個對農業歷史及近代農業發展有濃厚興趣者，建議您可閱讀第二章(p.27)，裡面分成四大章節：I人類的飲食史(p.29)，II農業發展史(p.41)，III新一波人類飲食農業(p.62)，IV現代農業與資本合體(p.76)。內容涵蓋了人類自始如何覓食及耕種，使用的農具及現代農機具的發展，乃至育種原理的定位與應用，影響我們栽培及擴大人類的收穫。最後現代化農業與資本體的配合，而使人類在不知不覺的發展中走向現代農業的樣態。

第三章現代食物的新樣貌（p. 115），此章分成了五大區塊：小麥到麵包（p. 128），飼料到肉（p. 158），種子到油（p. 196），水果到果汁（p.224），蔬菜到藥丸（p.262）。這些內容涵蓋了我們每天飲食的主軸，作者以歷史或真實故事為縱軸，讓讀者一窺這五大食物區塊在現代人的生活中，與我們產生了什麼樣的變化。非常適合都會忙碌的您了解，到底我們日常食物的科學進程是如何演變的。

而第四章食物怎麼變毒物（p. 283）。題目看來有點驚悚，但細讀之後您會覺得如似如乎。作者舉了玉米與人類的關係及科技的導入，使玉米的價值發揮到最大化，也讓讀者們了解到我們生活中與「它」是如此親密。另一個舉例是味素，它的發現及發展，以及後來聰明的人類不用其極的放大使用。最後這個「麩胺酸」就被污名了！

第五章是最最精采的章節，也是作者整個思路總整理後，希望帶給讀者們的「禮物」：**跨入智慧飲食的大門** (p. 317)

本來這部巨作還未提筆前，作者想借用咖啡產業發展的經驗，先行開課傳播觀念。因考量現代的人比較忙碌，請大家靜心閱讀完一本書，畢竟比較為難。但短期六堂授課再加上實物導引的米飯品評方式，很快就可以讓忙碌的都市人抓到要訣，這樣最起碼能讓智慧飲食的觀念先Holld住自己的健康，但因緣未俱足，所以開了一期之後就暫停了！第五章主要是敘述從心態上到如何do it，及真正實踐在您的生活中的方法及入門。希望大家的生命裡多了更多的欣賞，及與家人或自己更多的互動或獨處。別看小小的一粒米，還有我們每天的食物，真的可以拉近人與人的關係，請「用心」對待您週遭的事物，您會發現奇妙的事情發生，同時幫了自己忙也幫了國家及產業走向正確方向。你也Me too了嗎？

游S

第一章

緣起

第一章 緣起

人生充滿了選擇！

從早上醒來選擇要不要賴床開始，早餐要吃中式還是西式，衣服要穿哪一件，都是選擇題，當然在團體生活時，這些都是安排好的，就不需要選擇了，因為這是你在選擇要不要加入這個團體時，就可以預知的狀況，既然你選擇加入這個團體，理論上，你應該知道事情就是應該會如此的……#@%&*……但是事實上，很多時候這並不是你自己做的選擇，很多時候是在沒有讓你充分理解的情況下，你就「被選擇」走上這條路，循著這個被選擇的路，你開始覺得越走越不對勁，越走越不舒服，這時應該就是該再做選擇的時候了，你要選擇要不要繼續走這條路！

看見羅馬

只是我們在懵懵懂懂未成年受教育的時期，往往就要做出決定未來一生的選擇，有時候還真的希望時光能夠倒流，讓現在「成熟」的自己重新再選擇一次！只是時光就算倒轉，人事時地物都不一樣了，重新再選擇也未必能如你所願，所以最好的選擇就是選擇「轉彎」，英語諺語：條條大路通羅馬 (All roads lead to Rome)，有一個有趣的註解：「但是到羅馬的路上有許多轉彎！」筆者在少年時期，看到祖母罹患糖尿病，我選擇每天幫她注射胰島素，當時覺得我一定要當醫生。過不到幾年，大舅公，祖父，二叔公在半年內因胃癌相繼離世，短時間幾位疼愛我的長輩一個接一個離開，突然讓我覺得醫生好像也沒甚麼用，所以高中時期對於選擇當醫生這件事就有些猶豫了。

要考聯考了，必須要做個選擇！在那段迷惘困惑不知如何選擇的日子，一個統計數字：全世界因為飢餓而死亡的人數比病死的人還多，現在也記不得這個統計數字了，但是當時卻是讓我找到了我的人生方向，也做出了選擇，我選擇了農業！後來大學進了農藝系，大概是大二吧，在系圖書館一本期刊封面上看到 We feed the world 這句標語，這是一句讓我完全看清楚未來人生方向的標語，生命有了勁道，從此收起玩心，認真老老實實的學習農業，接受科學教育與訓練。

退伍後繼續進農藝研究所攻讀遺傳育種學碩士，同時也擔任助教，帶學生的實驗課，為了要確保有足夠的實習材料讓學生實驗，我花了很大的力氣在田間工作，耕種各種作物，現在回想起來，有人說我當時有點瘋狂，因為寒暑不分日復一日，汗水淋漓的田間工作，消耗大量的體力也真是累人的。但隔天早上醒來還是會想繼續做完昨天的事，現在回頭望望，我寧願說是熱愛。

我帶著這樣的熱情去美國德州農工大學念熱帶牧草，主攻植物育種，頂著德州的大太陽，我的研究課題讓我在實驗農場裡工作了三年，夏天是很熱的，衣服汗濕了又乾是很正常的，有一次實驗室的老工頭 Stanley，下工的時候說我衣服上有七圈的鹽斑，像極了樹的年輪，哈哈，原來是當天衣服汗濕又乾，一共來回了七次。

水土保持　培地茅引種

取得博士學位後返國，又要選擇了，我的專長在牧草地經營管理與牧草育種，直接的服務對象是牛，透過牛再間接服務人類，只是台灣畜養的牛只有十萬頭，頭數不及一個德州的大牧場，而且已經有一個中央級的畜產研究所的研究機構在服務了，並不缺我一個人，因此我認為我可以有其他的選擇。

在我管理牧草地時，經常要面對水土保持項目，在當時，台灣每年固定的季節就會籠罩在來自大陸的沙塵暴裡，許多人的健康受到影響，所以我把眼光放在沙塵暴起源地區的生態治理，思考如何應用植生復育的牧草地經營技術，將日漸沙漠化的土地翻轉回復成原來的草原生態系，讓回復成草原的土地可以繼續養活人類，不忘我原來 We feed the world 的初衷。

透過學術研討會與私人參訪的機會，連續幾年走訪中國大陸內蒙古及相鄰的半農半牧區，認識了許多朋友，有了一些交流，也希望有留下一點痕跡。對我而言，這段期間的經驗，是開拓了我對生態經營管理的視野，重新融會貫通了許多領域的觀念。水土保持研究的目光不只放在蒙古草原，也落實在台灣各處惡地、荒地與農業邊緣土地的水土保持，除了牧草之外，我也選擇了培地茅這種強悍的植物進行研究，學成返國三年後發生了九二一大地震，這個天災讓我選擇縮短原訂培地茅的五年研究期程，開始密集與各水土保持機關單位及工程顧問公司接觸，介紹推廣這種神奇的植物。努力七年後終於被列入官方水土保持推薦植物名單，對自己這幾年的工作總算有個交代，但是走訪各機關單位，歷經大小兩百餘場的講演經驗，覺得到處磕頭請命真的令我十分挫折，是到了又要做選擇的時候了。

生態有機草坪，高爾夫球場應用

放眼大區域生態環境水土保持的目光，移回日常周邊的土地，比較城市的景觀，發現台北的綠地及草地很糟糕，基本上就是雜草叢生，原本出國進修時，當時的系主任蔡文福老師，特別交代要學習的草坪草領域，這時就派上用場。自返國開始，與培地茅研究同時啟動的草坪草育種研究過程，以及搭配與草坪學開課教學的過程，到這個時候也讓我累積了相當的經驗。在草坪草育種研究過程中，我以在德州農工大學所學的草坪管理科學理論為基礎，在台大試驗農場建立一個草坪試驗區，仔細的研究比較台灣本土原生草坪草與國外主流草坪草的各項議題，研究過程中熟悉了各種的化學農藥與肥料，親身在試驗田噴灑接觸各式化學農藥肥料，將近十年與這些農藥接觸累積之後，我的身體終於抵擋不住，只要太陽一曬，體溫上升，全身就起大面積的紅斑塊，像極了忍者龜，晚上洗澡時看著這些紅斑塊，我想我又需要作選擇了，要繼續做化學農藥肥料嗎？

選擇大膽接下生平第一個私人企業的顧問工作，進行高爾夫球場的草坪管理顧問，當選擇接下高爾夫球場顧問時，就一併將已經日漸明顯的極端氣候議題放入顧問的考量中，有機農法應該是我可以兼顧極端氣候，同時避開身體紅斑塊發作的一個選擇。我將有機農法的原理應用在高爾夫球場的草坪管理系統中。但是當時沒有一本草坪學的教科書提到草坪有機管理，基本上，球場草坪管理專家與學者沒有人相信有機是可行的。我選擇採用有機管理草坪的考量點是因為極端氣候是近代科學文明發祥以來，所沒有遭遇過的一個新的問題，還沒有一個系統性的研究理解與應對機制提出來，科學界是處於盲人摸象階段，同時我也不相信大量應用化學農藥肥料的精密現代草坪管理技術，可以應付科學界前所未知的極端氣候，原因是這種氣候狀態的不可預測性，它的極端值也遠超過精密草坪管理技術所設定的參數範圍之外，而相對的，有機農法致力所要提供的堅韌的生態緩衝能力，是在極端氣候變成可預測掌握之前的最佳選擇。

我在與球場老闆溝通顧問內容的過程中，我發現雖然他支持我的想法，但是並不完全明瞭如何進行，原因是因為我自己也只知道有機農法與生態經營的原則，至於落實球場草坪草管理所需要的有機肥料與病蟲害雜草防治所需的各類有機資材，在中國大陸這個新興的化學農業國度，到處充斥著化學農藥與肥料的地區，到底如何取得以及是否存在，都是需要探索的。在接下球場顧問的第二年年頭，在我又哄又耐心解說引導之下，球場的草坪草與管理工作人員已經慢慢轉上有機草坪管理的道路。

就在當年的夏天，整個中國大陸包含上海地區就遭遇了極端氣候的影響，夏季的日最高溫與高溫持續的時間屢創歷史紀錄，周邊其他球場的果嶺草幾乎全數陣亡，我們採行有機管理的球場，在108個果嶺中，只有兩個受到小傷害，這是令人鼓舞的對比，更大的考驗卻又緊接著來臨，因為周邊其他球場果嶺受損無法打球，球客轉而湧入我們的球場，生意好了，但是草坪草所承受因為打球人數增加的人為壓力與破壞也更大了，但是草坪草在生態原則與有機管理技術的導入下，紮紮實實地展現了強韌的耐力，面對這種成績，後續整個球場系統的人員對於草坪有機管理就不再懷疑了。

當然在這期間探尋各種有機資材與整合施作技術，確實也讓我傷透腦筋但也成長不少。兩個月後，球場老闆突發性心血管疾病發作，在他自我迅速就醫處理下，並無大礙，出院後，他決定選擇往有機農業發展，同時把球場的渡假村轉型成養生村，生產有機農產品，進入養生產業，希望我能繼續協助他，在後續近兩年的顧問工作中，我又大量重整我所學的知識與經驗，往有機農業的方向跨出紮實穩健的一大步。

放棄產官學，擁抱消費者

結束第一份顧問工作後，專心回歸學術教學與研究。當初選擇將研究重點由培地茅移往草坪草的一個原因，是因為不想再向人磕頭，求官員業主採用便宜有效的水土保持技術，終極目標當然是保衛農業土地與水源。但過程中卻橫受這些複雜的官商系統百般阻撓，對於不喜人事折衝與送往迎來的我而言，是一件非常痛苦的事情，因此我希望能直接與大眾在一起，不需要經過各式的中間人，以免擋人財路也被人阻擋，所以我選擇了另一個作物：咖啡，此時我也在台大開設了咖啡學的課程。

受到當時咖啡飲用風潮的快速興起，九二一災區大量普遍種植咖啡，位於重災區的古坑鄉公所起辦了咖啡比賽，在當時台大農學院楊平世院長的指示下，介入古坑的咖啡生豆評鑑工作，連續協辦了十年，這十年間對於咖啡評鑑所要採取的標準、進程與方向，讓我有了更多思索與操作實踐的空間，這是人生中一個重大的經歷，對楊院長及古坑鄉人猶心懷感念不已，後續也讓我再接了一個越南咖啡園的顧問工作。

咖啡評鑑當然也實踐滿足了我作為一個農藝人的使命，雖然不是親身直接種植生產咖啡，但是透過評鑑比賽的所設定的標準，讓我第一手感受所謂提升作物品質引領技術升級的威力，對於 We feed the world 這句話如何實踐，重新有了一番體驗與認識。另一方面，參與咖啡產業發展對我個人的最大影響，就是重新認識食物與人類感官的關係，這是我選擇寫這本書非常重要的一個原因。

因緣際會接下越南的咖啡莊園顧問工作，我持續堅持將有機農法導入咖啡園管理工作，同時生產出高品質的咖啡豆，老闆趙森發先生非常支持這種想法，他是一個篤信佛法的慈濟人，他只對我提出一個要求，就是在他的咖啡園裡三餐都要吃素，不要畜養家禽家畜。這對我所熟悉的生態農業系統，應用家禽家畜進行病蟲及雜草防除，並兼具生產效益是一個挑戰，與趙先生溝通後，他不反對野生動物在咖啡園裡活動，因為在佛陀的極樂世界裡，是有大量的動物自由自在活動，所以我將如何創造一個野生動物天堂的概念與方法導入咖啡園管理系統，竊稱之為「淨土生態農業」，這又是一個選擇，我也因而又重整學習了新的想法。

在咖啡園裡吃素，餐桌上除了米飯等主食之外，其他的都來自咖啡園裡，實踐了最短的農場到餐桌供應鏈，最重要的是這些菜餚都很好吃，比在台灣平常吃的蔬菜，好吃太多了，吸引了我對有機種植蔬菜的好奇，同時越南菜所使用的大量具有香氣與特殊風味的植物與香料，改變了我對食物調味的想法，也豐富了我現在的食物。

健康警訊，品味自體

我自美國返台時，體重近百，當時因為研究工作上，需要使用放射性同位素，因此在校方的規定下必須進行定期體檢，根據體檢的結果，醫生建議我的理想體重是72公斤，數字差距太大，這個體重數字目標讓我直接放棄，一直要到了在球場顧問期間，當時球場老闆病後剛出院，每天早餐都有護理人員量血壓監控，我就順便量了，突然發現我達到高血壓的標準了！球場管理經驗直覺地告訴我，不需要急著吃藥，因為我還沒有不舒服的反應，身體的緩衝能力雖然減弱了但是應該還有效，我可以選擇先調整改變我的身體的生態系統，再觀察看看。在摸索發展球場生態管理的經驗中，我選擇改變草坪管理中投入最大量使用也最頻繁的外來資材：肥料來入手，因為這是草坪草的食物，結果是成功的，以此為師，我每日生活投入最大量最頻繁的外來資材是甚麼？食物！我以此選擇，用食物來調整我的身體。

當時對三高患者的飲食觀念與建議是「少油少鹽少糖」，很自然地，我也跟大多數人一樣，選擇了素食（所以在咖啡園顧問之前，我就已經力行素食飲食法了），因為對外食族而言，素食自助餐是比較接近「少油少鹽少糖」的方便選擇，我的農業生態管理觀念中強調多樣性，因此我的素食自助餐盤上，不只要有五色蔬食，同時也要從根、莖、葉一路吃到種子，肉類是儘量不吃，連續吃了快六年，體重緩步下降，每天量測的血壓也維持在130左右，還算平衡，所以在越南咖啡園吃素對我來說，美味的越南素菜是一種享受。而一直到了有人告訴我，我面有菜色，身體有木頭味，突然驚覺怎麼會這樣呢？吃素不是應該讓我健康起來嗎？但是看來鐘擺是從一個極端，擺過了中間點，又擺到了另一個極端了！

感覺與科學的矛盾

血壓與體重這類的量測數字與變化趨勢是屬於量(quantity)的觀察結果，是合乎科學論證的，也是一般人會重視的，但是面色不佳與身體氣味改變，這種聽起來沒有科學論證又屬於質(quality)的觀察結果，一般科學人是不會在意的。但是因為從事咖啡品質的官能品評工作與教學已經多年了，對於咖啡風味這類屬於質(quality)的接觸經驗已經深植在心中，同時也有了一些心領神會，透過咖啡豆各種氣味的出現，品評者可以探索咖啡豆的各種狀態，包括生長期間、保存過程與烘焙處理所遭受的各種狀況以及對應的改善之道，人與咖啡豆一樣都是生物，都會散發各種味道，身體發出木頭味是一大信號，品評咖啡這麼久的自己，是不該與一般科學人一樣忽略這個信號。但是應該如何品評自己呢？就以咖啡品評為師吧！

我開始仔細檢討日常的飲食，盤點的結果，第一個就發現我每天要吃的各種維他命以及營養素補充藥丸可以裝滿一整碗！吃了這一碗的藥丸，肚子應該就飽了，何必再吃食物呢！探尋緣由，我認為是因為對科學的接受與信仰，與現代化學農業的薰陶感染下，未從根本多作省思，因而失去戒心，理所當然地選擇相信對身體的特定機能，使用高純度濃縮的有效成分是有效率的，吞這些藥丸時，「理性」告訴自己這些藥丸應該是有效的，雖然感覺不覺得無效，但也催眠自己好像應該有效，抱著一種「有吃有保庇」的期待，一路吃了快20年，對照之下，突然驚覺我在生態有機農業管理系統優游這麼許久了，我對自己的食物卻還套在化學農業的框架裡而不自知！在木頭味的當頭棒喝之下，我把櫃子裡所有的維他命、營養素通通掃進了垃圾桶，列入拒絕往來名單。這是一個很大的選擇，也是很大的惶恐，因為突然回頭跳回根本，回到科學的上層制高點，科學又回到一個下階選項的層次，此時頓時覺得失去了科學的背書！誰來照顧我的健康？

有機農業再思考

在選擇放棄化學農業走入有機時，我對當時台灣有機農業圈子主流的觀念是不認同的，因為只是將化學肥料換成有機肥料就可以號稱有機農業，這是換湯不換藥，核心是沒有改變的，所以我一直無法認同當時台灣有機農業的發展與研究方向，自然就成為一個孤鳥了。孤鳥的心態卻讓我歸零出發，在有機草坪管理技術的發展過程中，以生態平衡的角度出發，尋找相關的科學研究論證，在實作中調整改進，成果讓我充滿信心，過去的科學訓練也讓我獲得了可靠的經驗。

如何把這個生態平衡的概念引入飲食中，關照自己的健康，應該不是做不到的事情，對於選擇放棄維他命藥丸，重新尋找適合的飲食，照顧自己健康這件事的惶恐不安就比較舒坦些，科學依舊是我重要的靠山，是被商業宣傳的煙幕誤導，而使我覺得科學不可靠，走筆至此，頓覺以後在面對披著科學外衣的商業宣傳真是要提高警覺！因為這些披著科學外衣的宣傳，使我失去戒心，未能深思藥丸營養補充劑的本質，讓我幾乎要對科學失去信心。

用數字管理，看到血壓在合理的參數範圍內，一直不會覺得自己健康有問題。但是因為有木頭味這個「質」的現象出現，對自己的健康狀況發出了警報，我可以選擇忽視它，一笑置之，隨手解除掉這個警報，這是一般人會採取的合理作法。但是多年咖啡品評的經驗告訴我，這是有意思的，不該忽略的，我也可以選擇探究這個現象。此時一個舊時的記憶浮現，早期接觸過的一篇有關日本對老年人所散發的「老人味 old person smell」的研究報告[1]，提醒了我，人體會發出氣味這個問題是一個科學研究的議題，可以用科學的方法進行研究討論[2-4]。只是我現在要用來對我自己這個獨立特別的個體進行觀察與處理，這是蠻棘手的，因為我不想惡搞自己，但是卻也不會有醫生對我這個單一個體有興趣，所以看來還是只能自己來。

這類「質」的現象無法用數字來量測觀察，那就回到我所熟習的官能品評領域，但是用品評感覺這樣做符合科學嗎？科學是甚麼？科學就是將系統性的研究方法導入官能品評，同時將原本「憑感覺」的所謂非理性資料，套用統計學各式的非計量統計分析法 (non-metric data analysis) 分析試驗結果，就可以進行科學性的探討，官能品評這種「憑感覺」的研究也就成為科學界可以接受的方法[5]，這也是近年來食物官能品評領域得以快速發展的一個重要原因，這就是我作為一個科學人必須要說服我自己，給自己在科學的區塊內找到一個立足點，可以安身定位。畢竟摸著石頭過溪，要步步為營。

在開授咖啡茶葉官能品評課程中，我一再強調要相信對自己的感覺器官所感受到的各項滋味、氣味等的感覺，現在我們把感測的對象由外來的「咖啡」品質轉向自己的「身體」健康，討論咖啡品質時，首先要給定義，同理，健康的定義是甚麼？對於自己的身體要如何自己感覺？要感覺那些項目？與食物之間的關係又要如何觀察？觀察到的結果又要如何理解？理解之後又能如何對我的健康產生作用？問題好多！好興奮！品評咖啡的結論可以幫助他人選擇咖啡，這是利人的事情，最興奮的是終於多年的作物品評所獲得的經驗可以用在自己身上，對自己的健康有所貢獻，這是利己的事情。

在咖啡評鑑的工作上，因為需要培養評鑑師，我在臺灣大學大學部以及後續在進修推廣部開設咖啡品評課程，廣受好評，後來陸續開設茶葉品評課程，以及巧克力品評課程，對於消費者能夠喝到好咖啡，好茶葉，好巧克力是有助益，也仍然屬於We feed the world 的範疇，只是「好品質」的咖啡、茶葉與巧克力的涉獵，帶領我將這個範疇從傳統追求足量供應，延伸到追求高品質的區塊了，我追求的「羅馬」還是很清楚的！

重新整理 We feed the world 的思路後，發現這是農藝人在二次大戰後，當時全球普遍缺乏糧食的大環境下，所提出的口號與目標。在歷經綠色革命，區域政治逐漸穩定之後，全球的糧食生產量大增，1990 年代以來，以人均所需量計算是呈現糧食過剩的狀態，雖然全球部分地區仍有飢餓的問題，但是多半是分配與政治問題造成的，對於這樣的飢餓問題，農業界也沒有太多的著力點，因此就人均糧食需求而言，農藝人We feed the world 的任務已經達成，已經抵達羅馬了！看到全球的糧食生產，食品加工以及物流配銷系統在資訊產業加入後，蓬勃的發展與活力，真是令人感到可以解甲歸田。

但是最近幾年咖啡以及巧克力食品工業傳喚我參加了幾場的專家會議，想了解咖啡生豆、可可生豆的一些問題，多年以來負責田間原物料生產的農藝人是不需要參加食品科學領域的專家會議的，為甚麼現在會被找去開會？原來是近年來食品安全問題的主題已經悄悄地變了風向，普羅大眾對於食品健康開始關心起來了，突然之間我發現農藝人的任務未了。讓我們還是再回到 We feed the world 的老議題來討論。

檢討自二次大戰後，以過去的農業發展歷程為經，再以飲食行為變化為緯，做一個經緯雙向比對，再將我們健康狀態的變化描點在軸幅上，我得到一個「吃飽、吃好、吃健康」的三階段飲食過程發展理論。以咖啡為例說明這個理論，大多數人由喝即溶咖啡入手，以咖啡精、奶精與糖粉拌合的三合一咖啡，最方便也經濟實惠，這是屬於「吃飽」的階段；接著進入咖啡館喝現煮咖啡，加奶油球加糖的咖啡，業者多費心力，配合優雅的環境氛圍，包裝呈現，提高附加價值，價格暴增，這是屬於「吃好」的階段；近年講究證照的自家烘焙，用心挑選咖啡生豆，一杯用心計較、新鮮烘焙、現磨現煮的黑咖啡，不只強調美味挑戰味蕾，更企圖關照飲用者的健康，這是屬於「吃健康」的階段，套用咖啡的飲用行為與銷售發展模式，原先的足量供應咖啡所衍生的咖啡加工產業（生產咖啡精），隨著經濟能力的提升，與健康意識的抬頭，消費者轉向追求高品質與「吃健康」的需求，這與我在2004年起辦理台灣咖啡生豆評鑑時所設定的目標是相同的，所以農藝人 We feed the world 的目標在台灣現階段的飲食發展需求上，已經由足量供應延伸到高品質的境界，舞台已然翻新，飲食大眾企盼的一場新戲，就等農藝人再次粉墨登場了。對我而言，又是一次的選擇擺在面前，我可以選擇上場表演，對咖啡，巧克力等各種作物，逐一的檢視再次提出我的看法，或者是選擇來搭一個新的戲台，退居幕後，讓新人上台表演？

2013年退休後，再轉個彎，人生有些不同的經歷，轉彎後發現身體有木頭味，開始積極處理自身健康狀況，沉潛至今。其間用心吃飯飲食，方有機會靜心觀察自己身體的反應與食物的互動。這段期間，我從自身的健康角度出發，觀察我們日常接觸的食物與飲食，再比對現在的農業發展模式，我找到一些蛛絲馬跡，嗅到一些風向，透過一路協助我，擔任咖啡、茶葉與巧克力等課程助教游小姐的大力協助，逐一討論印證，經過近五年的親身體驗，我將「吃飽·吃好·吃健康」的三階段飲食過程發展理論作一些延伸，發展出所謂的「智慧飲食者」理論。這不是一種新的飲食法，我並沒有甚麼配方可以給人，人是一種生物，會變化的，一種配方只能適用一段時間，必須要調整的，我們畢竟不是總統，沒有辦法有總統級的醫療團隊隨時為我們調整，何況，儘管未來醫療系統再發達，我們吃喜歡食物的慾望，就算導入人工智慧後，大概也很難配合調整。如果完全配合吃所給的配方，或許身體健康指標都完美，但是人的自主尊嚴就蕩然無存了，如此恐怕又要大大影響心理健康了。我選擇創造一個新舞台，一個飲食的新舞台，一個智慧飲食者的舞台，這是還沒有發生的，但是我相信這是通往羅馬的一個新的轉彎。

作為一個科學人，讓我完全依靠感覺選擇食物，是很難接受的，畢竟腦袋裡已經有些知識，也習慣採行理性邏輯的思考。完全依照理性思考選擇食物，早晚會走上配方飲食的路上，這也是現代營養學發展的道路，對於現代人平常已經在職場上受盡約束，如果連選擇食物的自由都要被剝奪，心理上勢必更不平衡，但是另一方面，憑感覺選擇食物，通常就是順從慾望（口腹之慾），隨之而來的，就是體重增加，身材走樣，進而慢性病纏身，所以如何兼顧食物選擇的自由度，又要兼顧慾望的適度滿足，本書提出以食物知識（理性）結合自身對食物互動反應的感覺（感性），讓自己能夠時時調整，兼顧理性與感性的人性需求，展現智慧，調和人性，選擇自己的飲食，吃得健康也吃得愉快。

選擇是一個日常的行為，每個人都在做，它可大可小，有時是有意識的選擇，有時是無意識的選擇，有時是沒搞清楚莫名其妙地就選擇了，有時是明明白白知道後果而做的選擇，這些都發生在我過去所做的選擇。在這些選擇中，在改變飲食的這件事上，是最困難的，因為要改變的是自己多年來已經養成的飲食習慣，過去愛吃、常吃、多吃的食物要改變，要不斷地跟自己的慾望挑戰，也要想辦法不要過度妥協理性知識所給的指導，日日三餐都在這樣的來回反覆折衝矛盾之間，到了晚上入睡時分，回想年輕時酒足飯飽的飽足感，還會有些挫折，夜裡還會做起「餓」夢！所以每天早上起床，站上體重計就成為一個非常重要的起點，開始一天邁向健康道路的起點，我希望我又能夠有一個健康快樂的一天。這是一條我自己摸索出來的道路，很高興能夠結合自己的所學，做到利己，透過這本書分享出來，希望也能夠利人，讓讀者能夠也一起走上既是快樂飲食又是健康生活的每一天，成為一個智慧飲食者。

第二章

人類飲食與農業發展

第二章 人類飲食與農業發展

民以食為天，如果人類沒有食物，生命將無法為續而死亡，食物對人類存活的重要性不言可喻。人類在生物個體上的演化過程，與社群的文明發展，都與食物密不可分，食物供應的種類多樣性與季節性的供應量都會影響人類個體演化及其社群文明的發展，當遭受乾旱、水災等極端氣候變化影響，而導致食物供應發生不足時，整個社群部落乃至國家都可能覆亡，考古學者研究推測南美洲古馬雅文明的消失與高度依賴單一的作物：玉米，有緊密的關係[1]，可資為佐證。同樣是玉米的例子，當玉米在西元十五世紀左右傳入中國後，快速被當地農民接受並種植[2]，學者推測在西元1776~1910年間，單一的玉米作物使中國的人口增加了19%[3]而雄踞東亞至今。

人類演化與食物的關係可以從幾個不同的角度（包括考古學與動物學等）來看，以考古學的角度來看，科學家從散落全球各地所獲得的不同地質年代的人類牙齒化石，依據現代人類所兼具有草食動物的臼齒與肉食動物的犬齒數量與大小的變化，推測在過去人類演化的過程中，其食性是屬於雜食性動物(omnivores)，也就是人類的牙齒構造是允許取食植物性與動物性的食物。

為何同時需要具有取食動物性與植物性食物的牙齒構造？這就有許多的可能性，各家學者提出不同的假說，歸納有以下五種可能的假設，包括：

（一）有優質的食物可供取食（如獵獲物，也就是肉類），但其量不足，必須以其他較不優質的食物補充；

（二）沒有所謂的優質食物，而必須透過各種不同的食物相互補足所需的營養素；

（三）食物含有毒素（例如某些植物所含有的毒素，或是獵獲物所含有的毒素），透過取食多樣性的食物，就不會造成因取食單一食物而累積過多的毒素；

（四）食物供應種類與數量隨著季節改變，因此可以在不同季節取食不同的優質食物；

（五）取食不同的食物可以避免環境的風險（例如採集、狩獵時遭遇天敵或是其他非生物性風險等）[4]。

有部分科學家則針對其中的食物毒素稀釋的角度討論⑸。

上述五種人類演化成為雜食性的假說，在不同區域不同的時間點都是可能成立的，我認為也會促進不同區域人類部族的繁榮擴張或是衰敗滅亡，如同前段所述的古馬雅文明的消失與中國文明的興盛，就可作為一個歷史的證據。多樣性食物是人類物種演化的一個動力，對於演化至今的人類（也就是「我們」）而言，「需要多樣性的食物是生命的必然性」，我對此科學論證深信不疑，我透過本書所提出的飲食觀也是根基於此。上述的假設對於演化至今的人類而言，其中第三點的毒素，在脫離生物演化進入文明演化的現今人類食物來源網路(Food web)系統中，是需要被重新定義而加以深入討論的，我認為毒素的議題對未來農業的發展將會有重大的影響，因此在第四章深入論述。

火與食物烹煮

透過古典遺傳學的細胞遺傳學研究[6]，在1950年代證明了黑猩猩與人類在演化上的近緣關係，所以黑猩猩的個體行為與社群活動成為科學家後續研究的重點，期望透過以動物學的方法，對黑猩猩進行研究，來補足人類考古學的空隙，藉以了解人類演化上的各種問題。黑猩猩與人類估計在一千兩百萬年前分化之後，各自走上不同的演化道路[7]，以食物的角度來看，人類與黑猩猩飲食的最大差別在於熟食，人類會烹煮食物而黑猩猩不會[8,9]，也就是人類在演化的過程中學會控制火，黑猩猩一直到現在都還不會控制火。根據各方的考古證據，最寬鬆的估算[10]，人類約在一百八十萬年前已經學會控制火。除了火改變人類的食物烹煮方式，製作工具則是人類與黑猩猩另一個主要的差別。控制火與工具製作這兩種特殊的能力，讓人類進入了另一種有別於其他生物的演化路徑：文明演化 (Cultural evolution)[11]，文明演化讓人類脫離了生物演化的規範，以此兩種能力為基礎，發展出許多新的能力，這些新的能力中有許多足以改變生態環境，透過生態環境的改變，進而影響同處於相同生態環境中其他的生物，人類也因此自稱為「萬物之靈」。

人類學會控制火的能力之後，對於食物的處理與利用有了新的方式，對人類個體生存與社群發展產生了新的影響。透過火的控制，人類可以烹煮食物，將堅韌的獵獲物（肉類）以及粗糙堅硬的採集物（各種根、莖、葉、種子等植物組織）軟化，使得年幼的小孩及年長的老年人，可以取食高單位的醣類、蛋白質與油脂等營養素，對於個體生命的延續有極大的幫助：提高年幼小孩的存活率，可以增加人類族群的個體數，擴大部族的人口；延續老年人的壽命則可以累積部族的經驗，醞釀沉澱創造出智慧，產生文化傳承，經驗能夠傳承就是文明演化的基礎。

觀察生物演化可以補足考古化石證據所描繪的框架，透過對黑猩猩取食的研究，可以推測早期人類在進入文明演化前後的過渡階段，理應具有與黑猩猩相似的獲取食物的行為與方式，黑猩猩現在具有的採集與打獵的行為，應與早期人類所具有的行為與獲取食物的方式相去不遠，對於我們現在所面對的各類食物，可以提供一個回歸本源的思考角度。以採集及打獵能獲得的食物種類與數量，會隨所處的地區而有所不同，其供應量通常不足也不穩定，因此對社群人口的增加擴張產生了決定性的限制，因此在食物的獲得上，必須要有新的突破，以確保足量與穩定的供應，方能使一個生物物種繁榮發達。從一百八十萬年前學會了控制火，人類與食物在採集與打獵的相處關係上，維持了一段相當長的時間，估計在現今非洲草原區域，四百萬年前至二十萬年前，有五萬人的年平均人口在活動(12)，人口數量並不多，依據現代生態演化學的理論，這是一個足夠物種勉強維持生存而不至於滅絕的數目，也就是說原始的採集與打獵行為所能獲取的食物，基本上能維持人類這個原始物種的人口數而不至於滅絕。

馴化野生植物與動物

考古證據顯示人類約在兩萬兩千年前開始採集取食先祖型的穀類植物，從此人類開始了作物馴化的歷程。歷經將近一萬年的漫長時間，到了一萬兩千年至一萬年前左右的新石器時代(Neolithic)後期，人類陸續在連接西南亞與近東一帶的肥沃月彎(Fertile Crescent)，馴化了八種新石器時代祖先種植物(Neolithic founder crops)，包含了亞麻，三種穀類植物：Eikorn wheat（一粒小麥）Emmer wheat（二粒小麥）Barley（大麥），以及四種豆類植物 Lentle（小扁豆）Pea（豌豆）Chickpea（鷹嘴豆）及 Bitter vetch（苦野豌豆）等，考古證據顯示，當時已經有人為栽種這幾種植物的遺跡。在八千二百年前左右，水稻在中國被馴化，在七千七百年前左右已經有人為栽種的證據；隨後大豆、綠豆及紅豆也陸續在中國被馴化種植。甘蔗與其他根莖作物則約在九千年前，在幾內亞被馴化，馬鈴薯則是約在一萬年至七千年前，在南美洲安地斯山區被馴化，玉米則是在六千年前，於中美洲由大芻草（野生玉米，teosinte）被馴化成栽培型的玉米，棉花則是五千六百年前在祕魯被馴化。人類現今的主要糧食植物陸續在新石器時代過渡到銅器時代期間，在全球各地被人類馴化栽培。同一時期，不僅是植物被馴化，目前主要的畜養動物也被馴化，包括一萬三千年前在美索不達米亞被馴化的豬，羊也隨後在一萬三千年至一萬一千年間在同一個區域被馴化，在一萬零五百年前漫遊在歐洲、亞洲與北非大陸的野牛也被馴化成為畜養的牛。

透過這許多的動物與植物陸續被馴化，人類的食物來源變得穩定，人口數量也隨之開始增加起來了，人類開始尋找適當的地點定居，農業發展也開始萌芽，從此人類獲取食物的方式，從原有的採集與狩獵兩種方式，增加了一種新的方式：農業。因為種植作物發展農業，需要有充足的水源，這些人類選擇落腳的地點通常是河流岸邊，影響現今全世界文明發展的四大文明古國：古埃及、古巴比倫（位於兩河流域的肥沃月彎）、印度及中國都在幾條大河邊發展茁壯。離開水源要種植作物發展農業是有困難的，因此在發展出定居型農業之前，另一種與馴化動物有關的獲取食物方式：游牧(Nomadic pastoralism)也在馴化動物的過程中，被逐步發展出來，游牧的考古遺跡主要是出現在沒有穀類植物的地區，在有定居型農業的地區，通常也會發現有放牧以及利用動物提供獸力協助農作的行為，顯示農業地區的人類是具有畜養與管理動物的能力，這很可能是透過先前游牧的經驗所學習累積而得的，因此可以合理推論游牧是早於定居型農業的發展(13)。

人類與食物的共演化

游牧是另一種人類獲取食物的方式，但是也因此而與動物產生了近距離且長期相處的狀態與生活方式，連帶而來的問題是，動物所帶給人類的傳染病也是人類前所未有的經驗，這對於人類的生存產生新的風險。畜養動物所能獲得的食物，除了原本透過打獵形式所能取得的肉類之外，動物奶則是另一種新獲得又相對穩定的食物形式。人類馴化的動物，包括牛與駱駝等，這類動物的奶含有乳醣（lactose），人類族群中許多個體是無法消化乳醣，如果食用了動物奶，常常會產生腹瀉等症狀，呈現所謂的乳醣不耐症（Lactose intolerance），會影響同一餐吃進去食物的吸收與利用，因而造成體重降低。但是這些動物奶透過發酵，可以將乳醣藉由細菌分解後，轉換成新的食物形式（例如轉變成酸奶），這些轉換後的食物則是可以被大多數人類消化吸收，只是原本動物奶所含有的熱量，將因為經過細菌進行乳醣分解及轉換利用的過程，而被削減20~50%（抽稅？），由動物奶取得的熱量與營養就大幅降低，但是人群裡有部分成員個體具有乳醣代謝基因，是可以直接飲用取食、消化利用完整的動物奶，因而獲得其中所含有的完全熱量與養分，對於度過飢餓與繁衍生命是有幫助的[14]，這些能夠直接消化利用動物奶的個體所具有的此種食物利用優勢，就讓其後裔在部族族群中佔有優勢，經世代繁衍後，逐漸在族群中增加其個體比例，而這種個體所具有的乳糖代謝基因，在族群基因庫的頻度（比例）也會因而增加，部分學者研究，據此推論拜占庭帝國受到歐洲民族與阿拉伯民族的興起擴張而覆亡，可能就與歐洲民族與阿拉伯民族發展出較高的乳醣代謝利用能力有關係[14]。

目前全球各地的種族其乳醣代謝基因的頻度有所差異[15]，也提供了人類的演化受到食物影響的一個證據，這也說明了人類的基因與馴化的植物與動物之間的相互關係，也就是人類與所取得的食物之間的關係是會相互影響。經年累月持續相互地影響，牽動人類與食物各自族群內基因頻度的變動，就產生了「共演化現象 co-evolution」，也就是說原本存在人類的某一個基因與被馴化動物的某一個基因會彼此相互拉抬，因為具有這種基因的人類個體可以消化利用具有這種基因的動物，而使這種人類的個體產生優勢[16]，進而因為多食用具有這種基因的動物（或植物）而畜養（種植）牠，而增加這種動物（或植物）在其族群中的個體數量增加而成為優勢的基因型，產生所謂的「魚幫水，水幫魚」的效應。但是筆者要提醒的是，這是在以千年或百年為單位計算的演化效應，人類與動物（或植物）彼此有足夠長的時間來相互適應，相互調整各自的生理機能與代謝反應，短時間內人類族群內的個體頻率變化是不會有很明顯劇烈的跳動，除非此一人類族群發生族群遺傳學上的瓶頸效應(bottleneck effect)或先祖效應(founder effect)，這種自然選拔的壓力（達爾文學說所謂的「天擇」）發生時，則會加快人類族群的演化速度。對現代的人類來說，這個研究提醒我們要注意的重點是，我們人類的基因是會與食物產生互動，人類選擇食物，食物也會回過頭來選擇我們，英文有一句話 We are what we eat 可以做為這個現象所提示的結論。筆者也把這個現象作為現代人在選擇食物的一個重要科學根據：人類個體的基因與食物之間存在相互影響的作用，可以做為我們現代人在思考選擇適合自己的食物時的一個重要科學依據。「選擇」真是無所不在！而且也不是只有我們可以選擇食物，被我們吃下肚的食物，就算在我們的肚子裡了，也還在選擇我們，而且早在遠古時代就開始選擇我們了！我們自稱萬物之靈，好像有點問題！

人類在新石器時代所進行的馴化動物與植物的行為，連帶引起人類後續進入農業的發展，讓人類脫離生物演化跨入文明演化的門檻，其影響不可謂不大，因此有學者稱此一現象為新石器時代革命(Neolithic Revolution)[17]，到底人類選擇馴化動植物是有意識還是無意識的「選擇」讓人類進入文明演化，就留給學者們去爭辯吧！我們現在看到的是，人類的先祖透過這個「選擇」，人類已經佔領地球，稱霸生物界，而且近數十年來人類已經發展出大規模改變地球生態系統的能力，足以毀滅地球也足以自我毀滅！

人口增加與壽命延長

現代人類在距今一萬一千年前左右的新石器時代革命時期選擇進入農業，進而走上文明演化一途，與距離人類先祖與其他靈長類（黑猩猩）在兩百萬年前分道揚鑣，所度過的一百九十萬年漫長的生物演化道路比較，這短短的一萬一千年人類的發展速度真是令人驚訝！在人口的數量增加上就是一個最直接而明顯的現象，考古學家估計現代人種（也就是我們自己）：智人 *Homo sapiens* 在二十萬年前的生物演化道路上分化出來，成為獨立的一支後，歷經十萬年的繁衍，到距今十萬年前開始擴散到全球，一直到新石器時代革命左右，全球智人的人口數量估計約在一百萬人左右，等到進入農業文明時期，農業開始擴散之後，人口才有快速的增加，到了距今兩千年前（耶穌誕生，西元紀元元年），全球人口增加了十七倍，達到一千七百萬人左右，從十萬年前到兩千年前，這期間是九萬八千年，由圖1來看，在農業擴散後，距今六千年前左右人口才開始有明顯的增加，所以我們也可以以農業為起點計算，經由選擇農業，人類花了六千至一萬年的時間，讓人口數增加十七倍，相較於先前長達九萬年的人口數量維持平盤(18)，就生物演化的角度而言，以人口數增加為指標，我們可以說人類選擇農業是正確的。

藥食同源止飢療傷

選擇農業，讓人類的糧食供應穩定，後續進入定居型農業發展的階段，又進一步增加了糧食的供應量，這都是促成人口增加的重要動力，此時散居全球各地的人類忙於馴化新的植物與動物，以擴張食物來源與種類。隨著定居型農業的發展，人類建立聚落，人類群居的密度提高，排泄物等廢棄物的問題，促進了疾病的發生，但同時人類壽命也開始延長[19]。人口增加與壽命延長後，相對應而來的傷病問題，讓人類必須面對處理，原本作為食物來源的動植物，開始被人類探索其醫療的功用。考古證據顯示在六萬年前的一個尼安德塔

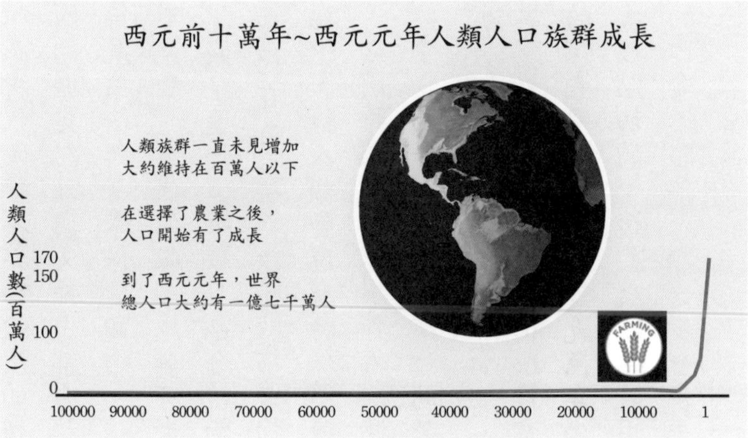

圖 1
重繪自 American Museum of Natural History
youtube/Human Population Through Time

人考古遺址，發現了八種植物的花粉，其中的七種在現代是作為藥物使用的植物[20]。在古埃及，古巴比倫，印度及中國等四大文明古國的歷史紀錄與文件中都有相關的醫學資料，流傳至今，深入民間，成為各個民族的傳統療法與醫學保健觀念。這些醫書古籍原始版本至今大多已失佚，例如中國的神農本草經，古代的版本應無可考，現代所流傳的版本約為秦漢時期成書，簡稱為本經，記載了藥物365種，包含植物，動物及礦物等三大類，其中植物類約有251種，動物類約有65種，其餘則為礦物類，這些作為藥物使用的材料，多是在馴化動植物的過程中，被人類發現有特殊藥效，例如銀耳，百合，生薑，蓮子等華人世界常見的食物，也同時被中醫採用作為藥物[21]，推想應該是早期的人類在有病痛時，無意間吃了這些食物而發現有緩解病痛的效果，口耳相傳反覆驗證，流傳下來成為治療使用。在印度文明流傳至今的阿育吠陀(Ayurveda)傳統醫學，也有大量的植物供做醫藥使用，包含現在印度等南亞地區日常食用的香料，如肉桂，小茴香等[22]。在這些所謂的醫藥的探索過程，與其說是探索，或許是急就章，誤打誤撞的無意中發現來形容，可能是比較貼切的，這些藥物的效用在現代醫學興起之前，撫慰了人類的病痛，延長了人類的壽命，陪伴人類一步一步走上繁榮的道路。

這些具有醫療效果的食物食材，也被融入各民族的日常飲食中，印度的阿育吠陀醫學中，認為人體是由食物組成的，身體的病痛與食物是有直接的關係的。在中國唐朝的孫思邈所著的《備急千金要方》，其中的「食治篇」論述了食物特性與健康的關係，其原則被廣泛應用，現今華人世界各式各樣的藥膳補方，可謂其之落實發揚的眾多例證，與現代醫學快速有效的療效相比之下，這些藥膳補方對現代食客而言，就只是另一道料理而已，反而忽略了其背後的原理與效用。

II 農業發展史

農耕技術齊民所本

農業的發展持續在世界各地進行，各地不斷有新的植物與動物被人類馴化，豐富了人類的食物籃子，也持續不斷有新的農耕技術，水利灌溉系統被開發，成果斐然，在中國有東魏（西元534-550年）賈思勰所著的《齊民要術》，該書彙整了中原地區古代發展至當時（西元六世紀）農業技術的大成，涵蓋了中國黃河流域下游地區（今日山西省東南部，河北省中西部，河南省東北部以及山東省中北部地區），技術涵蓋範圍則包含農藝、園藝、造林、蠶桑、畜牧、獸醫、育種、釀造、烹飪、儲備，以及治荒的技術，是一部當時的農業百科全書，在後來的歷朝歷代都受到官方的重視，在清朝時被收錄在四庫全書，甚至在英國學者達爾文的巨著《物種起源》，所提及參考的一部古代中國百科全書，很可能就是《齊民要術》。在十六世紀西方科學興起之後，生物分類的研究在林奈氏的雙名制命名法奠基之下，人類對各種生物物種的研究有了突飛猛進的發展，截至 2017 年已有 38 萬 2000 種的維管束植物被記錄與命名，其中約有 6000 種曾被人類栽培，作為食物利用[(23)(P. 114)]，這其中當然也包含了作為藥物使用的植物，根據聯合國世界衛生組織的統計，在 2003 年非洲仍有高達 80% 的人口依賴這些草藥植物作為醫藥的來源[(24)]，在現代醫療先進的地區如美國，2017 年發表的研究顯示[(25)]，在美國社會中，仍有超過 40% 的人口在使用草藥，治療包括癌症在內的各種疾病，年齡層越高與教育程度越高者，他們使用草藥所佔的比例也越高。

人類選擇農業造成人口增加的現象，以生物演化的角度而言，無疑是正確的選擇，人類不斷的增加馴化作為農業使用的植物與動物等物種的數量，則是在選擇農業之後的一個明顯而必然的連帶現象，但是這個現象卻在人類文明演化發展到工商社會後，開始發生了巨大的轉變，根據聯合國糧農組織的統計資料，在2014年，全球被栽培作為食物來源的植物種類只有200種，尤有甚者，如果以糧食生產的總重量計算，生產的食物總重量的66%是來自甘蔗，玉米，稻子，小麥，馬鈴薯，大豆，油棕果，甜菜及樹薯等9種植物[23](p. 114)，從6000種栽培的作物大幅縮減到200種，嚴格來說應該是縮減到9種，這個縮減的幅度真的是很鉅大，作物多樣性大幅降低到接近於零，令筆者覺得可怕極了，應該好好討論一番。

這個作物多樣性縮減的過程與規模，對農業產業本身來說，是可以由許多面向，進行深入探討；對我們個人的影響，也有許多值得討論的話題。本書的重點會放在透過作物種類與數量的改變，如何影響到我們的日常飲食，乃至個人健康的層面進行討論，期望對受過科學教育與受到巨量資訊轟炸的現代摩登人，提出一套改善與促進個人健康的飲食觀念。以下筆者將由為何造成作物種類多樣性改變的原因加以剖析，進行探討，這也是筆者個人在探索自己食物，改變飲食方式的一些背景知識，釐清舊有的觀念，重新讓自己在挑選食物時，更清楚了解自己的選擇。

農用工具發展與時俱進

新石器時代農業革命是人類選擇進入文明演化的一個重要決定，在農業發展的過程中，除了前述被馴化的植物與動物種類大量增加之外，農業工具的發展也是一個關鍵的因素，考古學家將人類史前史分為石器時代，銅器時代，及鐵器時代所謂的三期論(Three-Age system)[26]，考古證據顯示，世界各地的人類，不約而同地，分別進入這三種製作工具材料的發展，這些工具間的差異在於材質堅硬程度的不同，如果以這些不同材質製作農具，所製作出來的農具的基本差異，則是在於可以挖掘鬆動土壤的程度，與翻犁土地的深度不同，對農業的好處，可以向下挖掘的越深與翻犁鬆動更多土壤，就可以讓種植的植物的根系長得更深更密，產量就可以越多，這就代表可以獲得越多食物。自從人類進入鐵器時代，一直到現代，人類的農具一直是維持鐵器的材質，配合不同植物生產管理所需，各地的人類發展出適合當地使用的農具形式，這些農具例如鋤頭，耙子以及配合動物獸力耕犁的各種器具一直沿用至今，一直要到歐洲進入工業革命，將機械力導入農業之後，農具的發明與改良才有大幅的變化。這些導入機械力的農具，可以向下挖掘更深，可以更大程度的翻鬆土壤，也可以更快速的完成工作，可以加速擴充農業的發展，現今地球人類使用的土地面積中，截至2019年，根據聯合國糧農組織FAO的資料，由牛津大學Our World in Data中心彙整如下圖（圖2）[27]，扣除71%的海洋表面，地球的土地面積只有29%，在土地面積中扣除南北極，凍原，沙漠，冰河及鹽地剩下的土地中，約71%是人類可以利用，在這71%的可利用土地中，有一半的土地已經被開發作為農業生產使用，其餘37%是森林，11%是疏草原。

全球面積供農業使用占比

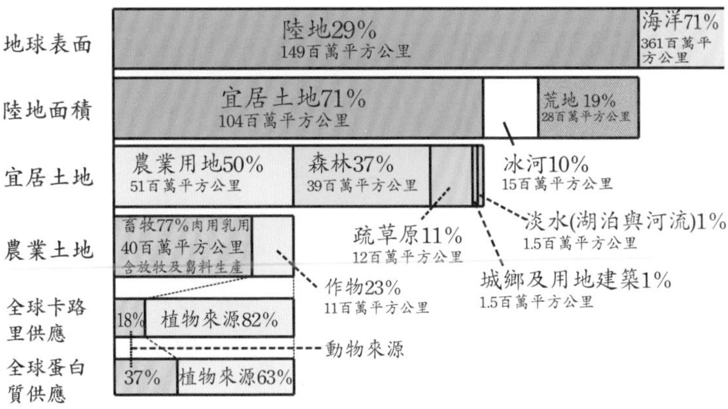

圖2
資料來源：聯合國糧農組織(UN FAO)
重繪自 OurWorldinData.org/land-use

農業用地開發與人類足跡

農業使用的土地在是人類選擇農業進入文明演化之後才出現的，根據現有的資料推估，如圖3，從西元紀元元年開始，當時全球約有4.4億公頃的農業用地，這個面積經過一千年增加到5.5億公頃，增加幅度25%，再經過500年，到西元1500年增加到7.8億公頃，增加幅度為41.8%，再經過250年，到西元1750年增加到11.2億公頃，增加幅度為43.6%，再經過100年，到1850年增加到17.8億公頃，增加幅度為58.9%，再經過50年，到1900年增加到25.1億公頃，增加幅度為41%，到1960年

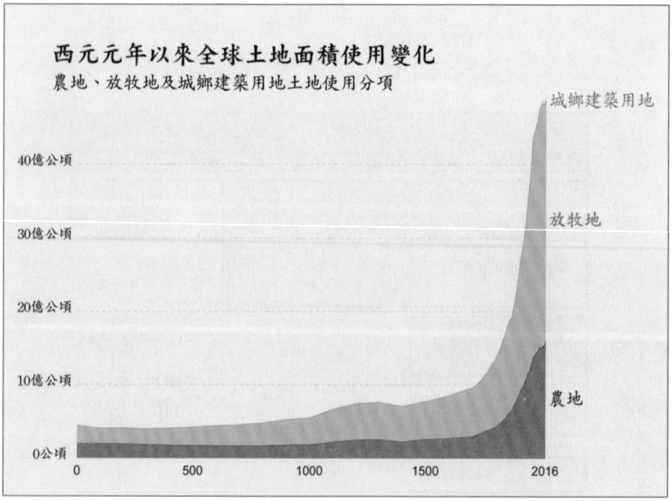

圖3
來源：History Database of the Global Environment (HYDE)
重繪自 OurWorldInData.org/land-cover/

增加到 43.8 億公頃，增加幅度為 74.5%，到 2016 年增加到 48.7 億公頃，增加幅度為 11.1%。

其中西元 1900 年到 1960 年 74.5% 農業用地的大幅增加，可歸功於農用曳引機的發明與推廣使用。在西元 1760 年代起至約 1840 年代這段時期，在歐洲與美國發生的工業革命，首先是導入機器取代人工，以水力與蒸汽動力取代人力，工業革命的第二個重要發展是開始利用天然原物料（包括農產品，石油，水，金屬，礦物等）製造出新的產品，逐步發展出化學工業，第三個重要的發展是新一代的鐵器製造技術在大英帝國被發展出來，開發出現代的鋼材，這些新的鐵質鋼材，進一步催生新一代的機器發展，發展出工具機，可以進一步加快機器的製造與生產。1858 年比利時工程師 Etienne Lenoir 發明製造出第一台內燃機引擎，而後在 1860~1863 年間，他製造出第一台汽車 automobile，讓固定不動的機器，從此可以開始利用機器本身所產生的動力移動了。對農業而言，機器發明之後，可以加快農作物收穫之後，各種費力的脫粒與磨粉的工作，現在又有了會自行推進移動的機器，就可以讓機器下到農地裡進行操作，讓原本利用固定式機器幫助農業的工作項目又增加了新的項目，其中最重要的就是幫忙翻耕土壤這種最吃力的工作。這些移動式機器在眾多工程師的開發之下，終於在1892年，美國的John Froelich製造出了第一台現代農用曳引機(28)，後來陸續就有許多新的發明與改良，讓曳引機的功能越來越完備，能夠進行的農業操作項目越來越多樣化，當然也就有越多的公司設立，生產銷售更多的曳引機。在1941年珍珠港事件發生前，美國已經擬定了計畫，設法在戰時能夠徵用這些曳引機製造工廠，一方面能夠兼顧農用曳引機生產，維持並提升本土農業生產，另一方面又能夠生產製造軍事設備機器，包括坦克車及飛機零件等，支應前線戰爭的需要。隨著太平洋戰爭爆發，美國參加二次世界大戰，這些曳引機製造工廠就依照計畫被徵用，隨著戰爭的需要，這些工廠也被強化了生產製造的能力與產量，在戰後這些被徵用的工廠，藉著戰時的擴張與政府資源投入與技術提升，發展出更大型更先進的曳引機及其他農用機械，在二次世界大戰結束後，這些曳引機製造工廠由國防生產系統解編，回歸農業機械製造的本業，生產出來的曳引機在戰後各國復甦重建的過程中，就被廣泛地推向世界各國的農地，因而成就了這個1900~1960年間農地面積大幅擴張74.5%的驚人數字。

在下圖（圖4）中可以顯示各地區與在不同年份進入農地擴張時期的變化，這與各國曳引機引入農業生產的時間亦步亦趨。

肥培沃土豐衣足食

人類利用工具以及發明工具的能力，在上述農業機械的發展歷程中展露無遺，這些能力讓人類能夠引入並利用人體以外的新力量，面對各種外在環境，改變這些外在環境，讓環境能夠提供包括食物在內等人類各項所需的物資。在工業革命之前，人類還

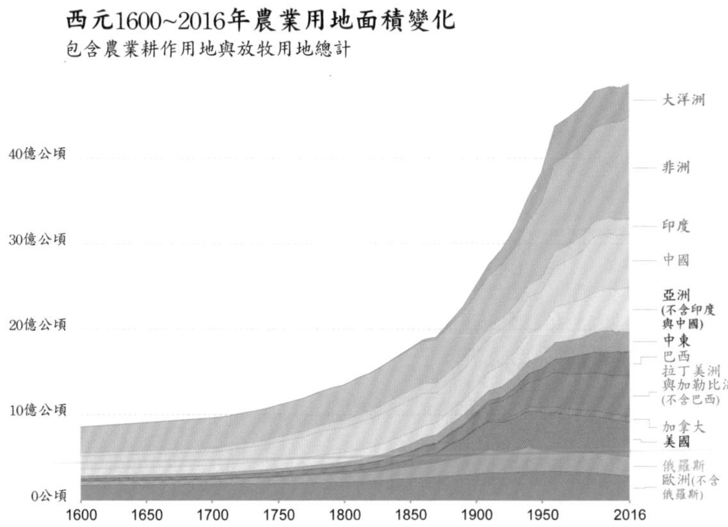

圖 4
來源：History Database of the Global Environment (2017)
重繪自 OurWorldInData.org/yields-and-land-use-in-agriculture

沒有能力引入機械力的年代，要開墾土地是一件非常困難的事情，所以自然會對已經開發的農地努力經營，因為獲得更充裕穩定的食物，這也一直是維持生存的必要條件。歷史上各地區多有因天災造成糧食歉收，而發生飢荒導致人口下降的事件[29]，例如近代西元 1845 年發生在愛爾蘭，因馬鈴薯歉收導致飢荒，造成人口減少 1/4[30]，中國歷史上各個朝代的覆亡也多與飢荒有關係，例如唐朝末年的黃巢之亂，元朝末年的紅巾之亂，都因為飢荒導致人民生活困乏，而起身抵抗政治上的不良治理，而造成嚴重的社會動盪與慘重的人命傷亡，因此增加食物供應量在人類歷史上一直是一件重要的事情，至今不已。

糧食供應量的增加有兩個途徑：一個是開墾荒地，增加用來生產糧食的農業土地面積；另一個是增加農地的單位面積產量。要開墾荒地成為可以耕作的農地，沒有機械的協助，是一件耗時耗力非常緩慢的工作，人類在西元元年到西元 1000 年才增加了 25% 的農地面積（如圖 3），證明了開墾荒地成為農地是一件非常不容易的事情。全球人口增加的數字由西元元年的 1.7 億人增加到西元 1000 年的 2.6 億人，增加了 50% 的人口[18]，但是農地面積只增加了 25%，如果農地的單位產量不變的話，這只足夠供應新增加人口一半的糧食，所以剩下所需的一半的糧食就必須要靠農地單位面積產量的增加。如何增加農地的單位面積產量？查看西元元年到一千年這段時期，中國東魏（西元534-550年）賈思勰彙整先民智慧所著的《齊民要術》提及的各項農耕技術中，有一項農田施肥的農業技術：〈雜說〉一章記載：「凡田地中有良有薄者，即須加糞糞之。」而在踏糞法中，詳細描述當時農民在休耕時期，把殘餘的莖稈收集成堆後，用牛隻踏實，踩踏過程中，牛排放的糞便及尿液便與莖稈混合，再經發酵製作廄肥，並敘述來年耕作時的施用量等，比對這段技術的說明，可以解釋人類因為人口增加但是農地開墾不及，因而所需要的另外一半糧食，應該是透過這種施肥技術來達到增加產量而獲得的。地球另一端亞馬遜雨林的原住民，也知道把燃燒過後的草木灰，耕犁至土中，就可以增加作物的產量。種種考證可以推測出，人類至少在1,500年前，肥料的運用技術已經純熟(31)。人類經過游牧發展到定居型農業，建立畜養動物的經驗，透過將獸力應用於農地耕犁的過程，進而觀察到動物排泄物與作物生長的關係，從而發展出施肥觀念與肥料製作技術是一種必然的發展，這是透過糧食增產的壓力，驅使世界各地的人類不斷地摸索前進，提昇技術的原動力。

現代化學與氮肥的興起

在人類文明發展的過程中，透過糧食的增產，讓食物供應穩定，讓更多的人有機會喘一口氣，稍免於農務，有時間深入思考所面對的問題，進行各種發明創新來解決問題，傳承經驗，造就了歷史上各個地區眾多文明的發展，這些文明的發展也都直接或間接地，回過頭來對農業的發展產生影響，可以說人類的文明發展一直與農業糧食生產供應有著循環性的互動。

在肥料的發展上，造成現今農業的快速發展是植基於現代科學的一支：化學Chemistry 的應用於農業的例子。「科學 Science」是一種系統性研究問題，解決問題的學問與方法，早在人類文明發展的初期（四大文明古國時期），全球各地的文明發展就進入了符合現代科學定義的「科學」發展，也分別在數學，天文，醫學等領域建立了基礎，並獲得相當可觀的成就，影響了後世的發展。但是世界各國當時在發展科學文明的同時，政治上的發展，統合人群的議題（就是所謂的「政治」）逐漸掩蓋了科學發展的光芒，甚至指導科學發展的方向，讓科學的發展停滯了相當長的一段時間。歐洲一直到文藝復興時代的後期，才重新燃起科學的火苗，而在十七世紀後期沿續到十八世紀發起了「科學革命 Scientific Revolution」，在包括物理，數學，天文學，生物學及化學等領域，歐洲各國代有學者引領發展，擺脫歐洲中世紀黑暗時期，政治與宗教的枷鎖與掌控，開展出「現代科學 Modern science」的新面貌。

其中對農業有重大影響的化學，是由德國科學家李畢氏 Justus von Liebig 導入的，他在 1840 年代希望將他在有機化學上的發現與研究成果應用在農業上，以增加農業的生產，他發表的一本書 Die organische Chemie in ihrer Anwendung auf Agricultur und Physiologie (Organic Chemistry in its Application to Agriculture and Physiology)，是現代農業化學的先驅。他提出氮素是植物生長的重要元素的觀點，一直到現在都還持續影響農業的發展，成為「現代農業 Modern Agriculture」的根基之一，近數十年來，氮肥的生產量也占現代化學工業生產量的重要的比例，各類化學氮肥的核心元素（氨），在 2016 年全球的總生產量中有 85% 被用來生產肥料[32]。

他的書中在討論植物營養元素的部分，大力推崇同時期的德國植物學家 Carl Sprengel 針對農業化學所提出的「最少理論 Theory of minimum」，這個理論認為植物

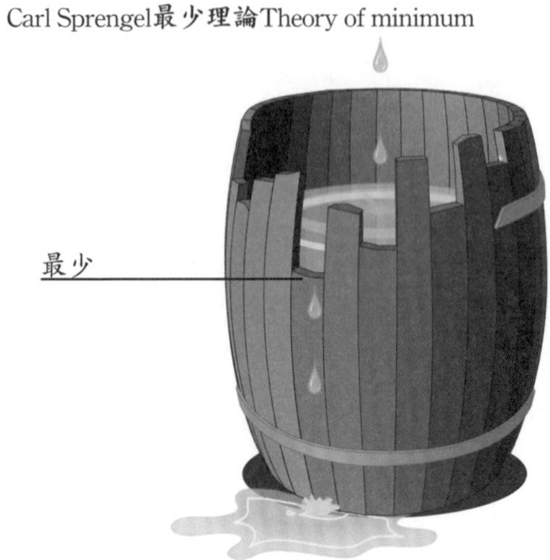

圖 5
修改自 https://commons.wikimedia.org/wiki/File:Minimum-Tonne.svg

的生長受限於所需的必要化學元素中含量最低者，而非整體可用的必要化學元素。李畢氏以木桶為例，提出李畢氏木桶 Liebig's barrel，闡明 Carl Sprengel 的理論（圖 5），成為現代植物營養學的基本概念。其影響之深遠，在世界各地受過科學教育洗禮的地區，都可以發現一般人對於農耕需要使用氮肥，已經成為一個根深蒂固，似乎是千萬年來理所當然的定律。但是施用氮肥的觀念，事實上也不過是距今 180 年前李畢氏（1840 年）提出的觀念，而這個觀念必須要靠化學肥料大量生產普及後才能真正的落實，但是在李畢氏的時代，化學肥料還沒被發明，更遑論大量生產，因此根本就不在他的想像範圍內。

人工合成化學肥料發明

在化學肥料未普及之前，各地的農民仍延續沿用自賈思勰《齊民要術》以來的方法，持續以人畜排泄物製作廄肥來施肥，增加農地單位面積產量，以補充大地長久以來，透過豆科植物的固氮作用自然補充之不足，提供給土地氮素等現代植物營養學所發現的主要植物生長元素。雖然李畢氏提出限制植物生長化學元素的最少理論帶來觀念的革新，轟動了當時的科學界，各國各地的學者紛紛到德國李畢氏的試驗室學習，一直持續到 1930 年代，在科學界仍有很高的熱度，但是實際落實到農業生產，還是要等到 1908 年兩位德國化學家 Fritz Haber 與 Carl Bosch 的發明提出之後，才能量產出化學肥料，Fritz Haber 發明了利用高壓與高溫條件，由空氣中的氮氣製造出氨氣 ammonia 的化學反應，而 Carl Bosch 則是將這個化學反應的規模，由實驗室等級擴大轉換成工業生產的規模，從此人類可以透過化學工業大量製造出氮肥，這個由 Fritz Haber 與 Carl Bosch 兩位化學家聯手發展來的重要發明，被以 Haber－Bosch process 命名，Fritz Haber 也以這個化學反應的發明，在 1918 年獲得諾貝爾化學獎，Carl Bosch 則是以將這個化學反應轉換成工業化製程的成就，在 1931 年獲得諾貝爾化學獎。

化學肥料對於現代人類的人口增加的貢獻[33]，在二次大戰參戰各國復甦後的1960年代開始產生影響，到了2015年，如下圖（圖6）所示，全球有35億人的糧食是透過化學肥料施肥生產的，另外38億人的糧食生產則未施用化學合成肥料，估計有將近一半人口是依賴化學肥料生產的糧食[33]，圖形所顯示的人口增加趨勢與化學肥料施用的轉折點若合符節，此一現象讓世界各國政府在面對人口增長的壓力之下，樂於採用化學合成肥料，而且也以這個數字對於其他替代的方案（包括有機農業）設下標準，讓其他的方案幾乎無法放上桌面進行討論。

世界人口依賴與不依賴化學合成氮肥的變化趨勢圖

全球人口所需食物中依賴Habor-bosch反應生產的化學合成氮肥的估算值
最佳估算值推估不需化學合成氮肥生產的食物，可支撐的人口數約略超過一半的總人口數

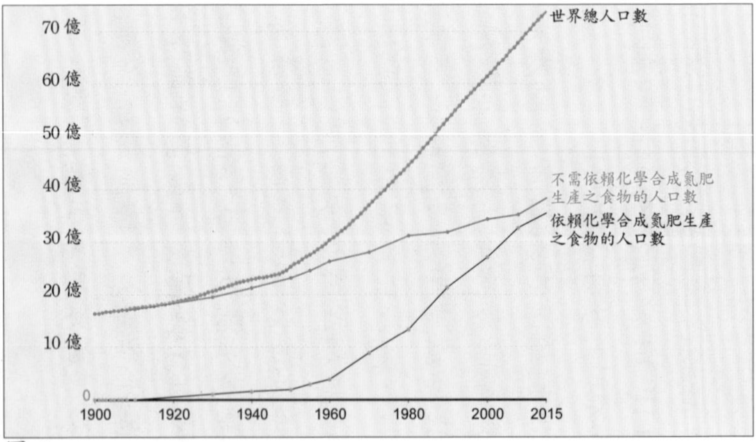

圖 6
資料來源： Erisman *et al.* (2008); Smil (2002); Stewart (2005)
重繪自 OurWorldInData.org/how-many-people-does-synthetic-fertilizer-feed/

這個由李畢氏開創的植物營養學說，透過 Fritz Haber 與 Carl Bosch 兩位化學家的發明，實現了以化學肥料提高糧食產量的現代農業生產技術，其效果顯著，確實在全球風行，所向披靡，深入人心，成為目前農業的顯學，全球各大名校農業相關學系莫不以此為教學與研究的核心，因為其普遍流行，被冠上「慣行農業 Convention agriculture」，也讓現代人誤以為自古以來就用氮肥了！其實只是二次大戰以後才開始的！

現代堆肥技術

雖然透過採收物成分分析的化學方法所建立起來的現代植物營養學是目前農學界的主流，李畢氏的學說在科學界卻也持續受到挑戰，帶頭的是畢業於劍橋大學，獲得自然科學與農學雙學位的霍華德氏 Sir Albert Howard[34]，他在英國接受完整的科學與農業教育，在西元 1905~1931 年他被聘任到印度，主持政府的農業研究機構，從事農業相關研究工作。剛抵達印度這個位處熱帶的東方國度時，他認真觀察印度傳統農業對土壤的操作，同時也受到早一代的農業學家美國威斯康辛大學教授 King F. H. 在

1911年發表的 Farmers of Forty Centuries – or Permanent Agriculture in China, Korea and Japan[35]一書的影響，他透過該書認識了中國傳統農耕技術，中國農民如何將農業廢棄物，包括人類排泄物等，有效回歸農地，讓土壤肥力維持在相當高的程度，透過他在印度試驗農場與農田裡，近距離觀察作物與牲口，從作物產量與牲口健康的互動中，他將該書的觀點與他的觀察結果相結合，認為其中的關鍵點在土壤，「一個含有豐富腐植質(humus)的土壤就是肥沃的土壤，肥沃的土壤就可以讓作物有高的產量，也可以讓動物健康」，以此為核心課題，他應用了科學的方法，在他主持的農業試驗機構進行了深入的研究，歷時近30年的過程中[36]，他發展出了現代製作堆肥的技術，詳細研究了各種農業廢棄物乃至化學肥料在堆製過程中的變化與效果，在1931年與化學家 Yeshwant D. Wad 合著發表了「農業廢棄物：以腐植質形式應用 The Waste Products of Agriculture - Their Utilization as Humus」[37]一書，詳細說明了有機質(humus, organic matter)與土壤肥力的關係，土壤有機質的來源，以及堆肥的製作技術與各組成成分的關係，成為現代堆肥製作技術的核心與理論基礎。

霍華德氏在1931年與 Yeshwant D. Wad 合作發表了上述有關腐植質的著作後，

就退休回到英國，雖然退休了，少了試驗農場與其他研究資源供他使用，但是憑藉著過去長年累積的經驗與廣闊的人脈，仍持續不斷的對世界各地的研究工作提供意見，並對農業發展提出新的想法，回到英國後，直到辭世前的16年間，發表了許多的研究報告與新書，持續對腐植質的議題提供精進的想法與觀念[38－40]。他在1943年發表了An Agricultural Testament彙整了他對土壤肥力與有機質的觀念，他提出了「回歸定律The Law of Return」的觀念，強調所有農地的廢棄物必須盡可能的回歸到農地，這個觀念也成為現代有機農業與有機庭園的反攻號角，針對1840-1930年代獨霸農業界，由李畢氏所帶領的化學農業Chemical farming進行正面的挑戰。面對這個李畢氏帶領的化學農業大軍，英國農業學者Lord Northbourne將農場視為一個充滿生命力的有機體[41]，將霍華德氏提出的以腐植質管理與經營為核心的農業方法，在他1940年發表的書Look to the Land的第三章以「organic versus chemical farming」為章名，正式定調霍華德氏的農業管理方法為「Organic agriculture 有機農業」，而將李畢氏的農業管理方法稱為「Chemical agriculture 化學農業」，Lord Northbourne因此在有機農業界被稱為「有機農業之父」，但由各項科學研究成果與觀念的發展與推廣的角度來看，筆者願意把這個桂冠贈與霍華德氏 Sir Albert Howard。

有機農業界的發展賡續不斷，人才輩出，霍華德氏之外，創立生物動力 Bio-dynamic 農法的奧地利人魯道夫 Rudolf Steiner(1861-1925)，創立英國土壤學會的 Lady Eve Balfour (1899-1990) 等人都對李畢氏的化學農業提出質疑與檢討，也各自發展出一套有別於李畢氏化學農業的想法與系統，但是時至今日，化學農業的發展早已遍及全球，廣為各國政府採納，也受到主流學界的擁護，180 年前李畢氏提出的想法仍然具有強大的勢力，方興未艾的態勢絲毫未減，而在 1940 年代正式定名的有機農業，至今 80 年來的發展卻是跌跌撞撞，面對化學農業的優勢，雖然市占率低，擁護者比例也不高，但是眾多的有機農業支持者，仍是堅持各自的信念，憑著一副唐吉軻德的勇氣與精神，持續地從不同的層面挑戰化學農業。為何有機農業無法打出一片天？

教育普及「方便」化學農業

1840 年代興起的化學農業與 1930 年代推出的有機農業這兩種旗幟鮮明，明顯對立農業系統的觀念，各自發揮，一路到了二十世紀末進入二十一世紀初期的這個世代，可以發現全球主要的糧食來源，目前仍是以化學農業為主要來源，筆者認為這段期間兩種農業系統各自發展，在聲勢與影響力所呈現的巨大差別在於「方便性 convenience」的不同。有機農業將農田視為一個有機體，這個有機體是由「生物相」與「土壤相」組成，生物相（包含動物，植物與微生物）與土壤相之間，充滿了複雜而又相互依賴的關係，對進行科學研究而言，各自會變化的因子過多，就很難釐清彼此之間的關係，並不「方便」進行操作研究，所得到的結論，又必須加註各種條件，很難簡單明確，不「方便」解釋，對受過基礎科學教育，但對農業還未有深入接觸的大眾及年輕世代的科學家，是很難理解與接受的；相對的，化學農業將農業生產簡化成氮磷鉀（NPK）三種化學元素的操作，進行科學研究既「方便」又明確，結論簡單明瞭，解釋很「方便」，再加上透過商品化而普及的化學肥料，在商業銷售上的「方便性」，政府官員在農業管理上也更「方便」簡單。1945年二次大戰結束後，全球各國的科學化程度與進度不一，但都先後陸續走上科學化這條道路，因此在人類文明開始普及科學教育的過程中，「方便」科學教育的推動，簡化農業生產關係的化學農業反而是受到推崇的，這也是在人類歷史上，社會發展的過程中，各個領域同時受到科學教育滲透下的一個必然的選擇，只是我們身在這個過程當中的人，當局者迷，並不是出於理性思考後所做出的有意識的選擇，這個服從「科學方便性」的思維轉變成社會集體潛意識，讓人們在不知不覺中做出選擇，走上這條道路。有機農業的發展就這麼地吃了一個大悶虧！

III 新一波人類文明演化

理性思考與現代科學革命

在約一萬兩千年前，人類選擇農業，走上文明演化的道路，走過漫長的馴化動、植物的歷程，學習與動、植物相處，逐漸獲得管理動植物的技術與能力等經驗的過程中，各地人類也逐步發展出對應的生活模式，形塑而成了各自的文化體系架構，但是對人類在知識，習俗，政治及社會等方面的文明演化速度的影響並不大，世界各地的人類依然過著幾千年來進入文明演化以來，各自發展出來的生活模式，一直到了歐洲發生了工業革命，人類將機械力引入農田，大幅度增加人類改變農地的力量後，才有了另一波的大變動，相較於先前的步伐，若以蹣跚學步形容，歐洲新起的這一波變動，其速度之快只能以「起飛」來描述，農業的發展速度加快了，與農業循環互動的社會發展文明演化的速度也隨之加快了，讓人類社會由農業社會飛快地進入工商社會。

約在西元 1760 年興起的工業革命[42]，賦予了人類駕馭機械動力的能力，這是人類新一波文明演化起飛的第一隻翅膀，另一隻翅膀是歐洲文藝復興後期開啟的科學革命，科學革命讓人類的思想掙脫了幾百年乃至幾千年來宗教與政治的束縛，逐漸學習理性邏輯的思考模式。歐洲各國的科學家引領了這一波的科學革命，在農業上面，李畢氏將化學的概念引入農業，開創了植物營養學這一門學問，對作物的生產提供了一種簡單的解釋，其影響作物產量的效果是明顯可見，明確的因果關係可以讓人輕易理解，這種科學的方便性奠基了化學農業，在影響土壤肥力的研究之外，其他領域的科學家也仿效這種方便性，循著化學肥料發展的軌跡，同樣也影響了農藥的發展與品種的改良等另外兩個農業生產的重要因子，而有了重大的發展與成就，到了 1960 年代，曳引機結合化學肥料，化學農藥與新的雜交品種等四大力量，在東方有水稻生產的大增進，西方則有小麥生產的大增進，水稻與小麥共同創造了所謂的「綠色革命 Green

Revolution」，從此有機農業所要面對的不是只有土壤肥力的議題，有機農業還要面對透過科學方便性培養出來的育種（品種改良）與病蟲害管理（農藥）等兩個化學農業的新分枝，三方夾擊之下，讓有機農業的發展更加腹背受敵，難以招架。

育種與病蟲害問題是自從人類選擇進入農業之後就必須面對的問題，例如《齊民要術》：收取種繭，必取居簇中者，近上則絲薄，近地則子不生也。就明確的指出採取蠶種的重要性，這是在唐朝時期對育種在農業生產上的重要性的一個明確文字紀錄，育種在中國的農業發展上，在《齊民要術》一書中就被點出了重要性，後代陸續也都有一些經驗的傳承，例如如何選拔優良羊種等育種相關的方法也有文字紀載(43)，但是對於如何要有系統性、有效率進行育種，則是一直未能有所進展。這個原因就在於複雜性，因為包括作物種植與動物畜養的農業生產行為中，動植物與環境本身就有非常複雜的互動關係，彼此糾葛不清，沒有發展出系統性的方法來釐清是很難搞清楚的，治絲益棼，反而更深陷迷霧之中，難怪會困擾了人類幾千年，連帶著也在農業生產的進展上，發生了停滯的現象。加上人類在進入農業文明演化之後，因為人口增加，促成了政治與宗教的興起，因為政治與宗教上的需要，對於理性思考進行了系統地控制甚至排擠。但是畢竟人類也找到了突破點，在歐洲，羅馬帝國滅亡之後，人類經過中世紀漫長黑暗時期的文化社會衰退與政治宗教上的壓迫，終於進入了文藝復興時期，摸索回到理性思考的道路，走上理性思考的時代 Age of Reason(44)，讓人類在文明演化的路上重新做出了選擇。

歐洲在文藝復興時期有許多科學家參與其中，在西元 1450-1630 年期間(45)被近代美國科學史學家 Marie Boas Hall 定名為「科學文藝復興時期 Science Renaissance」，這個時期開始於翻譯古希臘羅馬時代的科學文獻，如亞里士多德等諸多著名古代科學家在天文、地理、化學、數學及醫學等領域的著作，重新學習了解古人的智慧，分離為了方便統治而刻意曲解的部分，逐漸掙脫中世紀以來的宗教與政治束縛，科學文藝復興時期以義大利天文學家伽利略在西元 1632 年發表的著作《關於托勒密和哥白尼兩大世界體系的對話》（義大利語：Dialogo sopra i due massimi systemi del mondo, tolemaico e copernicano）之後宣告終結。雖然伽利略為此被羅馬宗教法庭控告，拘押甚至被判為異端，但對歐洲新一代的科學家改變自亞里士多德以來，以地球為中心的宇宙觀，轉變為哥白尼以太陽為中心的宇宙觀是具有舉足輕重的地位，讓科學家重新走回理性思考的道路，進入創新的「科學革命時期」。

現代科學革命與品種改良：用數學解析遺傳行為

歐洲國家在十七世紀後期延續到十八世紀所發展的「科學革命」有一個非常重要的方法，就是系統性地進行實驗並採用歸納推理法（Inductive reasoning），進行實驗結果的推論，這是英國科學家牛頓（Isaac Newton）所建立的基本哲學邏輯思路，基本的定調出現在1687年發表的Principia一書，牛頓將數學的方法應用在科學的研究上是其最重要的貢獻，對其他學門領域的科學家影響至深，以數學的方式進行邏輯思考是理性思考的一個重要方法，不僅在基礎科學學門的發展上有所貢獻，這個方法更廣泛應用在其他科學領域，造就了目前各個應用科學學門。

把數學應用育種上是現代育種學的新紀元，開創此先鋒的是奧地利的修道士孟德爾氏(Gregor Mendel)，他在1856~1863年運用了數學的機率論，進行了碗豆的遺傳行為研究，他進行人工雜交交配實驗，研究碗豆的七個外表特徵，計算分析在親代與連續的幾個子代之間的數據，發現了碗豆遺傳行為的基本原則，在1865年，他以德文發表了研究報告 Versuche über Pflanzen-Hybriden (Experiments in Plant Hybridization) (46)，在這篇報告中，為了說明豌豆親代與子代之間外表特徵的傳遞行為，孟德爾以不同字母代表這些特徵，例如以A代表花的顏色，再以字母的大小寫代表同一特徵不同的外觀，例如紫色的花以大寫A代表，白色的花以小寫a代表，作為記號，將實際雜交所得的子代數據，透過數學運算的方式，利用機率論來計算，解釋與推測豌豆外表特徵，在各個連續世代間的出現比例，透過他的結論，提出了遺傳定律 (Law of inheritance)，他的遺傳定律包含兩部分，分別解釋遺傳因子 (factor) 在親代與子代兩個世代內與世代間的行為，第一部分說明遺傳因子在親代有分離的行為，此稱為分離律 (Law of segregation 也稱第一定律)，第二部分則說明這些遺傳因子在子代個體間有獨立重新分配的行為，稱為獨立分配律 (Law of independent assortment 也稱第二定律)。孟德爾所提出的遺傳定律與當時源自亞里士多德的主流遺傳學說：渾元說 Blending inheritance 的觀念是有根本上的差別，當場聆聽他演講發表研究報告的40餘位科學家，基本上是充滿了排斥的心理，更重要的是孟德爾利用數學演算來解釋遺傳現象，這對當時大多數的生物學者而言，更是前所未見，聽得一頭霧水，理論的核心自然更無法在當時的演講會場被理解，因此根本沒受到重視，但是終其一生，孟德爾對他自己的發現卻是充滿了信心的，相信他的時代終將來臨。

飢荒的夢魘，現代育種學提供解方

在1900年春天，連續的兩個月內，來自荷蘭的 Hugo de Vries 與德國 Carl Correns 兩位科學家，都是當時著名的植物學者與遺傳學者，為了要探討有別於混元說的獨立因子這個系統的遺傳學說，不約而同先後發表文章，同時都引用了孟德爾的研究報告[47,48]，讓孟德爾的遺傳定律，重新藉由這兩位當時的重要科學家的背書，讓科學界重新仔細地研究孟德爾的理論，進而成為現代遺傳學的開端，孟德爾也因此被尊稱為遺傳學之父。孟德爾的研究除了發現遺傳定律之外，筆者認為最重要的是他開啟了一個新的學派：古典遺傳學派 Classical Genetics，這個學派的建立也是歷經多方學者的辯證[49–51]，透過各種實驗結果的驗證，逐步確立了孟德爾遺傳定律的地位與可靠性[51,52]，古典遺傳學對農業的直接影響是確立了現代育種學的基礎，俗諺：「龍生龍，鳳生鳳」，又或是台灣俗諺：「歹竹出好筍」都是長年流傳在民間的育種選種的傳統經驗，維續了幾千年，讓農業有一些穩定可靠的品種，提供足以溫飽的食物，讓人類族群綿延不絕，科學革命之後，這些歐洲的遺傳學家所帶給人類的是，開創了一個全新的育種的想法與做法，對即將來臨的人類人口快速的增加，所必需提供大量糧食的問題，提供了一個系統性的解決方案與有效的技術，也因為古典遺傳學所開啟的現代育種學，讓十九世紀以來持續威脅人類的饑荒問題，不至於擴大。下圖（圖7）是統計自1860年來，每十年全球五大洲死於饑荒的人數，在1870~1880年這十年間，全球有超過兩千萬人死於饑荒，但在現代育種學興起後，雖然在1920~1970年，每十年都還有一千五百萬左右的人口死於饑荒，但這並未超過1870~1880年的人數，而在1970~2010年後死於饑荒的人數約在一百萬到三百萬之間而且呈現逐年下降的趨勢。

我們查看這個資料時，也必須同時注意到這個時期人口數是快速增加的，如果單純以因饑荒死亡的人口數來看，糧食增產的成績是不錯的，但是如果把同時期人口數的增加與因饑荒死亡人數換算成另一個指數：每十萬人口中因饑荒死亡人數（如圖8），在西元1800年全球人口九億八千九百萬人，到西元2010年全球人口

1860年代以來五大洲飢荒死亡人數

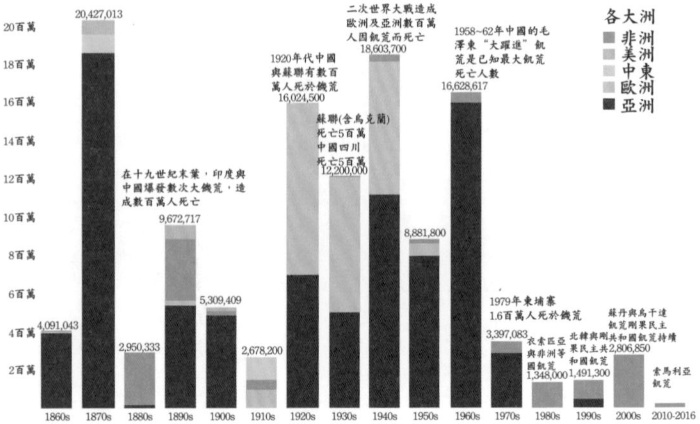

圖 7
資料來源：The rate of excess mortality due to femines
重繪自：OurWorldInData.org/femines

全球每十年間飢荒死亡率

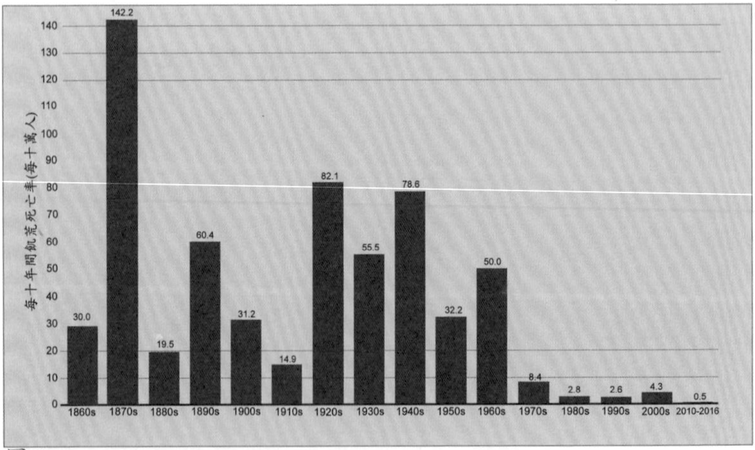

圖 8
資料來源：The rate of excess mortality due to femines
重繪自：OurWorldInData.org/femines

六十九億六千萬，增加了七倍，每十萬人因饑荒死亡人數從1870~1880年的142.2人降到2000~2010年的4.2人，糧食增產在應對饑荒問題的效益上，在2000~2100年是1860~1870年的237倍，「237倍」這個數字所顯示的成績是非常了不起的，因為糧食增產不僅僅是解決了飢荒的問題，更養活了更多的人口，這些新增的更多的人口中，又有更多的人不必從事農業工作，而轉而從事其他的工作，讓人類有更大的空間從事文明的發展，促成人類文明演化進一步的加速飛躍前進。

糧食增產，禍福未明

糧食增產在十九世紀末期到二十世紀之間發展的過程，確實可以歸功於科學大幅度的投入農業生產問題的解決，同時期所增加的大量人口也促成了新的文明發展，在社會、文化、經濟等等各個層面，有了不同於過往歷史上其他時期的發展，人類與外在環境的互動關係有了完全翻轉的轉變，以前的人類是要改變自己來適應環境，兩百萬年來基本上是透過自然演化改變人類的遺傳基因來適應新的環境，這是漫長而又緩慢的生物演化過程，這是一種「天擇」的過程，人類與地球上其他的生物遵循相同的法則。選擇農業之後，有了一些改變，人類強迫自己與動物植物進行互動，這個改變自己的過程，也因為與動植物互動的「共演化 co-evolution」關係而加速，我們大概可以相信當時的人類在選擇農業時，並不曉得會有這種共演化的關係，所以促進加速了人類的演化改變，是選擇農業的非主觀性且無意識的選擇後果。但是人類文明在獲得了工業革命與科學革命所賦予的一雙翅膀之後，人類就開始了改變環境來適應人類的新局面，如果以1760年工業革命開始與1687年牛頓定調科學革命為基準，至今短短三百年左右的時間，人類逐漸回歸以理性思考為主的行為模式，影響所及，人類的社會發展由君主極權逐漸走向民主自主，政治發展也逐漸脫離宗教的掌控，走向人本的思考，思想發展也走上自由開放，因此人類對自己族群整體的文明演化進展方向與進程，越來越抓住主導權，因此也必須對主導選擇之後的後果要負更大的責任。政治上人類脫離神權，君權，走上民權，需要教育，需要時間，以目前的方向來看，應該是走在一條合於理性的道路上了。至於本書所關注的飲食問題，在人類選擇重新走上理性思考的道路的同時，又是如何呢？人們是否也對自己日常的食物選擇採取理性的思考？「人們是否理性的選擇自己的食物」這個問題是否重要呢？

跌入科學迷信的陷阱

科學革命讓人類發現一個現象：如果以理性的態度，配合實驗求證的方法對待有疑問的事、物或現象，以所得的實驗結果選擇合乎邏輯的決定，是可以比較快速釐清糾葛的因素，找到頭緒，進而得到解答。這種所謂的科學方法是現代人所「熟知」的，但是這是人類創造出來的，並不是天生本來就知道的。現代人所熟悉的科學方法是透過接受「科學教育 Scientific education」而來的，這是一位在1840年獲頒英國皇家學會院士的英國醫生 William Sharp[53] 所推動的，他熱愛科學，認為科學是非常重要的，在1850年他的兒子們所就讀的公立小學 Rugby School 接受了他的想法與建議，將科學加入了學校的教學課程，他也受聘擔任第一位的科學教師，後續在1867年英國科學促進學院 The British Academy for the Advancement of Science (BAAS) 發表了一份報告[54]，建議推動「基礎科學(Pure Science)」教育，以培養學生具有科學思維的習慣，這是人類發起科學革命之後，對科學有了比較整體的概念之後，所進行的科學教育的起點。科學教育的課程大綱逐漸完善後，後來在二十世紀，紛紛被各國政府納入公立學校乃至義務教育的教學課程，美國國家教育學會 The National Education Association

在 1894 年納入英國科學促進學會 (BAAS) 的建議，以此擴增建立一套延伸到大學的完整科學教育課程體系，這套由小學到大學的科學教育課程，經過持續不斷地修改而成為現在的架構，至今也仍不斷持續修改精進。

科學的內容深奧，研究的領域廣泛，需要有足夠的時間沉浸與養成，才能成為科學家，並不是一般受過基礎科學教育的學生就能深入體會，也就是說科學教育的目的並不是要讓每個人都成為科學家，但是，在這個過程中，學生透過接受科學教育所建立對科學的信任與自信，反而讓一部分人盲目相信科學，無條件接受任何打著科學名號的訊息與資訊，產生了筆者所謂的「宗教式科學信仰」，這在完成初階科學教育的人群是普遍常見的，少部分進入進階科學教育，完成完整科學訓練的人，會了解維持科學進步的一個最大的動力是「保持懷疑的態度，持續挑戰已知的結論」，了解這點並保持懷疑與謙卑的態度，基本上就不會讓相信科學淪入迷信，而產生盲目的信仰。但是很不幸的，這卻是科學教育發展至今的一個常見的現象，一個不良的副作用！一個會被政治與商業操弄的鎖鑰！

在台灣近年來每次發生食安危機，就會看到店家在門口張貼食品安全檢驗公司的檢驗報告，其實這樣的檢驗報告，嚴格而言是沒有科學上的意義，但是一般接受過科學教育的消費者，卻會因為這一張紙而盲目地相信店家，這就是一種所謂的「偽科學pseudo-science」，筆者相信這又是一次「方便性」在人們潛意識裡操弄，在學生時期學習科學的過程，屬於基礎科學的數學、物理、化學及生物學等學科總是讓人頭疼不已，考完試了，細節的部分通常就還給老師了，大概只留下一個基本的框架，時間越久這個框架也越模糊，但是當提到這個部份的時候，也懶得回去翻書查個究竟，所以就「方便」地接受「聽起來像科學」的說法，順利地讓事情結束、過去，不讓自己太麻煩。這是一個非常矛盾的現象，科學教育訓練人們學習理性思考的方法，養成追根究底的習慣，但是人們還是習慣方便性，因為受過科學教育了，所以只要看起來像科學論述的說法，就可以不必追根究底，就接受了，就可讓手上的問題容易解決，類似上述食安問題發生時，店家拿檢驗報告充數的現象在生活中比比皆是，其根源就是要應付目前手上的問題，只要任何看起來像科學的東西，可以為問題的解決「方便地」背書，如此也就省得麻煩了。

一般人在為自己選擇日常的飲料與食物，面對包裝上的標籤，多半採取信任的態度而購買，原因是因為認為已經有這麼多的標示項目，而且這些標示的數字，看起來就像是來自科學分析的結果，因此相信科學家一定做好把關的工作了，可以「方便」地採購了。殊不知食品包裝標籤標示的資訊，是提供給消費者在採購時行使選擇權之用的，這是許多公民團體前仆後繼，對抗商業利益團體的阻擋，多年不斷努力的成果，但是有多少人卻因為「方便」而放棄對食物採購的主動權，而在一次又一次的食安事件後甩鍋給政府，回顧歷次食安事件發燒過程中，各方呈現的辯詞，主客錯亂，權責不分，常令人啼笑皆非。

IV 現代農業與資本合體

農產品商品化，擴大城鄉距離

1960年代現代農業的四大支柱：新品種，農業機械，化學肥料以及人工合成化學農藥整合起來，產生了綠色革命 Green revolution，生產出了大量、整齊、外觀無瑕的農產品，其中農藥的角色是非常重要的，因為要配合農業機械採收，新的作物品種必須要長得一般高，成熟期必須要一致，所以新品種在遺傳基因的均質性（homogeneity）上就必需要盡可能的相同，遺傳基因越均質，一旦病蟲害能夠建立與這些新品種的「基因對基因關係（gene for gene relationship）」[55]的食物鏈關係，開始能夠取食對應的新品種，這些病害與蟲害生物的個體基因型，因為人們所大量種植的這些新品種，提供了這些病原生物大量的食物，可以大量快速的繁衍它們的後代，持續取食這些新品種的作物。持續取食的現象擴大，就會造成達到經濟損失的門檻，使得噴施農藥的「經濟誘因」形成，奉行化學農業的農民就會採取農藥防治病蟲害的措施。

農業操作併入經濟誘因這個項目，也是選擇走上現代農業發展的必然步驟，因為購買了農業機械，可以大規模開發荒地變成農地，同時也可以讓農地鬆軟平整達到均一的狀態，所以具有遺傳均質性的新品種，就可以在鬆軟均一的農地上獲得預期的生長，這些遺傳均質的新品種，需要同樣的肥料與水分等營養生長元素，所以化學肥料可以快速又均質地供應所需要的肥份，讓作物長得健健壯壯白白胖胖，走到了這個階段，農民已經花了大把的銀子了，正在期待豐收後，可以賣個好價錢，但是當病蟲害生物遇到一大片白白胖胖的作物，開始大量繁殖大肆破壞，造成作物受損，農民就會思考要不要投入農藥防治，因為農藥是很昂貴的，但是通常農民會選擇農藥，因為購買農機，新品種種子及肥料這些材料已經花費很多錢了，為了保護這些投資，再花一些錢買農藥，可以確保有收成，投資才有可能會回收，所以農藥就在這種經濟誘因下很自然也很合理地被選擇、被使用了。

這種「農機／現代化新品種／化學肥料／人工合成農藥」四位一體的現代化農業系統，在科學革命與工業革命攜手互相拉抬之後，工業化與商業化逐漸滲透，深入到農業的每一個角落與細節，徹底改變了自一萬年前以來的農業生產的目的與方式，引導人類文明演化進入新一代的發展，居住環境由農村部落社群進入城鄉都市，社會結構由農業社會進入工商社會，飲食習慣也隨之改變，食物的型態也有了巨大的改變。在這種工商社會都市化的發展過程，消費者與生產者身分開始分化，消費者集中在都市，生產者分散在農村，兩者之間原本的直通關係鏈之間插入了工業生產者與商業經營者，新加入的工業生產者與商業經營者，透過食品加工與商業行銷大幅度改變食物原來的樣貌，刻意斷開消費者與生產者直接的接觸，透過廣告及媒體影響消費者的認知，有利於食品的行銷，模糊了現代都市人對於原型食物的概念與想像。

環境嚴重汙染與食品工業

在1945年二次大戰後，殺蟲劑DDT開始大規模用於美國的農田與家庭，當時就有人質疑其科學上的各種問題，但是因為在戰爭期間，DDT讓美軍解決了戰場上瘧疾等蚊蟲傳播疾病的問題，所以在二戰結束後，為了解決農業生產上的蟲害問題，在沒有充分的科學證據下，就援引二戰期間的成果，壓制各種微弱質疑的聲音，「方便地」套用在農業上，一直要到1962年Racheal Carson發表了《寂靜的春天Silent Spring》一書[56]，詳細描述了在美國各地所發生一系列因為DDT殺蟲劑所產生的人體、動物、植物及生態系統的反應與變化的實際案例之後，這些全美各地發生的案例被結集在這本書中，突然讓全美國的民眾了解發生在自家後院的單一事件，已經在全美國以燎原之態蔓延開來，生態與環境保護的話題一時之間沸沸揚揚，民意翻騰[57]，政治圈子也必須面對這個議題，終於在1970年12月，美國政府成立了環境保護署Environment Protection Agency[58,59] 作為應對，這是因為農藥的濫用引起了環境改變，讓人們意識到原本的生態環境已經改變了，而且這種生態環境的改變，已經開始影響到人體的健康了，尤其是當時無藥可醫的癌症患者遽增，只能做源頭管控了。

這個在二戰結束後，藉由工業化在全球快速擴張，在土壤、水體及空氣所造成的大規模、明顯的汙染，從農藥議題上被突破後，升上檯面，進而成為顯學，美國政府歷經數年，終於設立了環境保護署，專司各項環境議題的應對與管理，設立期間經過多方爭辯，這些爭辯的議題從原本的農藥擴大到各項環境項目，二戰後成立的國際組織：聯合國也在 1972 年成立了環境保護總署 UNEP，統籌世界各國推動環境保護的行動。

這股環境保護的浪潮，從農藥的濫用發難，擴展到對工業化導致的各種後果，進行全面性的聲討，各國政府透過在國家組織架構中設立了環境保護署／部，在政治上表達對環境議題的重視，而原本農業界中的有機農業人士們，對於以化學農業領軍的大規模使用人工合成農藥的現代農業，也有所行動，面對聯合國在 1972 年召開聯合國人類環境會議（斯德哥爾摩會議）United Nations Conference on the Human Environment (the Stockholm Conference) 偏重在經濟議題，對於農業議題並未觸及的結果，由法國自然與進步價值協會 Nature et Progrès 的會長 Roland Chevriot 具函 [60] 發起，邀請了英國土壤學會 UK Soil Association 的創辦人 Lady Eve Balfour，瑞典生物動力協會

Swedish Biodynamic Association 的會長 Kjell Arman 與美國羅德萊研究所 Rodale Institute 的創辦人 Jerome Goldstein 等，這幾位當時各國有機農業具有影響力的領袖人物，在 1972 年 11 月 5 日於法國 Versailles 集會，決議成立一個跨國性的組織：國際有機農業運動聯盟 The International Federation of Organic Agriculture Movements (IFOAM)，作為跨國之間有機農業科學研究與實務資訊流通的平台[61]。

這個組織的運作模式雖然設有一個行政中心統合資訊與力量，但是基本上是志工式的，缺乏商業誘因，面對集結肥料商、農機商、種苗商、農藥商以及國際跨國糧商等等龐大產業聯盟的現代農業系統，雖然集結成立了跨國組織，卻缺乏政治上與經濟上的影響力，使得有機農業運動一路走來仍是困難重重。

有機農業所提出的另一種食物型態的選擇，被淹沒在披著經濟效益揉合糧食危機外衣的現代農業產品：「食品」大海之中，對於遠離了生產者的都市消費群，在糧食危機恐慌的「推」與經濟效益的「拉」之間，持續不斷的拉開食品與食物之間的距離，形成一道越發龐大的鴻溝，消費者被引導偏向取用食品，離食物也就越來越遠了，有機農業想要提供給消費者的所謂原型食物，更加成為天方夜譚。

環境污染新問題，迎來生態科學

有機農業並沒有在這波環境保護意識興起的浪潮下，取得對化學農業的優勢，反而在這個議題上受到綑綁（詳後文：有機農產品好吃與有機認證標籤的迷思），相對地，科學的發展與應用，在環境保護意識抬頭之後並未受到打擊，相反地，因為科學可以解決問題的特性，反而有了更多的著力點，因為科學教育推展到此階段，已經有了足夠大的族群，對科學深具信心，只需要定義了問題，現代受過科學教育的人，相信「科學」一定可以提供答案，科學在農藥課題上的發展就是一個很好的例證。

農藥的定義是指，可以預防或治療作物牲口受到傷害的物質，依此定義，農藥在早期人類的農業發展過程中就已經開始使用了，中國古代使用的各種保護作物的措施中[62,63]，就包含了使用各種天然物質，如《周禮》記有「嘉草熏之」、「莽草熏之」等多種藥物治蟲方法；在西方，羅馬時代的一位自然學家 Pliny the Elder（西元 23-79

年），在他的書中《Naturalis Historia》記載了使用硫磺薰蒸等天然物質殺蟲的方法，這些殺蟲物質在現代化學興起之後，其效用就持續受到科學家的質疑，其中含有重金屬：砷的化學物質（包含砒霜（化學名：三氧化二砷）等）特別受到化學家的研究，但是因為其毒性對人類非常強烈，因此並不被科學界所接受(64)，尤其是在人類進入現代農業時代，大規模大面積的種植農作物之後，需要在如此廣大的土地上使用劇毒的化學物質，更是令科學界擔憂。

在 1935 年瑞士化學家穆勒 Paul Hermann Müller 因為當年發生的兩個事件：瑞士因作物遭受蟲害而發生嚴重糧食短缺，與蘇俄發生嚴重的斑疹傷寒大流行，這是由體蝨傳播的。他檢視了當時可用的各種殺蟲劑，發現效果都有限，因此他決定投入新殺蟲劑的研究，以對抗危害作物與人類的昆蟲(65)，在 1939 年 9 月歷經 4 年共計 349 次的實驗失敗，他找到了一個早在 1874 年，由奧地利化學家柴德勒 Othmar Zeidler 以人工合成的化合物 dichloro-diphenyl-trichloro ethane（DDT 雙對氯苯基三氯乙烷 1,1,1-trichloro-2,2-bis(4-chlorophenyl)ethane），經由實驗，發現具有明顯有效的殺蟲效果，透過瑞士政府與美國農業部確認，證明對科羅拉多馬鈴薯葉甲蟲 (*Leptinotarsa decemlin-*

eata)可以有效的防治，後續的研究進一步確認對大多數的昆蟲乃至熱帶病害都有驚人明顯的防治效果。在 1940 年取得專利後，開始生產商品，英國物資供應部 (Ministry of Supply) 以 DDT 定名此商品，在二次大戰期間，廣泛應用於盟軍熱帶作戰區域，減少了數以百萬計因蚊子傳播的瘧疾而死亡的軍民，在戰後，1950-1970 年代，DDT 的噴施，也讓瘧疾在全球包含美國與台灣等許多國家完全絕跡 (66)。

DDT 在殺蟲的效果上是顯然有效的，但是也正因為太有效了，讓當時的美國政府與社會，近乎完全依賴地使用這個農藥，大面積廣泛地噴施之下，很快地就對整個生態系組成的各種生物，由底層的昆蟲延伸到食物鏈的上層掠食者都產生影響，透過了《寂靜的春天》這本書的描述，讓社會大眾發現了這個現象的普遍性，也促成了科學界重整了源自 18 及 19 世紀，生物學領域對生態模糊的概念與零星的理論，以及 20 世紀初期的一些生態理論大師各自獨立發展的一些想法，在《寂靜的春天》發表後，整個生態領域的科學家找到了新的著力點 (67)，兩年後的 1964 年，美國生物科學研究所 American Institute of Biological Sciences，委託牛津大學出版社發行的科學期刊 Bio-Science，就以生態學為主題發行了一期的專刊 (68)，提出對生態學領域的來龍去脈等相關議題的彙整研究，回應了大眾的要求，也從此開啟了現代生態學的新學門，對後續現代文明社會的發展，在生態環境議題上，提出科學的想法與行動指導，成為現代科學界不能忽視的一個課題，這個環境保護的議題，也讓農業科學家從原本單純的食物生產議題，不得不跨入生態領域，這個趨勢可以從各國大學的農學院及系所紛紛修改名稱得見一窺。這也宣告了人類農業的發展，進入了一個新的里程碑，人類透過農業操作的行為，已經跨越了取得食物單純的目的，在不知不覺中，現代農業的影響力已經改變了周圍的生態系，而且也已經反饋回到影響人類自身的生命安全，對此，人類必需要做出回應，這又是一個新的選擇題讓人類共同面對。

農藥管制催生基因改造與分子育種

美國政府環保署在 1973 年開始宣布管制禁用 DDT[69,70] 後，農藥的發展也轉向低毒性的農藥開發，就在此相當的時期，生物科學的領域在遺傳學與生物化學兩個學門方面有了新進展，在 1930 年代確立了遺傳的染色體學說 Chromosome theory[71] 以及 1950 年代發現 DNA 為遺傳物質的化學基礎[72] 之後，經過反覆驗證與基礎核心技術的發展之後，配合1885年人類所發明在實驗室由單一細胞長成一個完整個體的組織培養技術[73]，後續進一步融入微生物學與基因定位等遺傳學的技術後，進入1970年代，就進入了快速成長的階段，統整了上述這些理論與技術的現代分子生物學，就正式粉墨登場了，人類進入可以直接操控基因的新時代，人類開始可以扮演上帝了[74,75]。

對農業科學家而言，無疑是有了一個新的工具，相對於上一世代的顯微鏡（問世不到半世紀的技術）而言，可以更快速、更精準的發展品種，對抗病蟲害以及提高產量。透過基因定位技術(gene tagging)的發展，科學家可以追蹤目標基因在雜交育種過程中，在世代個體之間的移動，進行所謂的「分子標記輔助選種（Marker assisted selection）」，目標基因可以是已經被標記的產量、抗病或抗蟲等基因；另外一種分子生物學技術稱為「基因轉殖 Transgenesis」的操作模式：是指把其他跨物種的生物，特別是微生物，包含細菌等的特定基因，移轉到作物或牛羊等家畜動物的基因體內，就是所謂的「基因轉殖作物／動物（transgenic crop/animal）」也稱為「基因改造生物GMO（genetically modified organism）」。

目前坊間所謂的轉基因大豆，或是基因改造大豆（genetically modified soybean 基改大豆）就是將微生物的抗殺草劑基因轉入大豆的基因體，使大豆能夠將噴施在大豆植株上的殺草劑分解掉，而不會受到殺草劑的破壞而死亡。在大規範大面積栽培的現代農業農場，種植了這種抗殺草劑基因改良的大豆品種之後，如果田間長出了雜草，這時只需要噴灑殺草劑，就可以把雜草除掉，但是因為這種基因改良的大豆品種，可以把噴灑在身上的殺草劑分解掉，而不會損傷受害，就達到保護大豆不受雜草的競爭，但是必須要搭配噴灑這種基因改良大豆品種所能分解的殺草劑，所以農民在購買種植了這種抗殺草劑基因改良的大豆品種之後，又必須要購買這種搭配的殺草劑。

科學、資本主義與文明發展的糾結

這種以節省除草的麻煩為誘因，引導農民同時要購買特定品種與特定殺草劑的操作模式，背後存在著一個龐大的集團，這是人類社會在二次大戰結束後，進入工商社會發展資本主義之後，所衍生出來的一種資本主義商業系統，在追求利潤最大化的終極目標之下，所提出了一種農業經濟模式，商業界、工業界在利字當頭之下，很自然就結合在這種新農業模式之下，但是被操作的對象：基因改良品種與殺草劑，卻是需要科學家的參與。為何科學家要參與？因為需要研究經費，而且是大量的金額。

以品種改良（作物育種）為例，1900年代的育種家，進行育種時所需要的工具，大概只需要尺與秤子，到了1930年代，需要添購光學顯微鏡，到了1970年需要添購工程計算機，到了1980年代，需要添購一些電泳等化學分析儀器，到了1990年代，需要添購電腦來結合各種新式化學分析儀器，到了2000年需要添購PCR等分子生物學分析設備，這些添購的

研究發展經費佔國內生產總值(GDP)的百分比變化

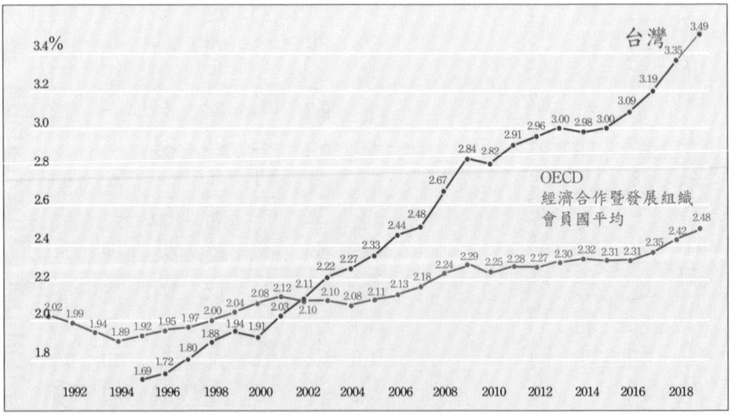

圖 9
來源：OECD (2021), Gross domestic spending on R&D (indicator). doi: 10.1787/d8b068b4-en (擷取日期 Oct 7 2021)

設備，可以讓育種家更準確地進行選種工作，但是所需要的費用卻是以指數性的形式增加，更重要的是，搭配這些設備所需要的藥品耗材的費用與技術操作費用，更是一個無底的黑洞，非有大筆的後續經費支撐，要不然就只是一堆廢鐵。這也是科學界為自己找工作的一個方法：持續的發展科學，持續的增加科學家人數，持續的增加研究發展經費。以下為「國際經濟合作發展組織 The Organization for Economic Co-operation and Development (OECD)」對其會員國在研究與發展項目下的統計資料，摘錄彙整如下

圖 9 [76] 顯示台灣及 OECD 各會員國

1991~2019年每千人受雇人員中研發人員的人數

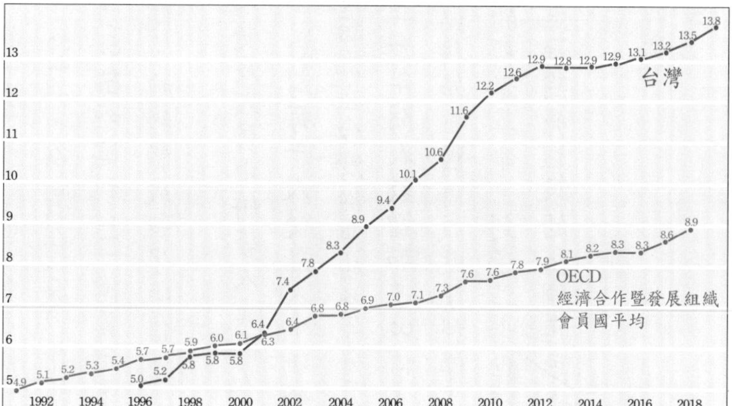

圖 10

來源：OECD (2021), Researchers (indicator). doi: 10.1787/20ddfb0f-en (擷取日期 Oct 7 2021)

平均將國家全年GDP用於研究發展項目的比例，在1981年OECD會員國平均將GDP的1.8%用於研究發展，到了2018年就增加到了2.4%，台灣在1995年研究發展為82億美元佔GDP的1.69%，到了2018年增加到了3.46%達到411億美元，在台灣的研究發展經費上，在1995年到2018年短短23年間，總經費成長了5倍。

圖10[77]顯示台灣與OECD會員國平均每千人受雇人員中研發人員的人數，OECD會員國在1981年5.93人上升到2018年的8.57人，台灣每千人受雇人中研發人員的人數，由1996年的5人上升到2018年的13.5人，實際上在台灣從事研發工作的總人數，由1998年62586人上升到2018年的193035人，二十年間人數增加了3倍。科學界透過紮根小學的科學教育開始，所建立的科學神話與科學王國，成就了科學界的發展與擴張，其成果由此可見一斑，十七世紀後期開啟的科學革命，到了二十世紀末，綻放出了豐盛的花朵，而在二十一世紀仍是世界舞台上最明亮耀眼的一個角色。

糧食多樣性的扭曲

整體而言，科學領域歷年分配國家預算資源的轉變如上節所述，以下再以美國的作物品種改良為例，說明資源的規模擴大與分配轉變，在農業界與最終的食物系統的關係，這關係到你我現在的食物。

在十九世紀末到二十世紀初，美國的農民依賴自己留種的種子，進行來年的種植之用，但是許多大學機構的研究人員，在新的遺傳育種科學發展之下，探索新的育種方法，已經開始推出一些新的品種，部分交由民間業者繁殖，並進行商業銷售，但是缺乏政策支持，未以利潤追求為目標。到了1915~30年間，各州的農業機構介入種子品質監督保證的機制，提出「種子查驗規則（seed certification program）」，由官方機構擔保商業販售的種子品質，讓商品化種子的品質獲得保證，農民也逐漸接受新的品種，開始購買商品種子，減少自行留種，新品種的種子市場開始發展，催生了私人種子公司的成立。但是這時期所發展的新品種，農民在購買一次之後，如果繼續自行保留這些新品種種植採收之後的種子，來年的收成仍然不錯，所以農民多半只會購買一次新品種，這對種子公司的銷售並不有利。

1930年後，遺傳學的發展進入細胞遺傳學盛行的時期，育種家應用了顯微鏡的協助，揭開了雜交品種(Hybrid variety)的面紗，發現了可以大大的提高作物產量的「雜種優勢Hybrid vigor」現象；雜交品種又具有另外一個重要特性，就是種植了購買的商品雜交種子之後，如果農民來年，再將自行採收的種子播種，因為遺傳分離的現象，族群整體的雜交優勢會降低一半，造成產量明顯的下降，所以為了確保有高的產量，必須要再購買雜交種子進行播種。農民在追求高產量的情況之下，每次種植都會再回來採購種子，如此就確保了種子公司的銷售與獲利。任職於各州依照土地配用法(Land Grant Act)設立的州立大學及相關機構的科學家，擔任了這一波現代育種工作的先鋒，進行新雜交品種的開發。

雜交品種的繁殖與生產，需要對新的遺傳與育種科學知識有相當程度的了解，並不是一般農民能夠自行留種處理的，因此私人種子公司的地位有了新的定位，為了能將公家機構研發出來的雜交品種進行繁殖與販售，並符合「種子查驗規則(seed certification program)」的規定，私人種子公司必須能夠確實將公立機構育種的雜交品種「正確」的繁殖，所以在玉米的雜交品種推出之後，1930年代就開始陸續新設了近

150家的私人種子公司，加入原本只有約40家私人種子公司的行列，協助推展雜交玉米品種的市場，而雜交玉米的產量在育種家的努力之下，產量也節節高升，更進一步吸引了農民種植的興趣，到了1965年美國種植的玉米就有95%是種植雜交玉米。

雜交品種育種技術當時以發展玉米為主，在科學家對玉米的遺傳行為及育種表現取得了相當的瞭解之後，才擴展到其他作物，而在當時擴展應用玉米育種技術，另外新育成雜交品種的作物只有高粱與向日葵兩種。種植雜交品種，農民需要不斷購買種子的行為，對於以販賣種子為目的的種子公司而言，就是一個確保穩定銷售與獲利的保證，1930年到1960年這段時期玉米雜交品種的表現，證明了育種在商業應用上的潛力，因此有許多私人種子公司也開始籌措資金，招攬人才，自行投入玉米雜交品種的育種工作(78)。早期玉米的研究工作，開創了許多新的科學研究理論與方法，奠定後續玉米雜交育種的堅實基礎，吸引了大多數的研究人員，持續育成新的玉米品種，至今依然蓬勃發展。相對於玉米龐大的人力與資源投入，除了黃豆與小麥之外，其他作物則乏人問津，資金投入日漸被排擠，基礎研究不足之下，其他的作物都還是維持農民自行留種的形式。少了雜交品種的商業誘因，對於私人公司而言，是不會吸引它

公立機構與私人種子公司在作物育種經費支出

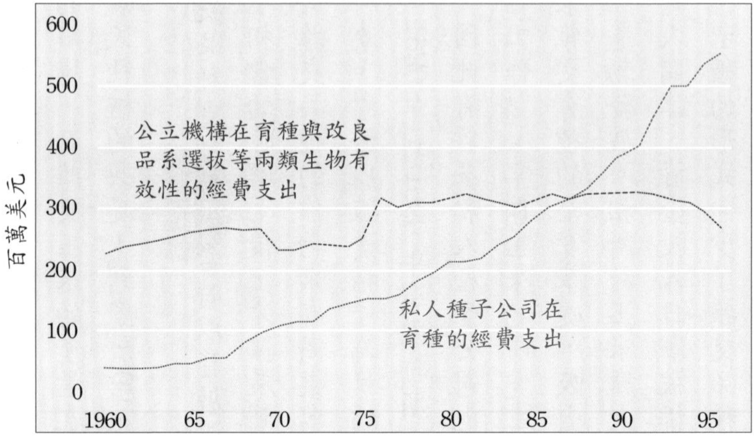

圖 11
來源：The Seed Industry in U.S. Agriculture / AIB-786

們投資的，這部分還是要仰賴公家育種機構的努力，但是因為私人育種企業的興起，政府相對也減少公家育種機構的經費挹注，讓整體作物育種進入了惡性循環。

二十世紀前半世紀雜交品種的成功發展，結合了二十世紀後半世紀智慧財產權的興起，讓美國的種子產業改頭換面，最重要的事件就是1970年美國通過的「植物品種保護法 The Plant Variety Protection Act (PVPA)」[79]，讓育種家擁有合法的品種權利，可以賺取合法的利潤並獲得法律的保護，這就促成了私人種子公司大力投資，

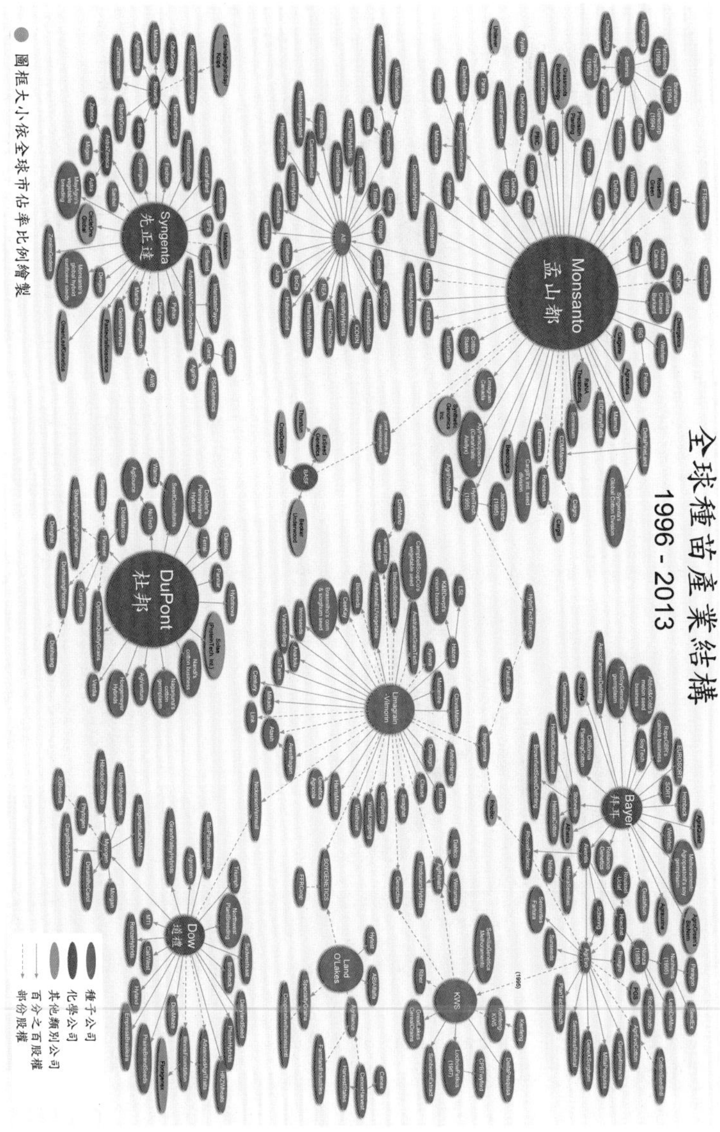

圖 12
摘錄修改自：Sustainability 2009, 1(4), 1266-1287; https://doi.org/10.3390/su1041266

美國在1960至1996年私人企業投資於品種研究與開發的金額由2.06億美元增加到44.86億美元成長了2177%，也就是增加了21倍之多，扣除通貨膨脹之後，成長的比例為1300%，也就是13倍，而公立機構品種研究發展經費的金額，則維持平盤沒有增加，如圖11[79]。

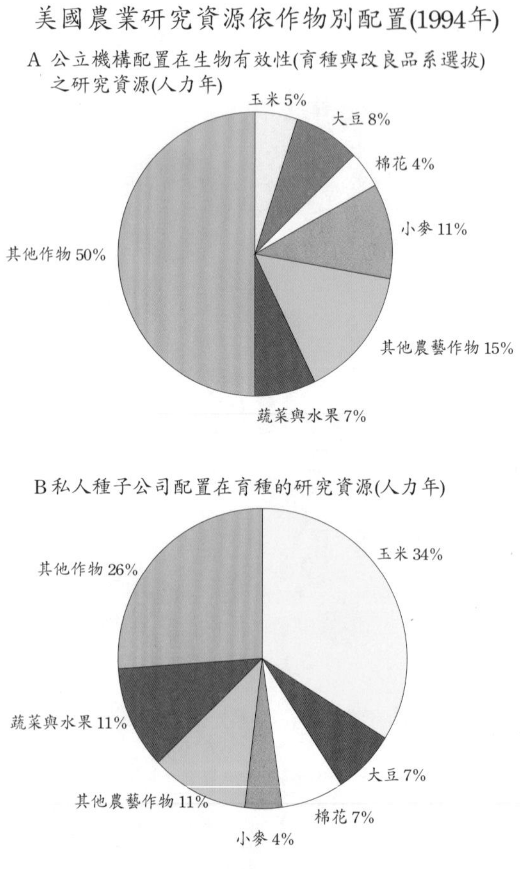

圖 13
摘錄改繪自：The Seed Industry in U.S. Agriculture / AIB-786:

研發經費的增加對於私人公司而言，必須要搭配營收獲利的增加，所以在現代分子生物學興起之後，開始要導入商業育種產業的過程中，配合美國資本主義市場經濟體系之下，盛行已久的企業併購模式business merge就介入了，而且不只是單一的種子產業內的公司進行併購，同時相關的農業產業公司（包括農藥，肥料，機械及動物用藥）彼此之間也開始併購，創造出幾個超大型的跨國集團，如圖12[80]。

併購的過程不斷讓資本集中，同時可以精簡支出，精簡下來的資金，讓合併後的公司可以用於投資具有獲利的項目，產生的現象就是越來越集中在高獲利的作物與品種，如圖13

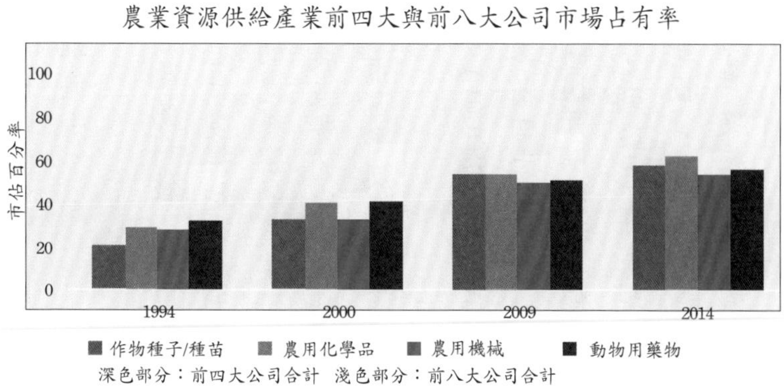

圖 14
摘錄改繪自：IPES-Food. 2017. Too big to feed

所顯示[79]，公家機構對於每一種作物大概都有比較平均的研究人力配置比例，而私人公司則是將人員配置集中在玉米，其他作物的比例都偏小。

隨著科學家宣稱作物的研究如果導入新的分子生物科技，可以加快投資回本的速度，就讓這些大公司對分子生物技術的資金投入也就變得越來越大手筆，因此科學家可以獲得更多的經費，進行包含育種與農藥在內的更精密的農業研究工作，這些大型跨國公司的投資金額佔美國國家整體農業研究發展經費的比例也越來越高（如圖11所示），投資的成果可以從這些大型公司銷售產品的市占率反映出來，如圖14[81]。

美國農業部配合市場併購擴大經濟規模的現象（market concentration），以市場占有率的前四大公司或前八大公司進行統計，市占率前四大公司稱之為4-firm concentration，前八大公司稱之為8-firm concentration，由圖14可以發現在作物種子與品種項目，前四大公司市占率由1994年的20%一路攀升，到2014年已經達到58%，短短二十年增加了近兩倍，在資本主義市場經濟之下，就投資報酬率而言，這是很好的表現，科學家也因此獲得了大筆的資金挹注，可以進行更深入的研究，例如生物科技方面，需要大筆資金投入的基因工程領域的研究，但是對農民種植的作物種類與選用的品種，則是產生極大的限縮[23,78]，種植的作物與品種減少之下，同時也降低了農業生態系統的生物多樣性，最終也就反映在人類食物系統多樣性的降低。

1996 年對人類的食物系統而言，是一個非常重要的分水嶺，因為這一年在科學界與美國政界爭辯多年的轉殖基因作物品種的議題，原本呈現膠著看不到盡頭的狀態，突然獲得核准上市，這個戲劇性的轉變，在在說明在資本主義下，官商聯手是可以改變許多事情的[82,83]，人類的食物開始進入基因改造食物的時代，全球在 1996 年栽種基因改造作物的農地面積為一百七十萬公頃，到了 2018 年種植基改作物的農地面積為一億九千七百一十萬公頃，增加了 113 倍[84]，農業生態系統的生物多樣性與食物系統多樣性又進一步的降低。

食品加工與食物浪費

避免飢荒，提供足夠的食物一直是糧食生產的一個重要目標，這也是聯合國在 1996 年召開的世界食物高峰會 (World Food Summit)，確認的糧食安全 Food security 的定義與內容[85]之一，自化學農業始祖李畢氏以來，投入農業研究的科學家，無不以此為基本目標，以增加糧食生產為目的，但是諷刺的是，到了二十世紀末的1996年，當大型跨國公司推動基因改造作物時，居然還是以此為一個主要訴求目標。固然人口的增加，確實需要增加糧食的供應，但是在二次大戰之後，全球人類大體處於和平的階段，大量資源投入在各領域的研究與改善，包括農業的發展，有如此多私人企業的大規模投資，糧食的生產其實早已經過剩了，根據聯合國糧農組織FAO在2011發表的報告[86]，全球整年生產的糧食約有1/3被浪費或是損耗了，這些損耗或過量生產對現在的氣候變遷現象是有一定的影響[87]，這種生產過量的現象是以年總生產量的角度來看，生產超過了需求量，而且有1/3被浪費掉了。但是把範圍縮小到收穫作物產物的階段來看，農業生產在採收收穫階段，通常都是集中在一小段時間，這也是一種過量的現象，有人類以來，這種在收穫期大量收穫物湧至，塞滿糧倉的現象，人類的解決方式就是進行加工，以便長期保存，這就是所謂的食品加工。但是現代的食品加工有別於過去的食品加工，現在是以商業生產為目的進行食品加工，刻意大量生產糧食以便進行加工。

在二次大戰以後，工業發展日漸成熟，在工業產品的種類與數量快速增加之後，產品的銷售成為重要的事情，也因此順勢帶領世界各國逐漸走入商業社會的發展。在農業導入農業機械，化學肥料，化學農藥以及新的品種之後，農業的生產就進入了工業化的階段，把農地視為工廠，大面積種植相同作物，收穫期的收穫物就不是塞爆糧倉而已，以玉米為例，一個人能夠食用的新鮮玉米的數量也就不過是一兩根玉米，所以工業化農業生產出來龐大的玉米數量，必須要尋找新的出路，因此人類飼養的牲畜、養殖的魚蝦就開始大量改吃玉米。

玉米濕磨技術產物

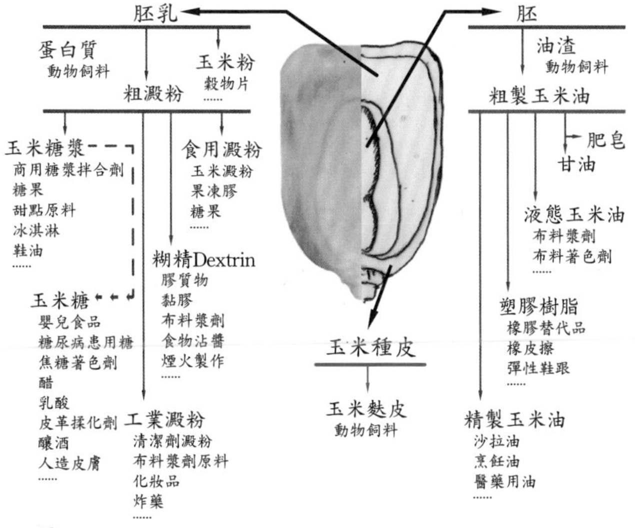

圖 15
重繪自美國環保署文件 AP-42 第 5 版 Fig. 9.9.7-1

但是這樣子還是不夠把生產出來的玉米消耗掉。

在1844年位於美國紐澤西州的Wm. Colgate & Company公司的小麥澱粉加工廠轉型成為專業的玉米澱粉加工廠[88]，這家加工廠採用了利用澱粉水解的技術生產玉米澱粉，開始了所謂的玉米濕磨加工法Wet milling process。緩步逐漸地，玉米澱粉逐漸取代市場上的小麥澱粉與馬鈴薯澱粉，吸引更多的加工廠投入生產玉米澱粉的行列，玉米加工產業規模開始擴大，到了1970年末至1980年中期，濕磨技術有了新的進展，可以生產出各式各樣工業產品，如圖15，也因此讓工業化農業生產的大量玉米獲得了解套，隨著這些玉米濕磨工業成品的大量行銷，也進一步拉抬玉米的需求量。

玉米的濕磨技術是現代食品科學的一個縮影，應用科學原理與工業技術將食物進行外觀與化學組成的分解，然後進行重新排列組合，像魔術一般，生產出完全不同的新產品。推動這個轉變的最大動力正是工業化與商業化。科學家透過現代科學方法進行系統性的流程，包括問題分析↓提出假設↓設計實驗↓進行驗證↓獲得結論，提供了新的想法與解決問題的方法，這是每個科學家基本的訓練，也就是說每個科學家都可以對同一問題有一套各自的想法，但是看到二次大戰之後農業整個產業進行工業化，然後很快進入商業化的現象，科學家提供了想法與技術的發展，似乎是背後推波助瀾的重要推手，既然科學家可以有各自獨立對同一問題提出不同的見解，為何現在各國農業的發展方向，卻呈現著以李畢氏領軍的化學農業為主流，霍華德氏為首的有機農業幾乎潰不成軍的現象？在歐洲黑暗時期，科學的發展受到君主帝制的箝制而被扭曲了，人類東西方文明在數百年乃至數千年的帝王禁錮之後，歷經抗爭戰爭，選擇了民主自治，進入了現在的民主政治時代，脫離了君王統治，為何在農業的發展卻是近乎獨尊於化學農業，呈現了近乎專制的現象？這個轉變是如何發生的？人類為何選擇這條路？

在農業的發展過程中，為了避免飢荒，人類總是想要增加農地面積，多多種植作物，以獲得更多的收穫物，在農業機械導入機械力到農業系統之前，每戶農民幾乎只能生產出足夠一家幾口人的食物，勉強餬口維生而已，但是在農業機械導入農業之後，機械力幾乎可以無窮盡的取代人力，可以大面積的開發土地變成農地，可以深耕農地，翻鬆土壤，再配合化學農藥，化學肥料的施用以及新的作物品種（乃至基因改造作物）的發展，以學者及美國農業部的統計資料來看(89,90)，農業工業化前的1930年，平均一個美國農民一年生產的糧食可提供四個人食用，過了40年，到了1970年供應人數增加到73人，再經過40年，到了2010年，一個美國農民一年生產的糧食可提供給155個人食用。農民生產出來的糧食超過自己所需的部分，就可以拿出來銷售，我們可以看到市場上兜售農產品的小農的家人，基本上就是將多餘的產量進行販售，以金錢的形式作為存糧之用。但是當生產的農產品的數量過於龐大，地區的小農民市集無法銷售時，一般常見的就會進入盤商販售的系統，也就是基本的商品批發行為，我們身邊的食物與食品，基本上是循這個銷售系統進入我們的餐盤。農民生產出的糧食數量越大，就越需要進行銷售，同時，因為可以餵養的人口數量隨著增加後，這些從農業勞力被機械力取代而解放出來的人口，就成為其他行業的生力軍，部分進入銷售行列而形成市集，市集擴大成為城鎮，最後再發展成為城市，也就是人口逐漸從農村轉移到城市。進到了城市的人們就開始疏離農地，逐漸就切斷了這條臍帶，幾代人之後，許多城市人忘了與農地的關係，也就不再關懷農地乃至農業的議題，全球各國在現代化的進程中，都可觀察到這個轉變。這些疏離農地的都市人群，就必須要在糧食作物收穫後，一直到進入餐盤的整個過程中，包括的工業活動與商業活動，創造出附加價值，再由所產生的附加價值分一杯羹，賺取他應得的金錢，來購買食物餵飽自己。

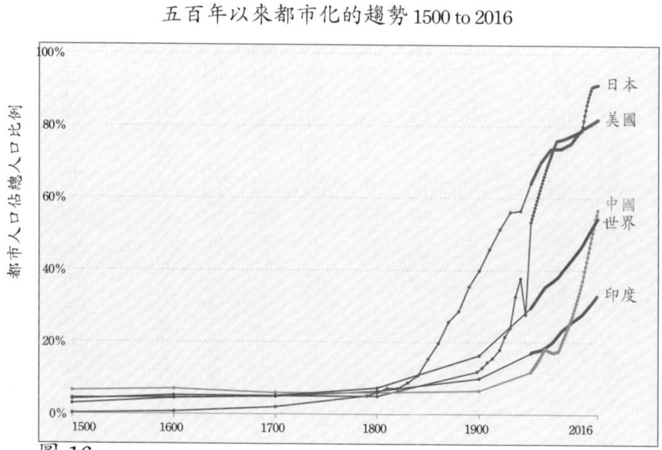

圖 16
資料來源：UN World Urbanization Prospects 2018 and historical sources
摘錄改繪自：OurWorldInData.org/urbanization

這是城市化過程所發展出來的一套經濟模式，過去的帝制時代，繁榮的皇城可以見到這種模式，現代的摩登大都會也是以這種模式在運作。現在的人類總人口數遠遠高於過去的任何一個年代，所形成的都會規模也是前所未見的，都市人口的比例也在逐年增高中，如圖 16，由圖中可以發現，在西元 1800 年前，居住在都市的人口約在 10% 左右，在 1820 年後都市化的現象才開始增加，到 1900 年美國有 39.98% 全球有 16.4% 的都市人口，但是到了 2016 年，日本有 91.38%，美國有 81.48%，全球有 53.93% 的都市人口。不只是都市人口的比例增加，城市的人口總數也是不斷改寫紀錄，根據聯合國的統計與定義[91]，超過一千萬人的城市稱為Megacity，全球在2018年有33個城市屬於Megacity。

人類在一萬到六千年前選擇了農業，農業讓人類的人口增加，確保了物種的生存，但人口的增加也需要農業進行轉型，以便生產更多糧食，工業化促成農業的轉型，生產出大量的糧食，為了銷售這些大量的工業化農業的農產物，人類選擇了，並發展出市集商業模式，因為工業化農業引入機械力，解放了許多的人力，這些從農地被釋放出來人力，選擇了進入商業，也為原本單純的農產品銷售流程持續創造出新的附加價值，進一步促成了市集的規模化，形成了超級大城市（Megacity），我們回顧比較一下從農場到餐桌（Farm to table）的距離就可以明瞭之間的差別，如圖17。

在圖中所顯示都市人食物進入餐盤的流程，基本上要經過的時間是以天為單位計算，少則半天一天，多則如加工食品可能是30天到180天，運送的距離可能是相同的鄉鎮，但也可能是來自地球的另一端。時間越久距離越長，中間的供應鏈與附加的價值就越多，也就可以讓越多離開農地的人取得一杯羹。所以工業化商業化的農業創造出龐大的食物與食品，養活更多的人口，同時也解放了這些人口，讓他們不需要從事農業，所以人類歷史走到今天，呈現在我們面前的是龐大的城市發展與多樣複雜的食物供應鏈，其中的共生共利糾葛難分，也讓回歸單純自然變得窒礙難行。

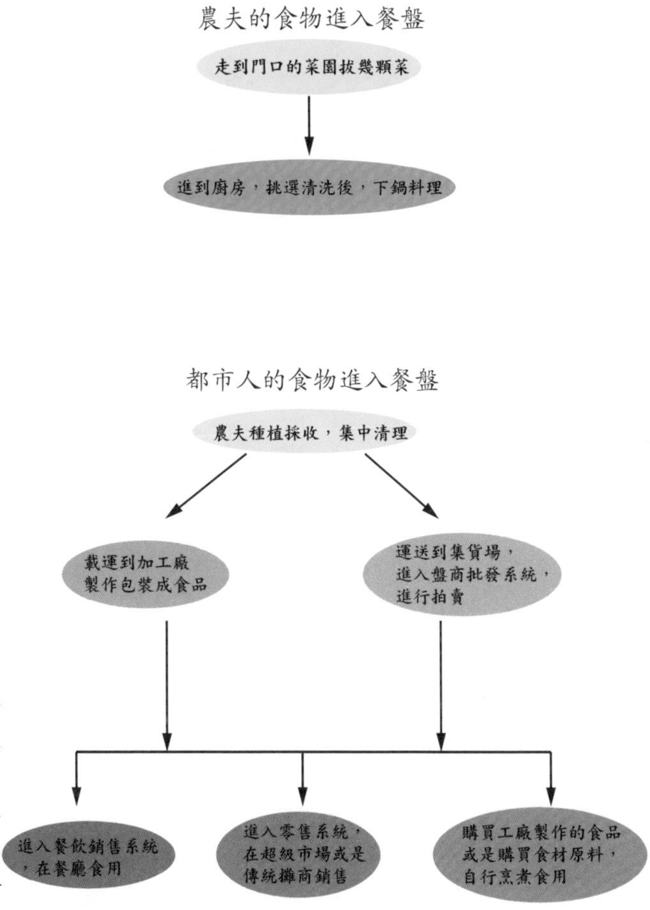
農夫的食物進入餐盤
走到門口的菜園拔幾顆菜
進到廚房，挑選清洗後，下鍋料理
都市人的食物進入餐盤
農夫種植採收，集中清理
載運到加工廠
製作包裝成食品
運送到集貨場，
進入盤商批發系統，
進行拍賣
進入餐飲銷售系統
，在餐廳食用
進入零售系統，
在超級市場或是
傳統攤商銷售
購買工廠製作的食品
或是購買食材原料，
自行烹煮食用

圖 17

人類在這兩百年的農業發展過程，促成文明演化的程度與進度絕對是人類歷史上的一個新高點。這兩百年的發展，人類做了許多的選擇，讓文明演化的速度超越了人類生物演化的速度，人類的生物體軀乃至依賴生存的生態環境是否能承受目前新的文明演化結果？人類近兩百年來快速文明演化的過程，對我們現在的生態系統所產生的影響，歸總而言，可以用目前爭議的「氣候變遷 Climate change」一詞代表，面對這個名詞所代表的現象，不同國度、不同專業的人類，各有不同的看法，也就有不同的選擇，以美國為例，這個爭議與選擇的檯面上的代表人物，1993-2001 年擔任美國副總統的高爾先生（Al Gore）承認氣候變遷的存在，而 2017 年就任的美國總統川普（Donald Trump）不承認有氣候變遷的現象。美國作為二次大戰之後世界發展的核心，其領導人的認知與決定，是有舉足輕重的影響，但是在民主的體制之下，這兩位前後任領導人的立場呈現相反的現象卻也是正常的，雖然美國的立場不堅定，但是文明還是持續進展，氣候還是持續改變（或者沒有改變），對於立身於民主國度的人們，如何對此一現象表態以及表達關心？

自從環保議題在 1962 年的「寂靜的春天」打響旗號之後，化學農業與工業化農業的發展並沒有停歇腳步。應對環保議題的攻勢，先是導入衛星定位系統 (GPS)，整合了電腦資訊產業，另一方面隨著農業科學的進展，再導入作物生長模式以及以動態施肥技術為首的各種專家系統（Expert system），建立了地理資訊系統 (GIS)，1980 年代結合了 GPS 與 GIS 兩種全新科技，提出了「精準農業 Precision agriculture」來面對環保議題，向社會大眾宣稱可以在正確的時間，配合作物當時的生長需求，當地的土壤肥力現況，補充作物所需要的肥料，就不會過量施肥，造成流入河川產生優養化，也可以減少施用肥料，減少農民的投資並提高收益。在普羅大眾及科學界沉浸於結合炫目的衛星、電腦與資訊等新科技所進行的新農業宣傳，而還不來及反應的幾年間，全新誘人的基因工程科技，又被整合到工業化農業，成為世人矚目的新焦點，持續不斷問世的新科技，添加了化學農業行銷各種新希望的柴火，讓健忘的人群早早就忘了環保議題，讓大多數人選擇了擁抱工業化農業。1990 年代工業化農業進一步商業化之後，更多的人就像吸了迷幻藥，幾乎不再懷疑化學農業對環境的危害，也讓新興的國家，包含合稱金磚四國（BRIC）的巴西、俄羅斯、印度及中國等擁有龐大人口與土地面積的大國，爭先恐後、奮不顧身地踏上這條化學農業所鋪陳的道路，在這種趨勢之下，「寂靜的春天」一書所描述紀錄的美國環境惡化的現象，就加速進入了這些土地遼闊、人口眾多的新興國家的後院，讓環境惡化的現象在全球快速漫延開來，讓氣候變遷的預言成為了事實。當這些環境變化的警訊出現時，有人選擇承認與面對，但是對身在獨裁國家的人們認為改變環境惡化趨勢是孤掌難鳴的事情，在民主國家的民眾卻是可以透過建立社團組織，發出聲音影響周邊的朋友與人群，例如在 1972 年成立的 IFOAM 國際有機農業運動聯盟，就提倡以有機農業取代化學農業，在面對化學農業在當時主要國家快速擴張的時期，IFOAM 的聲音被淹沒在經濟成長的大浪潮之下，雖然 IFOAM 無法力挽狂瀾，但是讓全球憂心環保與農業議題的人群集結在一起，確實也建立了跨國的聯繫網路，讓分散在各國，各自獨力奮戰的農業環保人士能夠維繫信心，不絕如縷。隨著化學農業將科學綁架，擄為禁臠的新發展，不斷提出精準農業，基因改造作物等炫目誘人的新議題，原本 IFOAM 一直主張的有機農業主題，讓有些人覺得不足以回應這些化學農業結合新興科技的攻勢，於是又分別建立組織提出新的主張，例如慢食運動 Slow food movement (https://www.slowfood.com/)，食物銀行 (https://www.foodbanking.org/)，乃至二十一世紀 2007 年新登場的飲食自主權 Food Sovereignty

等等旗幟鮮明的主張，分別引領特定的食物議題，試圖抵擋化學農業的擴展，力挽狂瀾。筆者參加IFOAM的有機農業訓練課程，感受到與會者勃然奮發的精神，面對邪惡帝國般的化學農業大軍，發揮創造力，勉勵奮戰，令人激奮不已

投票

作為一個個體，面對擁抱化學農業這些龐然大物的跨國企業，在其長年經營之下，所建立的結合巨大資金，深耕政商關係，指導科學發展，指揮工商力量的全球體系，一個人的力量是渺小的，但是，在民主國度裡，政治人物競選時經常講的一句話，「你的一票，可以改變世界」，在現代越走越快的都市化趨勢之下，人們如何改變乃至引領這個整合工業、經濟及政治的商業化農業發展軌道？投票吧！

候選人正是你自己的健康以及地球母親的健康。

一天三餐，每一餐好好選擇你的食物，餐餐都投票，告訴食品供應鏈的業者，你要的是甚麼，把飲食的主導權，拿回自己的手中，照護自己的健康，照護地球的健康！不難的，你做得到的！只要你開始做！

第三章

現在食物新樣貌

第三章　現代食物的新樣貌

兩百年來都市化的過程，人口逐漸由農村集結到都市，集結的速度越來越快，到了2016年，世界已有超過一半以上(53.93%如圖16)的人口居住在都市裡，越開發的國家，都市化的程度也越高，例如日本已經超過91.38%，美國已經超過81.48%的人是都市人。大部分都市人的食物是來自超級市場及百貨公司等的食品陳列櫃，一些小孩子的天真回答，例如問小孩子「西瓜長在哪裡？」小孩子的答案是「長在冰箱裡」，這類令人莞爾的腦筋急轉彎的答案，呈現的是小孩子跟著父母到超級市場買東西的經驗，他看到父母從透明冰箱的食物陳列櫃取出西瓜，就以為西瓜是生長在冰箱裡，因為他所見到情況是西瓜從冰箱取出來，所以就他的經驗而言，「西瓜長在冰箱」是正確的答案，透過父母的解說，如果再配合實地走訪西瓜田等這類的教育過程，小孩子就會回答西瓜長在田地上。

華人的一句俗諺：沒吃過豬肉也看過豬走路，這是在早年農村社會貧窮人家沒豬肉吃的說法，但是對都市人而言，這句話要倒過來說：沒看過豬走路也吃過豬肉，這正可以與「西瓜長在冰箱」相呼應。豬是源頭，豬肉是終端產品，豬飼養在源頭──農村地區，到了消費地──城市，豬肉則是販售的商品，這種對都市人熟悉也是必經的源頭與終端的關係，套句現代時髦的說法，稱為供應鏈 Supply chain，針對農產品而言，有一個更時髦的說法：農場到餐桌 Farm to table。每個人對食物的初體驗是不同的，這可從供應鏈的角度來看，成長在城市與農村的人是落在供應鏈的兩個端點，在城市長大的人接觸到供應鏈的終端，而在農村長大的人則是供應鏈的起點，隨著都市人口增加的趨勢不變，意味著未來越多的人會從供應鏈的終端接觸食物，獲得初體驗，而這個初體驗也很可能就是他一輩子的體驗，也就是說，越來越多的人將會是只吃過豬肉，而一輩子從來沒看過豬走路的。

供應鏈的形成支撐了城市化的發展，隨著人類文明進入工商社會，都市化的發展也越來越快，供應鏈也隨著城市而擴大，在供應量擴大的同時，供應鏈本身也應對著被細分，造成供應鏈變長變複雜，以豬肉的取得為例：

如上述的短供應鏈，如果是販售溫體豬肉，這個供應鏈抵達豬肉攤的時間流程

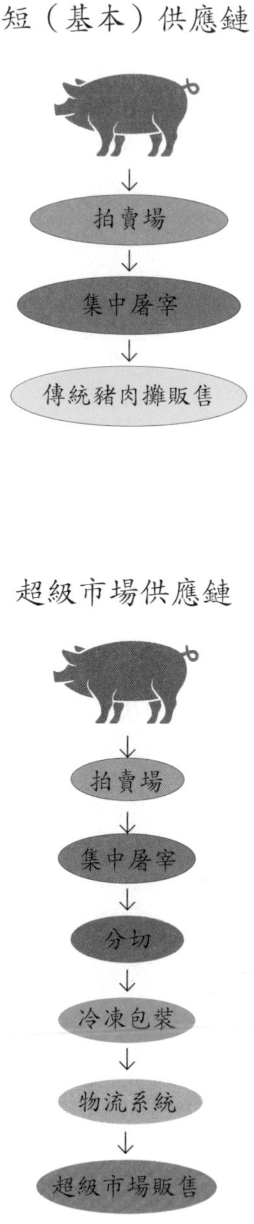

圖 18

可能在半天內，如果是超級市場的供應鏈，就需要經過數日才能抵達產品陳列櫃上架販售。大部分的農產品都是容易腐敗的，在感染滋生細菌後，人體會在食用後產生不良身體反應，輕微者腹瀉，嚴重者可能中毒致死，供應鏈變長，流程時間加長，都會增加變質腐敗的風險，供應鏈各個過程的操作者，相對也就必須要應對防範這些風險，科學家因此被要求（或主動）協助並提出各種解決的方案。

這些方案包含物理方法（如低溫冷凍處理與放射線照射處理等）與化學方法（如

消毒劑與防腐劑的添加等），依據科學實驗的結論，政府也制定各種方法的處理時間與藥劑使用劑量的標準，進行管理，目的都在於確保這些易腐敗農產品的品質，在經過長時間的供應鏈系統後，到達消費者手上是安全可以食用的，這個管理系統是近代科學興起後，由社會科學、行政管理科學、公共衛生科學以及管理科學等學門的科學家，在一次又一次的食品安全危機事件後，因應都市規模持續擴大與消費人口快速增加，所逐步發展出來的系統，所涉及的層面既深且廣，各個學門領域彼此盤根錯節，各個管理機關彼此疊床架屋，相互牽制，幾乎已經到了牽一髮而動全身的程度。

在越長越複雜的供應鏈系統，其中的環節越多，參與的操作者也就越多，在現代的職業專業分工系統中，就會牽涉到越多的領域，所以消費者所買到的食物與源頭的隔離程度就越來越大。非洲象牙海岸種植可可樹的農民，當他第一次吃到巧克力的時候，他是無法想像這是來自他種植的可可樹，環繞地球一周後，再回到他手上的模樣。我們日常的食物有許多都是經過這個神奇的變身過程，變成了食品讓我們接觸，我們也以此建立與它的初體驗，大多數城市人對很多食品的初體驗就像西瓜長在冰箱裡的經驗是一樣的。

生長在城市，長大後變成科學家的人，他們對食物的初體驗與其他人可能也是相去不遠的，至少作為農藝系畢業生的筆者，在大學畢業的時候，甚至一直到認真去了解食物之前，我的食物初體驗與大多數人是一樣的。作為一個農藝人卻不認識食物，對大多數人而言，這是不可能的事情，因為農藝系就是生產食物的科系，怎麼可能會不懂食物？這真是慚愧！我在接觸咖啡產業之後，才開始接觸到這個問題，爾後才慢慢發覺問題的癥結，問題就出在分工系統的建立！讓專業歸專業，人就變無知了。

工業革命在二次大戰期間滲透進入食品加工之後，食品生產的分工系統就逐步被開展了，食品加工業開始蓬勃發展，在二十世紀初期，食品科學家原本關注的冰淇淋與乳酪等乳品加工項目，也逐步擴大到其他食物，二次大戰之後，1950年代前後，歐美主要的大學因應食品加工產業的發展，也開始設立食品科學系（Food Sciences）[1]，農藝系的角色漸漸就被設定在食品加工原物料的生產，生產出來的原物料就交由食品加工的部門接手。

例如筆者在學的1980年代，選修的蔗作學，課程的內容就只有涵蓋甘蔗種植的田間技術等農藝學的範圍，生產出來的甘蔗如何加工變成蔗糖就不在授課的範圍，所以在接觸咖啡產業，當業者詢問咖啡添加黑糖，紅糖還是冰糖比較好的問題時，我才驚覺我的問題大了，我修過了蔗作學這門課，但是我居然沒辦法回答業者這個稀鬆平常的問題，所以就以咖啡加糖這個問題為例，農藝專業的我與一般消費大眾其實是一樣的無知的，從這個問題再深入來看，專家（專業）只在他熟悉的領域才有領先與多一些了解，跨出了這個專業領域，專家就成為「一般大眾」了。

學有專精的學者或是網路紅人級的「專家」，在現代社會尤其是都市化社會所表達的意見，經常會被「一般大眾」重視，在現代分工精細與網路媒體氾濫的環境之下，非該領域的專家也常常被騙倒，2020年最流行的「假消息Fake news」，成為專有名詞就是反映了這個現象與事實。「假消息」的現象其實也發生在我們日常取用的食物與食品，筆者認為這是食品工業化與商品化之後，配合現代商品行銷術結合現代傳播媒體的一個走向，讓消費大眾在選擇食物及食品時，能夠盡量購買這個被行銷的商品。政府的政策有時也在無意中被業者利用，而成為了行銷的推手。

其中最有意思的是食品安全管理方面的政策，美國有一個牧場 Polyface farm 的主人 Joel Salatin，他將牧場自然放牧飼養的雞，在露天進行傳統的人工屠宰，進行基本的包裝後，販售給親自來牧場的客人帶走，但是如此的行為，卻因違反了當地的食品安全管理規定而被取締[23]，對於高度城市化的美國社會，法律認定這樣子的行為是不衛生的，是違反食品安全規定的，因為依據規定，雞隻必須要在合法的屠宰場進行屠宰，然後要經過合法的消毒措施與包裝規定才能販售。這樣子的規定是方便政府管理大型通路商與超級市場等經過供應鏈進來的商品，卻被商人利用，成為檢舉打擊小農的工具，難怪牧場主人 Joel 要大費周章，寫一本書發出不平之鳴[2]。

都市人面對新鮮現宰的結實雞肉不要，卻偏偏要購買經過漂白水浸泡且已經浮腫的雞肉，筆者看過這些影片後，發現作為一個消費者，真的是要好好思考到底食品安全管理的意義是什麼？到底是為了消費者好，還是為了方便政府及業者管理供應鏈好？我們周邊還有多少現象是這種故事的翻版？我們不細查深思這些現象，基於「科學的方便性」而接受業者衛生安全的「假消息」說法，我們可能就會接受這種商業行銷的手法，成為業者的幫兇，扼殺了小農的生機，同時也讓我們失去了新鮮美味的原食物而不自知，如果我們也不自知地去轉述或支持這種所謂衛生安全的說法，很容易就會影響大多數消費者而成為公共意見，「假消息」很可能就成為「偽科學 Pseudo-Science」，成為一種披著科學外衣，人云亦云積非成是的錯誤觀念，更糟糕的是可能成為社會文化的一部分，很難根除。

根據 2000 年至 2012 年的資料，美國人在超級市場購買的食物，以卡路里熱量計算，其中 60% 的熱量來自加工食品[4]，而這些食品被加工的程度多半已經失去食物原來的外型，就像可可生豆變成巧克力片，消費者無從知道製作這些高度加工食品的原料食材的外觀，所以消費者大多是靠食品包裝上的食材圖案，以及食品成分標示來獲得原料食材的資料，透過包裝上美麗的圖片影像，消費者不知不覺地腦中就浮現出美麗的田園風光，失去理智下就進行了選購，而對於如地瓜等沾滿泥土的原食材，反而會覺得不乾淨不漂亮又麻煩而不選購。

比較仔細的消費者會看一下有無食品標示，對於忙碌的上班族，通常是確定有標示就好，對於標示的內容，通常就基於信任原則，相信政府有進行管理了，或者是有問題時可以找到人負責的態度，也不多加細讀，這是筆者過往的市場食物採購模式，一直到自己健康出了問題，想要透過食物來改善健康之前，都是採用這種方式，所以也難怪修過了蔗作學卻不清楚各種糖的差別，真是不用心！

對於未來都市化日趨提高的現象，忙碌的工商都市人將越來越多，如果你有機會讀了筆者這段經驗，也心有戚戚焉的話，就請你多了解一下自己吃下肚的食物，為你自己的健康把關吧！

現在的專業分工系統，未來將會隨著社會發展而越來越細，想要了解食物的關卡將會越多，筆者在參與台灣精品咖啡產業發展的過程中，就常常有終於找到答案了的心情，但是隔一陣子，卻發現找到的答案不盡然完整，才知道又有新的關卡要突破，這種深陷現代工業化食品加工產業，尋找食物答案的經驗，如入迷魂陣一般地目眩神迷，難怪咖啡業界會有如此多的咖啡課程與咖啡老師，雖然筆者有些種植咖啡的經驗，但是在面對超級市場貨架上琳瑯滿目的咖啡加工食品，加工製程中所採用的各項密技與巧思，常常會扼腕自嘆。

了解食品加工的知識，幫助自己選購食物，是為自己健康負責的第一步，這是必須要跨出去的！但是在面對不斷細化分工的食品加工業，筆者採用兩個方法，第一個方法是保持懷疑的態度，秉持科學的精神，再找資料弄清楚。但是科學發展日新月異，跟不上也讀不懂是常態，這個時候就採用第二個方法：相信自己品嘗食用後的感覺，再決定要不要吃下肚，畢竟不吃下肚，就不會危害健康！筆者在參與台灣精品咖啡產業的過程中，接觸了咖啡，後來逐步拓及有機農業的領域，對於自己經常接觸的食物有些探索，以下就挑選幾種日常食物，以時下流行的農場到餐桌Farm to Table的流程，分別略述其中的一些細節，記錄這些日常食物在現代工商社會的新面貌。

Farm to table

小麥到麵包

I 小麥到麵包

隨著工商社會忙碌的步伐節奏，小麥在都市人的飲食比重也逐漸增加，根據農委會農糧署的資料，2018年台灣人每年每人消費了38公斤的麵粉[1]，另外根據經濟學人雜誌的資料，如圖19，台灣在西元2000年到2016年間每人每年麵粉的消費量增加了11.3公斤[2]，由此可以發現小麥在台灣人的日常飲食是呈現逐步成長的趨勢，在2018年同年臺灣人均消費了45.6公斤的稻米，相對於1981年台灣人均消費了稻米90公斤[3]，米的消費量少了一半，這個資料與我們日常取食的食物變化是相符合的。

例如吐司、麵包、漢堡、燒餅、蛋餅、水煎包等麵食類的食物，在筆者早餐中出現的頻率遠高於稀飯，飯糰等米食類的食物，而且如果早上有個會議，基本上是以麵食類為主要選項，因為時間緊迫，為了方便，麵食就是最佳的選擇。有許多上班族有可能就是帶半條吐司麵包，上班空檔抽空吃幾口，這個現象對於都市化的族群應該是不陌生的，麵食類不僅是這類族群的主食，對於拼命三郎之類的人而言，也很可能是一天中唯一吃到的食物，這是這類人的「最佳選擇」。對於未來都市化人口預期將會越來越多的現象，麵食類的比重勢必也將隨之提升，筆者選擇對由小麥變身到麵包的過程加以探討，讓我們一起來了解這個未來將會越吃越多的食物。

人類在新石器時代末期馴化了八種「新石器時代祖先種植物」(Neolithic founder crops)，其中包含了三種穀類植物：Eikorn wheat（*Triticum monococcum* 一粒小麥）Emmer wheat（*T. dicoccum* 二粒小麥）以及大麥（*Hordeum spp.*），這三個祖先型的麥類植物[4,5]是目前人類眾多人口的主要糧食來源。考古證據顯示一粒小麥約在距今一萬一千年前，在現今的土耳其一帶被馴化[5]。另外在距今約一萬零五百年前，馴化栽培的的二粒小麥開

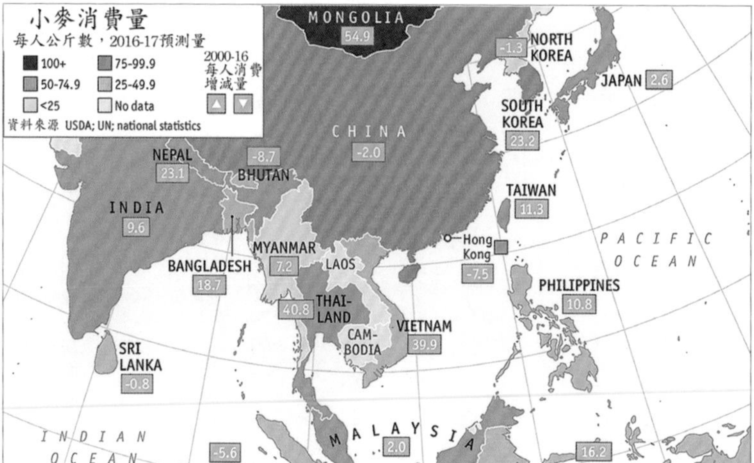

圖 19
摘錄改繪自 Economist.com

始由肥沃月彎向外傳播，在距今八千五百年前分別傳到了希臘，塞浦路斯，印度，不久也傳到了埃及，在距今七千年時，傳到了德國與西班牙，到了五千年前，傳到了英格蘭與斯堪地納維亞半島，到了四千年前傳進了中國。

早期的埃及人發明了麵粉的發酵技術(67)，配合烘焙的技術，發展出大規模生產麵包的系統，這個系統包含了三個關鍵技術：製粉（小麥製成麵粉）、發酵與烘焙等三種麵包製作的主要程序，在後續人類文明的發展過程中，一直到現代科學文明興起，仍持續不斷精進這三個關鍵技術。作為埃及帝國承接者的羅馬帝國也以麵包為主食，影響所及，羅馬帝國版圖所及的範圍，包含現今歐洲，北非、中亞及中東等地區的人民也多以麵包為主食；對於以米為主食的東亞及南亞地區人民而言，麵包則是隨著十五世紀歐洲大航海時代興起後，才傳入的新興食物。

相對於麵包，史前文明早期小麥傳入中國後，並未發展出如麵包製作的烘焙技術，而是經由製粉與發酵技術，被製作成饅頭，包子與麵條；在印度及南亞區域則是利用製粉與燒烤技術被製作成如 Roti 之類的乾烙烤餅，對於東方世界而言，麵包是一個神秘而新奇的食物，隨著現代文明的普及與都市化的發展腳步，麵包正快速地取代各地傳統的飲食，擴展在食物世界的占比。以下分別就小麥的品種，製粉技術，發酵技術與烘焙等項目，來瞭解這個隨著都市化腳步的擴展，影響現代人越來越深，也越來越全面的食物。

小麥品種

在超市、百貨公司的貨架上，在麵條麵粉的區塊，常會看到杜蘭小麥，硬粒小麥，紅小麥及麵包小麥等的標示，對於手工麵包玩家而言，還要再加上Spelt, Einkorn, Khorasan等各種小麥品種名稱，都是夠令人混淆困擾的名詞，這就像咖啡進入精品咖啡時代的初期，藍山咖啡，曼特寧咖啡，阿拉比卡與羅布斯塔咖啡等名詞，令喝咖啡的人，丈二金剛摸不著頭腦一般。

從植物分類的層面來看，小麥是屬於禾本科，小麥屬的植物，目前在整合分類資訊系統（Integrated Taxonomic Information System, ITIS）[8]的資料庫中，在小麥屬之下，分列有21個物種，但是基於交配後代生殖特性的基本理念差異，植物分類學家與遺傳學家對這些物種的分類歸屬判定有著根本的歧異，因此常常在查詢小麥物種時，會得到混淆不清的結果[9]，這是遺傳育種家及植物分類科學家常見的爭議。

對於科學家與育種家而言，小麥在細胞遺傳上的特性是一個很主要的研究課題，可以用來解析部分爭議，在顯微鏡下，利用核型分析(karyotyping)技術，發現「麵包小麥」具有三套染色體，也就是屬於六倍體(Hexaploidy)的生物，從六倍體形成的議題切入，由此展開的小麥演化研究，發現麵包小麥的三套染色體是來自三個不同的二倍體祖先物種所各提供的一套染色體，其中的一個祖先種是二粒小麥Emmer wheat，二粒小麥提供了麵包小麥兩套染色體，因為二粒小麥是具有兩套染色體的四倍體生物，杜蘭小麥則是現在人類大量食用的另一種四倍體小麥，這些不同小麥物種的染色體倍數體的性質與育種上的困難，都讓科學家與育種家們花了幾十年的時間，才建立了基本的共識[4,10,11]。

對消費者而言，我們需要關心的是目前的主流栽培物種是哪一個，因為這是在市面上流通的主要食物來源。目前全球主要的栽培物種是「麵包小麥」bread wheat (*Triticum aestivum* L.) 與「杜蘭小麥」durum wheat (*Triticum durum* Desf.)，麵包小麥也稱為「普通小麥」common wheat，顧名思義，就是用來做麵包的小麥物種，除了做麵包之外，做麵條，饅頭，包子，蛋糕，餅乾也是使用麵包小麥，杜蘭小麥則是用來製作義大利麵，包含義大利麵條及通心粉等。

但是在市場上小麥商品的分類除了麵包小麥與杜蘭小麥這種屬於植物分類學的區分法之外，還常看到春小麥／冬小麥，紅小麥／白小麥，硬粒小麥／軟粒小麥，這是以農藝學 Agronomy，從栽培特性與麥粒種子特性的角度加以細分，以下簡單說明。

春小麥 spring wheat **與冬小麥** winter wheat

小麥主要種植在溫帶地區，溫帶地區的氣候特色是四季分明，冬天會下雪，越靠近北極（或南極）的溫帶地區，冬季就越長，土壤在冬季的時候結冰就會由表土開始向下深入，結冰的土層也會造成身在其中的小麥的根部也結冰，結冰與融冰的過程會破壞根部細胞，進而對小麥植株造成傷害而致死，因此在冬季土壤會結冰的地區，小麥必須在春天融雪之後才能播種，這種在春天才播種種植的小麥，農藝學上稱之為春小麥，對於冬天會下雪但土壤不會結冰的地區，小麥會在秋末冬初播種，讓小麥發芽後，植株生長到一定的階段，等到進入隆冬下大雪時，這些小麥植株被雪覆蓋後，就會進入休眠狀態，一直要等到春天雪融之後，才恢復生長，到夏天才採收，這種在秋末冬初種植的小麥，稱之為冬小麥，這是根據播種的季節與生長的環境條件來區分小麥。

紅小麥 red wheat **與白小麥** white wheat

採收的小麥部位，在植物學上是屬於穎果類 (caryopsis) 的果實，採收後去除穎果的內穎及外穎，才可以獲得穀粒，這就是一般在雜糧店可以購買的小麥粒，根據小麥粒外表麩皮的顏色又可區分為：紅色麩皮的紅小麥與白色麩皮的白小麥，這是消費者在選購小麥穀粒時的可以區分的一個小麥外表型態的遺傳特徵。

硬粒小麥 hard wheat **與軟粒小麥** soft wheat

小麥粒採收後需要經過製粉的程序，將穀粒轉變成為麵粉，才能供後續成品的製作，麥粒的堅硬程度就會直接影響製粉的效率與成本，因此在製粉工業對於麥粒的硬度是非常重視的[12]。除此之外，對於麵包製作而言，硬粒小麥在製粉研磨的過程，所產生的麵粉，其澱粉顆粒大小不一，細胞顯微構造中破碎的澱粉粒 (starch granule) 比例較高[13]，破碎的澱粉粒構造有兩個特性會影響麵包的製作：一個特性是較容易吸收水分，因此也就可以吸收比較多的水分；另一個特性是破碎的澱粉粒有比較多裸露的澱粉鏈構造，比較容易被酵素進行水解作用而分解。

綜合討論

對於需要使用酵母菌進行發酵製作的麵包，較多的水分可以讓更多的酵母菌活化，較多的裸露澱粉鏈構造可以讓酵母菌所產生的酵素分解獲得更多的糖分，這兩者（水分與裸露的澱粉鏈）對麵包的發酵是有利的，因此硬粒小麥一般會用於製作麵包，但是相反的，對於製作蛋糕之類的食物，並不需要酵母菌協助，也不需要澱粉被水解，因此通常會選用軟粒小麥製成的麵粉。

小麥的硬度是一種物理的特性，與前述依照種植季節區分的春小麥／冬小麥，以及按照麩皮外觀區分的紅／白小麥的兩種分類方式是不相干的，在現代分子生物科學分析之下，硬度、產季與外觀三種特性是有各自的基因控制的(13－16)，但是透過統計分析，可以發現彼此之間有某種程度的相關性，例如硬粒小麥通常有較高的蛋白質含量，也就是含有較高的gluten（麵筋／麩質），也就是筋性較高，研磨出來的麵粉是屬於高筋麵粉。

因為種植季節，外觀顏色與穀粒硬度等這三種小麥常見的區分類別，雖然是由各自獨立的基因控制，但常有一些相關性，因此對消費者在選購麵粉時就會造成困擾，以下就是一個讓消費者困擾的美國小麥生產種植地圖，圖中依照硬紅冬小麥，硬紅春小麥，軟紅冬小麥，白小麥及杜蘭小麥等五種類型製圖，彙整的過程把三種小麥的分類類別混合在一起，顯示資料，對於消費者而言，這就是一個迷魂陣，只會讓消費者更加分不清小麥的種類，或許這正是現代商業行銷的影響所及，讓科學家或是官員在討論問題時，也不知不覺地採用了這套說法，筆者特別就此篇幅加以澄清。

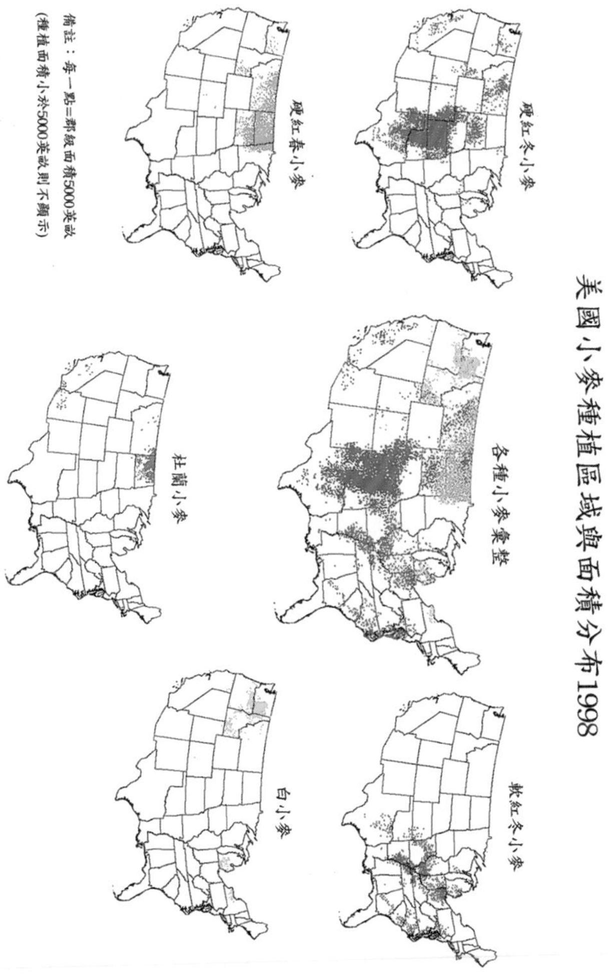

圖 20
資料來源：Economic Research Service, USDA

製粉技術

農作物以種子形式收穫的種類，包括米，麥，玉米，黃豆及其他一般統稱為五穀雜糧的作物，人類傳統利用的方式是直接煮熟來吃，但是這類作物種子的外表通常有堅硬的組織，例如禾本科的作物，所收穫的穀子，在植物形態學上屬於「穎果(caryopsis)」，如麥類（包含大麥，小麥，黑麥，燕麥等）與稻類，我們食用的種子是包裹在外穎與內穎兩層堅硬厚重的厚皮之內，因此在食用之前必須設法加以去除，去除的方法可以用撞擊的方式「例如舂米」或是研磨的方式，將外穎與內穎擊碎或是磨破，讓內含的種子與之分離，在撞擊的過程中，部分被擊碎或磨碎的種子就變成細小的顆粒或是變成粉狀，人類在食用的時候，發現比較容易咀嚼。

因此，人類就進一步發展出將分離了外穎與內穎之後的種子磨成粉再加以利用的方式，對麥類種子，就是將麥粒磨成麵粉，爾後不同文明，就再發展出各自的利用型式，例如埃及文明發展出製作麵包的技術，中國文明發展出製作饅頭、麵條的技術。歷經石器時代發展的人類，是非常熟悉使用石頭來進行麥類種子的處理，因此各個文明都有利用石磨來磨製麵粉的設備與裝置。

推動這些石磨裝置的動力也各有不同，包含了利用如騾子繞圈走動帶動磨輪的動物力，利用水流帶動水車的水力，利用風力帶動風車的風力，到了歐洲工業革命時期，蒸汽機的應用，乃至今日使用了電力，這些動力的來源雖然不同，但是都可以用來轉動兩塊上下相疊的石塊，磨碎夾在兩片石塊之間的麥粒，進行麵粉的磨製，所磨出來的麵粉基本上是相同的，差別在於磨粉的速度不同。

現代化的麵粉磨粉工廠不再使用石磨了，而是使用滾筒式磨粉機 Roller mill，在西元 1867 年於巴黎舉行的第二屆世界博覽會上，維也納烘焙店 (Vienna Bakery) 大獲好評，這是由來自匈牙利的業者開設的，他們製作的麵包是採用匈牙利硬粒小麥所製成的麵粉，這種麵粉使用了名為 Hungarian high milling 的技術研磨而成，這是結合石磨與滾筒設計的磨粉機來研磨，這是第一次讓滾筒式磨粉機的效果展示在世人口中，麵包的口感細膩與傳統石磨麵粉粗糙的口感有明顯的差別，進而引起世人的注意，後來匈牙利工程師再接再厲，在 1865 到 1872 年陸續將匈牙利的麵粉工業升級成石磨滾筒混合式的磨粉機 (17)。

這種使用成對鐵製滾筒對向旋轉進行碾壓穀粒的滾筒式磨粉機，對於傳承千年的磨粉產業而言是無法接受的，同時鐵製的滾筒，在當時價格不斐，因此接受度不高，但是滾筒式磨粉機的效率與磨粉成品的品質，確實對業者與消費者產生很大的吸引力，傳統石磨業者雖然想盡方法提升麵粉品質，包含改善石磨板的刻痕形式與深度，但是效果仍然有限；早期的滾筒磨粉機無法處理混雜著麩皮的小麥粗粉(middlings)，影響小麥磨粉效率，讓傳統的石磨業者仍然有生存的市場空間，但是隨著工業化的進展，滾筒磨粉機的效率不斷提升，進一步克服了小麥粗粉的問題，可以從小麥粗粉分離麩皮而獲得更多的麵粉，再加上更多的科學研究成果導入磨粉工業，到了二十世紀初期，磨粉工業已經大規模採用滾筒式磨粉機，石磨麵粉只剩小型傳統工廠生產了(18)。

對於麵粉的品質，在西方世界一直對麵粉的精白程度投以極大的關注，或許是因為混雜了麩皮的麵粉，做出來的麵包會比較粗硬磨牙，所以傳統石磨麵粉會利用多次過篩的方式，去除麩皮以便獲得較精白的麵粉，古羅馬詩人尤維納利斯所寫的，「知道一個人的麵包是甚麼顏色，就知道一個人的地位」(19)，顯示出自古以來，眾人對白麵粉的喜愛程度。傳統石磨麵粉要提高精白度需要配合使用人工過篩麵粉，但是隨著滾筒式磨粉機不斷精進改良，多段式滾筒研磨配合自動過篩系統的發明與改良，可以製作出石磨麵粉所望塵莫及的精白度，在此同時，麩皮、糊粉層與胚芽被分離之後，提高了麵粉的精白度，也降低了油脂、蛋白質與寶貴的微量元素的含量，缺點是麵粉的營養價值降低了，但是優點是比較不會長蟲，對成品銷售而言，不長蟲的特點可以延長麵粉保存期限，降低過期庫存的壓力，卻是很好的一件事。麵粉營養價值降低在美白的麵粉外觀之下，麵粉廠不會提，消費者也不知，就如此被忽略了。

美國學者賈伯斯（Benjamin R. Jacobs）在西元1913年發表了探討麵粉品質的研究專書[20]，就以穀物製粉過程的營養耗損與如何回補的研究為主題，持續研究，一直到了1940年代，由於二次大戰的爆發，許多參戰國都進行糧食配給，對於這些戰爭時期基本民生物質以及軍需物資的熱量與營養等基本特性進行了研究，為了確保大多數民眾的營養需求，重新檢視小麥這項基本的食物，發現經由新式滾筒磨粉機製作的麵粉，所造成營養損耗的問題是需要加以因應的，因此在英、美等國掀起了「營養回補nutrition enrichment」的議題，在1942年美國軍方決定只採購營養回補的麵粉(enriched flour)，讓美國國內的製粉產業與消費市場全面轉向營養回補的麵粉，這應是促成營養回補麵粉成為目前國際主流麵粉品項的重要原因與關鍵時間點。

這位專精研究對小麥研磨技術對麵粉成分影響的美國學者賈伯斯，在1913年由美國農業部出版發行的專書，其實是在探討滾筒式磨粉機製作出來的麵粉回摻麩皮混稱是石磨麵粉的問題，也就是現代食品工業常被提及的摻假食品(Adulterated food)的議題，可見在當時1900年初期，一般美國民眾還是以傳統石磨麵粉為主要的消費項目，新式滾筒式磨粉廠產製的麵粉，品質較差的中下級麵粉會透過回摻麩皮，混充是石磨麵粉進行銷售，但是在工業化趨勢的帶動之下，石磨麵粉的市場卻在不到三十年的時間被新式麵粉取代，摻假食品卻成為市場主流，科學似乎是讓世人亂了套了，而這位學者卻在後來麵粉營養回補的潮流下，長期擔任了美國一家義大利麵知名品牌Mueller's的顧問[21]，提供營養回補的技術。

麵粉營養回補在二次大戰之後，已經是現代美國麵粉工業的基本操作，在現代化麵粉工業的發展過程中，營養回補是因應戰爭時期所提出的需求，麵粉工業基於科學研究的成果加以回補特定的營養素，以符合所謂的「改善人體需求」，在1941年回補了鐵質與維他命B_1、B_2、B_3等四種營養素，在1998年則再增加回補了維他命B_9，對於磨粉過程損耗的其他成分，目前的科學研究並未提供證據，證明需要加以回補。根據2011年北美磨粉公會 (North America Miller Association) 的網站（註：這個公會的會員生產的麵粉總量佔全美95%的市佔率），在這個公會的資料中[22]，麵粉的製造流程，已經因應大規模商業化生產的需求，而有了很大的變化，由一粒麥粒單純磨成麵粉的流程，擴大成一套結合分析實驗室檢驗，倉儲，物流，衛生安全標準的食品加工流程，所生產的麵粉配合現在食品加工業的需求，可以生產出不同配比的蛋白質含量，生產出高筋，中高筋，中筋以及低筋麵粉，也可以選擇進行漂白，或是添加其他添加物以創造出各種琳瑯滿目特殊用途的麵粉[23]。

這些特殊配比麵粉配合現代化的食品工業，創造出了各式各樣的麵粉類製品，如麵包等，不僅有美麗的外觀，更有強烈吸引人的氣味與滋味。消費者在選購麵包時，應該要讚嘆這些科學研究與食品工業所創造出來的傑出成果，讓我們有各式各樣的麵包可以選擇，這是筆者步入麵包店的第一個感覺：太多種麵包了，不知從何選起，通常就隨著當時的心情與慾望選購了麵包，這是筆者慣常的行為，隨著年紀增長，身體的功能有些消退，健康變成一個必須關注的主題，而且必須要放在最優先時，才開始對食物有不同的角度思考，這時才發現其實在麵包店裡，面對這些看似變化多端，種類繁多的麵包，其實這些都屬於工業麵包，都是同一類麵粉製造出來的產品，麵粉裡面換些添加物而已。

筆者跳到一個新的制高點，從選擇的角度而言，這些麵包都是一樣的，它們都不是真食物，而是一個高度加工的工業化食品。會跳到這個制高點的原因是筆者在西元2013年購買了一部家用自動麵包機，決定要自己從麵粉開始做麵包，以避開上述工業麵包製作時所添加的各種添加劑，但是在選購麵粉時，又發現在貨架上同樣標示高筋麵粉的品項在自動麵包機做出來的麵包品質並不相同。為什麼？

首先注意到的是不同廠牌的麵粉製作的麵包，發起來的高度有差別，筆者在查詢資料後，了解了台灣的CNS 550國家麵粉標準規定的高筋麵粉是麵粉的粗蛋白質含量介於11.5%~13.5%者，再查詢各大麵粉品牌的商品，發現同樣都是屬於高筋麵粉的商品(24)，常常會有數個不同的品項，各品項的粗蛋白質含量也都不同，在現今市場上販售的商品，依規定所標示的內容物含量雖然允許有誤差範圍，但是誤差範圍通常不會造成商品的混淆，因此根據筆者平常接觸天然物原物料的經驗，要達到穩定的商品規格，必然要將天然的原物料，經過各種拚配混合 blending 的技術，才能消除不同批次原料之間的差異性，也就是說，小麥粗蛋白質含量會隨小麥品種，生產地與年份而有所不同，不同批次採收的小麥，其粗蛋白脂含量就會不一樣，因此在工業化的工廠就必須要透過拚配技術，混合各種不同粗蛋白質含量的小麥批次以達到設定的商品目標含量。

另外，更先進的麵粉製粉設備，則可以透過控制小麥磨粉的程度以達到此目的，對這些經過拚配與磨粉程度控制所製作出來的麵粉，筆者可以接受還是真食物。但是仔細比較這些貨架上的麵粉商品，發現有些品項，蛋白質含量相近卻標示特殊用途，再深入查閱商品成分標示，發現原來是添加物的種類有所不同，這些特殊的添加物就決定了麵粉的特殊用途。要找到真正的麵粉，似乎在現代賣場的商品貨架上是很難發現的，二次大戰結束至今，不過八十年的光陰，麵粉工業化滲透深入的深度與廣度，乃至添加物觀念的改變與消費者接受程度，真是令筆者嘆為觀止，對於「摻假食品」在麵粉工業要如何定義真是徹底混淆了。

在現代學院教導麵包製作的教科書[25-27]中，列舉了許多添加物並詳細討論其添加的目的與作用原理，這些小麥粉以外的外加添加物可以分成三大類：

乳化劑 Emulsifier

氧化劑 Oxidizing agents

防腐劑 Preservatives

面對這些五花八門的添加物，在現代法治社會中，各國政府基於「保障公眾健康」的前提之下，依據「科學原則」訂定管理規則，如歐盟所頒布的 258/97 法規[28]以及英國頒布的 1995 No. 3187 法規[29]及 1998 No. 141 法規[30]，都對這些添加劑允許使用的劑量加以規範，換句話說，這些添加物在允許劑量內都是「合法安全」的，調配出來的麵粉都不是「摻假食品」！這些成分調整的麵粉，基本上是要配合工業麵包製程的需求，以便製作出鬆軟滑口的丹麥麵包等各類商品級的產品，這對於想要自己動手為自己做真食物的現代人，要在茫茫的商品大海中尋找完全無添加的麵粉，更是增添了極大的困難度！

要自己動手做麵包的族群只是小眾族群，在這小眾族群中，要做出真食材真麵包的人更是少之又少，工業麵包畢竟還是目前市場的絕對主流，消費者在麵包店裡，面對琳瑯滿目的各種花式麵包，絕對不會想到這些都只是虛假的選項，在華麗的表面之下，這些形形色色的麵包都是工業麵包，都是經由人工合成的各種添加物，在科學的魔術之下，所幻化出來的商品。

「工業麵包」一般人都會誤以為是工廠生產出來的麵包，其實應該是指因應工業化需求，符合快速及大量的原則，選擇適當的機械與搭配特定的原料所生產的麵包才能成為所謂的「工業麵包」，一般人使用攪拌機揉麵機等機械，代替部分人力的設備，都還算不上是「工業麵包」。所謂「工業麵包」是指採用英國裘利伍德製粉與烘焙研究協會（Chorleywood Flour Milling and Bakery Research Association）在1961年所研發的「裘利伍德麵包製程（Chorleywood Bread Process，簡稱CBP）」[31－33]，CBP製程使用了硬脂油Hard fats與增量的酵母菌以及多種的化學添加物，再以高速攪拌這些成分與麵粉，完成麵糰並進行烘焙，從攪拌開始大約只要3~3.5個小時（其中包含烘焙後需要2小時的冷卻），就可以完成切片並包裝出貨。

一般傳統麵包工廠的製程，相對地，至少需要5~6個小時以上，如果是採用手工製作的所謂「精工麵包Artisian Bread」至少要24小時以上才能完成。CBP製程雖然使用了酵母菌，但是所生產的麵包，基本上已經不是一種生物反應的成品，而是一種使用眾多化學成分與大量馬達動力結合的inert無機混合體[34,35]，這對使用了酵母菌卻不能被定義為生物反應所製作的麵包，是一個很吊詭的說法，其原因是CBP所添加的酵母菌是為了提供麵包體的氣孔，而並不是如傳統麵包製程，利用酵母菌分解澱粉來產生氣孔，因為酵母菌在1小時左右，這麼短的時間內是來不及分解澱粉。

對於這些先進的麵包製作工業技術，包含筆者這類生產種植小麥的農藝人在內的一般大眾，可能連裘利伍德麵包製程CBP的名號都聞所未聞，技術的細節當然是無從接觸的，但是一般消費者在賣場面對這些香氣四溢光潔亮麗的麵包，作出了選擇－很熱絡地購買，在2011年，CBP製程問世五十周年時，在英國有80%的麵包是採用CBP製作的，同時全球已有超過30個國家也引入了這個製程[32]，消費者選擇了麵包，但是卻是出於不知情之下，面對低廉的價格與華麗的外觀所做的選擇！

發酵技術

埃及人並不知道有酵母菌這種生物，但是利用了酵母菌並學會了控制發酵作用而做出麵包，中世紀（西元800~1500年）歐洲的麵包烘焙師，利用啤酒發酵過程所取出表面泡沫的發酵物barm進行發酵製作麵包，但後來啤酒的製程改變成底式發酵，酵母菌種也改變了，讓原先頂部發酵的這些泡沫發酵物不易取得。

奧地利的麵包烘焙師研究發展出新的頂式發酵技術而有了維也納製程（Vienna Process），所獲得的酵母就稱為press-yeast[36]，讓麵包發酵的菌種不再依賴啤酒製程，再配合新的磨粉技術，而製作出在巴黎博覽會一舉成名的維也納麵包[17]。在西元1857年，被尊稱為現代微生物學之父的法國化學家巴斯德（Louis Pasteur）[37]，延續前輩科學家們的研究，明確地指出酵母菌的發酵作用對紅酒品質的影響，他的研究引導了酵母菌種的培養、純化與分析，1879年英國推出了培養 *Saccharomyces cerevisiae* 這種酵母菌物種的培養槽，而美國的科學家則在跨入1900年左右發明了利用離心的方式濃縮酵母菌[38]，二次大戰期間，美國公司 Fleischmann's 開發出顆粒型乾燥活酵母菌（active dry yeast）商品，不需要冷凍保存，且在常溫環境下可以長時間保存維持有效性，成為美國軍隊的標準用品至今，在1973年法國的 Lesaffre 公司開發出速發型酵母（instant yeast），其快速發酵的能力獲得業者與家用者的愛好。

對於在1960年代以後開發出來的新形態高速工業麵包製程，如 CBP 裘利伍德麵包製程（Chorleywood Bread Process）等，需要酵母菌能夠迅速產生大量二氧化碳氣體且穩定維持在高峰不墜，科學家也為這些工業麵包量身訂製了專用的酵母菌株[25]。一般消費者利用自動麵包機等製作麵包時，一般會購買市售的乾燥活酵母或速發酵母的商用酵母，全球80%的商用酵母來自 Lesaffre Group, AB Vista, DSM, GB Plange 或 AB

Mauri 等五家製造商，一般而言，麵包發酵的效用都夠好，而不會讓消費者思考要做其他選擇，大部分消費者甚至還害怕改變酵母品牌會讓麵包做失敗，所以大多維持對品牌的忠誠度。

在法國科學家巴斯德開創之下，酵母菌成為一個重要的研究對象，在生物學研究上，*Saccharomyces cerevisiae* 這種酵母菌是列為「模式生物」，受到大多數的生物學家研究，在每個重要科學技術發展的過程中，都扮演指標性的角色，不意外地，在重組 DNA 分子生物學的發展歷程中，在 1996 年成為第一個單細胞真核生物被完成全序列基因體組定序與標註的生物[39]，這個序列的完成，在商業上的應用潛力與價值是極大的，也就是說透過這個基因體組定序與標註，科學家可以更精準地進行基因編輯與改造，也就是更方便進行所謂的「基因改造酵母菌 (GM yeast)」的研發與創造[40,41]，從巴斯德時代以來的酵母菌發展，酵母菌的純度越來越高，產生二氧化碳發酵的效果越精準，對於講究精準控制的現代工業麵包的發展是越有利的。

相較於埃及時代以來的傳統麵包發酵的發酵物，leaven 所含有的混雜酵母菌種與乳酸菌種等天然多菌種的種麵團，現代食品的發展提供給人類的是精純單一的酵母菌種所製作的麵包，一般的消費者在美觀與美味的誘惑下，情不自禁地，也莫名其妙地支持了這種選擇。

烘焙技術

傳統的麵包烘焙是利用窯烤爐配合炭火進行的，現代的工業技術發展出各種類型的電熱式烤箱，電熱式烤箱的優點就是溫度控制比炭火窯烤精準，而且可以方便在烘焙的過程中調整改變溫度的高低，從家用簡易型到小型麵包店專業型，乃至工業麵包工廠用的大型輸送帶型的烤箱種類繁多，透過化學研究，對澱粉糊化 Starch Gelatinization 原理與溫度的了解，以及對發酵麵糰體內二氧化碳氣泡膨脹與溫度的反應變化，現代的電熱烤箱多會在使用手冊上建議適當的烘焙溫度與時間設定，對想動手做麵包的人而言，這是不需要多費心思就可以成功做出麵包。

烘焙設備的機械化與電氣化讓麵包師可以調控烘烤的溫度，創造出許多新的可能性，同樣地，麵包機的發明也讓麵包師節省許多的勞力，在 1895 年美國的 Joseph Lee 發明並取得麵包機的專利 (42,43)，這是在大餐廳的廚房裡製作麵包的第一台大型機器，但是小型家用的麵包機，一直要到 1986 年日本電器產品公司 Matsushita Electric Industrial Company 發明了家用型自動麵包機並申請專利 (44)，以 Panasonic 的品牌行銷商品，才開啟了家用麵包機的市場。依照使用手冊的說明，只要放入適當的麵粉，奶粉，糖，奶油以及酵母粉，現代人在自家的廚房就可以輕鬆的製作新鮮的麵包。

筆者就是如此開始重新認識麵包之旅的，在這個探索麵包的過程，從麵粉的選擇開始，重新發現了現代人所吃的麵包，對於具有農藝背景的筆者而言，土地所生產的一粒小麥，轉變成麵包的過程居然是如此複雜，真是令人嘆為觀止！

現代的麵包已不再是兩百年前以前的那種麵包了，麵粉也不再是一百年前以前的麵粉，現代貨架上的麵粉通常以高筋，中筋或是低筋作為等級區分，這是在現代食品的供應鏈中，小麥經過加工後，因應長途運輸與延長銷售時間的商業需求，在科學的協助下，利用麵粉所含蛋白質的含量重新定義的麵粉分級，在食品工業的推動之下，麵粉使用了各式的添加物，以方便機器的操作，這些添加物也都符合國家與國際的食品安全法規，只是消費者對這些添加劑的存在是後知後覺，甚至不知不覺，根本不知道要去挑戰這些化學合成物讓它們不要加到我們的麵包。

對於採用如CBP製程之類的工業麵包，為了彌補高速攪拌混合原料的過程，所產生的高溫而被破壞殺死的酵母菌，則必須透過提高酵母菌的用量，以便達成設定的效果，其用量高達麵包成品重量的2.38%（傳統手工麵包使用的酵母菌的重量只有0.1%），這些達到傳統麵包23倍用量的酵母菌吃到人體會不會過多？Andrew Whitley[45,46]認真地提出這會不會是造成麩質不耐症Gluten intolerance symptoms的真正原因？麩質不耐症的發生原因很多[47,48]，也有不同的症狀[49]，影響的人口可能高達13%[47]，就有人提倡無麩質飲食法，食品工業很快就推出無麩質麵包應對，科學的應用與效率在此展現無遺，面對新的問題可以快速的回應同時創造出新的商機，筆者在跳到新的制高點之後，面對這種啼笑皆非的現象，對於無知或是喚不醒的消費者，只能隔岸觀火，束手無策，藉此書一角揭露而已！

Farm to table
飼料到肉

II 飼料到肉

在中國古代的農村社會大多在逢年過節的時候，會供上三牲或五牲獻祭，在祭祀活動之後，進食這些肉類祭品，對於農村人口而言，這是獲得動物性蛋白質的時機，這是因為過去的中國農業系統下，肉類的生產量不豐富，藉由祭祀活動讓大家打打牙祭。在最近兩百年，世界各地人類，逐漸邁入現代的都市化社會過程中，肉類食物／食品的取得，普遍隨著都市化程度的提升與收入的提高，在肉品供應的類型上呈現增多的現象，在食用的數量上同時也呈現增加的現象。

1950~1960年代，二戰結束的台灣，社會開始復原，逐步回復生產力的年代，各項物資的供應仍然吃緊，肉類的供應相對也是不足的，或許與二戰之前相仿（筆者無此部分的資料），根據聯合國糧農組織FAO的資料，1960年當年每人每天平均分配到肉類蛋白質總量為6.57公克，相較於中國的1.2公克，美國的30.58公克，以及世界平均的7.97公克，當時的台灣是低於世界平均值的分配量，但是到了2013年，台灣的每日人均肉類蛋白質分配總量已達到24.96公克，高過世界平均的14.54公克，如左圖（圖21）所示。

各國肉類蛋白質供應量變化趨勢 1960~2013年

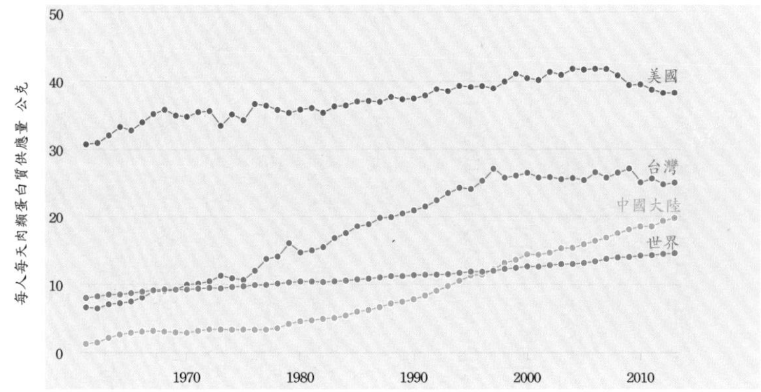

圖 21
來源：FAOSTAT (擷取日期 Oct 16, 2021)

二次大戰期間，大多數參戰國的國土受到戰火的蹂躪，造成農業生產體系與社會經濟體系大規模的破壞，戰後幾乎是歸零開始，重新建設，參戰國中，少數國家的國土未遭受戰火波及者，如美國，透過在戰時所展示的新時代工業建設實力與現代農業生產能力，在戰後重建的過程中，成為各國取經仿效的對象，因此紛紛引進美國製造的大型農業機械，化學肥料，化學農藥與新的作物品種，採行化學農業的耕作系統（如前章所述）。

化學農業的影響不只侷限在農作物的種植生產，也拓展到發展畜牧業所需的飼料作物 (Forage crops) 與芻料作物 (fodder crops) 的生產種植，化學農業的核心概念：使用人工合成化學藥劑來改善生產過程的問題，也由作物生產的農業一併引進到了動物飼養的畜牧產業，改變傳統放牛吃草、養豬吃廚餘的傳統牲畜飼養系統，建立起結合工業化與商業化的現代畜牧產業。經過幾十年的科學研究，現代畜牧業使用的人工添加物（其中大多為化學藥劑）種類繁多，各國政府[1,2]都需要制定專法並持續增修條款，來管理這些日新月異的人工添加物的製造、使用與其在動物體內代謝殘留物的處理，以畜產品為主要消費食物，同時也是科學先進國家的的歐洲各國，更有切身的感受與迫切的需求，因此其採行的法律規範更是積極與周延，在歐盟的法規[1]中，對這些列入其中的各種人工添加物分為五大類：

1. Technological additives (e.g. preservatives, antioxidants, emulsifiers, stabilising agents, acidity regulators, silage additives) 技術性添加物（例如防腐劑，抗氧化劑，乳化劑，安定劑，酸度調整劑，芻料添加劑）

2. Sensory additives (e.g. flavourings, colorants) 感官添加物（例如調味劑，染色劑）

3. Nutritional additives (e.g. vitamins, minerals, aminoacids, trace elements) 營養添加物（例如維他命，礦物質，胺基酸，微量元素）

4. Zootechnical additives (e.g. digestibility enhancers, gut flora stabilizers) 動物技術添加物（例如消化增進劑，胃腸菌相穩定劑）

5. Coccidiostats and histomonostats 球蟲病等原生蟲害治療藥劑

上列這些各類型的人工添加劑有一些屬於動物使用的藥物，包括治療性與預防性的藥物，有一些則是飼料添加劑，包含營養補充劑等等，為何要使用這些人工添加劑，望文生義其目的不言可喻，就是要提高動物的生產力，但是我們又是如何知道這些添加劑的功效以及需要使用的劑量?在飼料營養添加物方面，營養學的研究提供了基本的科學基礎。

營養學的研究發端於我們想了解吃進去的食物如何在身體裡面被利用，十七世紀開始就有許多科學家對此問題提出想法，在1785年時，法國的科學家Claude Berthollet向法國科學院提出的報告，指出動物體分解所產生的氣體含有氨氣，而氨氣是由三分氫與一份氮所組成的，這份報告總結了在十八世紀初起啟動的化學革命Chemical Revolution，也對前輩科學家們所提出食物與人體關係的各種想法，有了科學性的探討與印證[3]，可算是開啟了現代營養學科學之路的先鋒。

在1816年Franois Magendie發表了以不同食物餵食狗的研究，來探討氮素營養的問題，這個研究隱然地以動物的表現可以做為人類反應的模式，這是目前現代科學研究普遍採用的「模式生物model species」方法的濫觴[3]，後續有許多的營養學方面議題的研究會透過動物餵食的反應進行探討，提供基本的科學數據，這些動物對各種餵食的食物的反應結果與數據，奠定了目前人類對營養學的研究基礎。氮素的研究直接連結到肉類蛋白質的議題，其中人類食用肉類的效用，以及如何由植物逐步濃縮轉換到動物，進入人體後如何被人體利用的課題，更是受到科學家的注目與投入。

另外一項受到注目的研究議題是食物能量與熱量的來源與生產、保存與轉換等，這些多方觀念與想法的激盪與爭辯，最終需要落實到實際量測食物的能量與熱量，才能有個明確的進展，這部分與物理學及化學的理論與儀器發展也有極大的互動，各國科學家陸續開發出各式的儀器設備來測量動物呼吸與熱量產出的關係，推進所謂的「量熱學 Calorimetry」這個研究領域的發展，終於在 1894 年德國物理學家 Max Rubner 發表文章，利用狗進行實驗，精準測量出狗吃進去食物的能量產出與該份食物的熱量完全相同，讓這類測量食物熱量的儀器：熱量計 Calorimeter 的發展獲得一個結論，目前我們看到的食物熱量，主要以卡路里 Calories 為單位計算，筆者推想大概是取 Calorimetry 的字首來定名的，號稱美國營養學之父的美國科學家 Wilbur Atwater 與他的同儕們，改良 Rubner 的熱量儀，以便進行真人實體長時間測量。

幾年的實驗下來，累積了龐大的數據[3,4]，提出了 4-4-9 方法（也稱 Atwater 方法），這是我們現在常聽聞的計算食物熱量的基本數值：每公克熱量醣類 4 大卡，蛋白質 4 大卡，油脂 9 大卡，就是以他的名字為名，這些數值也是經由他長期實驗研究所得。利用 4-4-9 方法推算出的各種食物熱量，基本上是正確的，只是在近年新的理論與更精密的科學儀器提出，對不同食物個別的醣類，蛋白質與油脂的熱量卡數有些微調(5-7)，但差異不大。

這裡值得一提的是，我們現在所知道的食物熱量卡路里數字，其科學與技術發展是由動物實驗開始的，因此我們對動物畜產品（如肉類，乳製品等）以及動物的飼料芻料所提供的熱量（卡路里）也有相關的資料，這些資料除了作為人類代謝卡路里計算的基礎之外，這些資料後來也用在動物飼養的飼料調配。

筆者在1992年左右修讀動物營養相關課程，第一次接觸到動物飼料的日糧配方Daily ration，當看到各種飼料配方的成分熱量表，突然覺得眼熟，因為與人類每日的熱量需求表非常類似，當時突然有一種感覺，我們自己把自己當動物來養！對動物而言，每天的食物與熱量配比的基本原則是相同的，只是配合不同的動物種類（如牛，豬，雞）調整參數而已。

人類對科學家而言，其實也是一種動物，在體重與壽命上有些差異，略加調整，透過科學的外插推論性(extrapolation)依舊可以一體適用的，科學家果然是身體力行，將研究的成果普及化，不僅套用到研究的動物，也套用在自己的日常食物上，並且恪守遵行！

談到動物飼養日糧配方，對大多數的消費者或是非畜牧相關行業的專家，可能會有一個問題，一般大眾印象中，牛就是在草地上吃草就會長大，如何給在草原上漫遊的牛群日糧配給呢？這就是一個很明顯商業行銷洗腦的結果，看到電視廣告牛群漫步在草原上，觀眾就自我催眠，他吃的牛肉就是這麼來的，現代畜牧業的發展早已經脫離這種放牛吃草的模式，目的就是要商業化。

在畜牧業步入商業化之前，先經歷了一段工業化的過程，先讓傳統畜牧業轉型成為工業型畜牧業，工業化的基本要件就是規格化與量化，隨著營養學的發展，動物飼料／芻料熱量的量化與計算，在二十世紀初期逐步發展，到了二十世紀中葉大致底定。在十九世紀末到二十世紀初年，美國的畜牧業者多半會在其牧場裡，建立可以容納100~400頭動物的小型飼養場，也有少數較大型的飼養場是由榨油工廠建立的，其目的是為了利用榨油之後的廢棄物—油粕，做為動物的飼料[8,9]以去化這些廢棄物，到了1960年代，穀物生產農民與牧草生產農民結合了企業界，開始設置大型的飼養場，通常這些飼養場會同時飼養三萬～五萬頭牛，這就是高密度動物飼養系統 Concentrated Animal Feeding Operation, CAFO。在美國農業部的動物養殖場的分類中屬於密集式動物飼養系統 intense animal feeding operation，飼養場動物頭數超過一千頭以上就屬於這類。

當動物頭數超過一定數量以上，其日常排泄物的數量就很可觀，這些排泄物如果不加以適當處理，所造成的水汙染與臭味等空氣污染現象，就會產生明顯的環境問題，也因此美國環保署在1970年代就依據潔淨水法案，訂定密集式動物飼養系統的管理法規[10]，並且陸續修改。這些生產牛肉的肉牛產業也隨著營養學，動物育種學，牧草與草地管理學，統計學等學門的發展，建立了一個配合高密度動物飼養系統CAFO的完整產業鏈生態系，在1990年代，這個肉牛產業分成牛隻飼養與分裝銷售兩大部分，在牛隻飼養的部分，又可以區分成三大區塊，這是按照牛犢生育一路到肉牛肥育的專業分工系統所切割而成[11,12]：

區塊一：母牛／牛犢生產系統 Cow-Calf production system

這個階段是由小牛分娩後開始，新生的小牛犢體重約為60～100磅（約27～45公斤），由母牛餵食母奶，同時帶領在草地上自由取食牧草，時間大約在6～10個月左右，小牛離奶時，體重大約增加到400～600磅（約181～272公斤），就會進入拍賣系統，銷售給下一個階段的飼養者。

區塊二：Stocker **生產系統** Stockers production system

接手這些由前一階段離奶之後的小牛，進入牧場繼續飼養，此階段主要取食牧草，有些牧場會搭配穀物等飼料加速牛隻增重，飼養時間大約會花費2～6個月左右，也就是約在10～14月齡，牛隻體重約可達到700～900磅（約317～408公斤），就會再次銷售給下一個飼養經營者，進入下一個階段：肥育階段。

區塊三：肥育生產系統 Feedlot production system

這個階段的牛隻飼養目標，在快速增加體重並設法讓油脂覆蓋率提高，以期達到所謂的「大理石油花」，有些肥育系統採用傳統草飼 Grass-fed，讓牛隻放牧在高品質牧草的改良放牧地，大約牛隻在 20 ~ 26 月齡時，牛體重可達到 1000 ~ 1200 磅（約 453 公斤 ~ 544 公斤）；而大部分的肥育系統業者採用肥育場 (Feedlot) 的方式飼養，這種飼養方式是將牛隻集中在小場域，進行高密度飼養，利用以穀物為主的日糧配方，進行所謂的穀飼 Grain-fed 方式進行肥育，大約牛隻在 14 ~ 22 月齡時，牛體重達到 1200 ~ 1400 磅（約 544 公斤 ~ 635 公斤）就可以送進拍賣系統，送入屠宰場。

這是現代科學理論與技術支援之下，所發展出來的現代畜牧產業系統，講究效率與產出，筆者在 1992~1996 年在美國德州農工大學研讀學位時，研究室裡負責牧場經營管理的人員，大多自己家裡也有牧場，也都是這個現代化畜牧產業的從業人員，他們對這個系統的革新與進步，亦步亦趨，身歷其境，筆者日常與他們工作互動相處，聽他們常常掛在口中的一個數字就是從牛犢出生到進屠宰場的時間，這個時間的長短，在美國與墨西哥邊境兩側的牧場就可以觀察到明顯的對比，在當時位在美國邊境的牧場，所飼養的牛隻大約在 36 個月以內就可以屠宰，而在墨西哥境內的牧場，牛隻放牧在天然野生的未改良牧草地，需要至少60個月才能屠宰，經過近30年的進展，美國牛肉協會的資料顯示[12]，在2020年，美國的肉牛只要18～22個月就可以達到拍賣市場所需的體重，其中主要提升加快的是，在飼養最後階段的肥育期，透過精心調配的飼料配方供應之下，最短只需4個月就可完成快速增重。

對消費者而言，養殖系統的時間效率改進，其實是沒有意義也沒有辦法感同身受的，消費者花錢購買，所要求的是餐盤裡的牛排要肥美多汁，軟嫩易咀嚼才是重點，在台灣大多數的消費者偏好美國牛肉，也多半是因為肉質外觀的油花豐富，分布均勻，具有所謂的大理石油花，同時肉質柔軟，另外還有一個重點是油脂的顏色潔白，光亮美觀。利用穀物為主要配比的飼料配方，含有較低的草料，所以整個飼料中的葉綠素含量比例較低，葉綠素是脂溶性的物質，動物取食後，有部分的葉綠素會沉積在油脂中，使得油花的顏色呈現偏黃偏暗，讓整塊肉看起來髒髒的，而使用高穀物配比的飼料肥育的肉牛，其油花就呈現潔白的顏色，讓整塊牛肉的外觀漂亮引人。

肉質軟嫩的原因是因為牛隻的運動量減少，無法鍛鍊肌肉，所以缺乏強健的肌肉組織，這樣的牛肉就不太有咬勁，也不會有韌度。在提供過量卡路里的飼料配合下，牛吃進去的飼料就會有更大部分轉換成油脂，這些油脂滲透到肌肉組織，讓油花更豐富，肉質也更滑口，台灣恆春的畜產試驗分所，就將這種飼養原則調配飼料，分別比較各種品種的牛，其油花與肉質的表現，發現台灣水牛的表現相當優異，而基本上這就是台灣人熟知的日本和牛養殖法。

相對地在草飼肥育系統，讓牛隻自由放牧取食牧草，牛隻必須要在牧場長距離走動，因此在日常鍛鍊之下，牛隻正常發育，其肌肉組織必然強健堅韌，通常進行放牧的牧場，每頭牛平均需要兩英畝的牧草地以提供足夠的草料[13,14]，這就是草飼牛的基本活動空間需求，飼養在穀飼肥育場的牛隻，其活動空間相對小很多，飼養者會儘可能節省空間，在美國愛荷華大學的一份研究報告，美國中北部牛隻飼養在開放頂棚的畜舍中，每頭牛平均分配的面積在35~37平方英呎[15]，也就是約一坪，其屠體的品質不會受到影響，相對於草飼牛每頭牛需要兩英畝（約2420坪）的面積而言，其土地的利用效率是2420倍，在這種摩肩擦踵的環境中，穀飼牛基本上只在飼料槽與立身之處，進行前進後退的移動，這個距離只需要幾步就完成，所吃進去飼料的熱量被這樣子的走動動作所耗損的量是非常少的，也就是飼料都沒有被浪費掉，飼料所提供的大量的熱量就會被大量轉換成脂肪，讓油花更多，產生更高的商品價值，讓投入飼料的效率提高，成本效益增加，這是完全符合現代化企業經營的目標與做法。

肥育場中這種高密度的飼養，所產生的商品價值很大，但是消費者不需要知道的事，也沒想過要問的事，就是牛隻的排泄物及其衍生的環保問題。密集飼養牛隻的排泄物數量龐大，系統設計上也缺乏大面積草地，無法進行自然代謝循環系統轉化，在許多動物保護團體的資料照片中，經常顯示的就是一大群牛站在及膝的泥堆，這些泥堆就是牠們的排泄物，這是在管理不善的牧場會呈現的極端景象！面對這些大量排泄物所產生的臭味與水源汙染問題，美國環保署因而訂定了一系列相關的法規(10)。

歷經數十年環保及動物福利團體的大聲疾呼，針對高密度所帶來的動物福利權的議題以及排泄物環境汙染問題，澳洲政府在2013年率先全球開始研議(16)，也首先在2016年立法通過牛隻飼養的動物福利標準(17)，澳洲政府認為傳統的澳洲放牧畜養方式，需要引入高密度的肥育場系統，以便提供更好的動物疾病管理與提高水資源利用效率及廢水處理能力，透過這個標準的制定與立法，澳洲的肉牛肥育場至少要提供每頭牛 12~20 平方公尺（約 3.7~6.2 坪）以避免牛隻發生（飼養密度）壓力的問題。

高密度養殖系統的肉牛肥育場有大量的排泄物，其衛生問題呈現在外在環境上，是臭氣與廢水污染的環保議題；而衛生問題對牛隻個體的影響就是健康問題，關在狹小的空間，同時與排泄物朝夕相處，生病只是早晚的問題，在肉牛肥育場中使用醫療處置與用藥的機會就大增，動物在飼養過程中有可能因為疾病或是飼料的供應量與品質（營養成分）造成死亡，科學家在研究造成飼養動物死亡原因的歷史，又可以回到營養科學發展的過程來討論。

現代畜牧業的發展涵蓋了三大領域：

飼料營養與疾病保健，
動物品種改良與育種，
飼養管理系統。

前面所說明的三段式飼養系統搭配銷售拍賣制度屬於飼養管理系統，飼養系統分成三段式的一個重要原因是，技術專業性與資本密集性在每個肉牛生育階段持續的提升，必須進行分工；另一個原因，隨著動物頭數的提高，養殖密度提高的同時，疾病傳播所產生的流行病學相關的各種議題也就隨之加重，因此分齡、分群飼養，變成是一個避免流行病發生與控制流行病傳播的重要手段。

動物能夠大量養殖與快速增重的前提就是飼料與營養能夠充足供應，並且能夠支應管理人力的支出，在營養科學發展的過程中，科學家發現了可以利用卡路里的方式，來統整縱觀我們的食物以及動物的飼料，這個食物與人類維生消化利用的基本觀念，在二十世紀初期被確立之後，另一個先前在西元 1746 年，由一位英國海軍的軍醫 James Lind 提出的疾病與營養關係的問題，一直苦無解方，至此科學家終於有了著力點，能夠開始進行探討。

這位英國軍醫在海上長期航行的過程，發現有許多水手產生壞血病，他將 12 位患病的水手分成成對的數組，分別給予各種當時建議的幾種不同醫藥治療方法，結果發現只提供柑橘檸檬作為治療方法的處理，可以讓患者在6天後完全恢復正常[3]，這是一個系統化研究疾病治療手段的實例，發現了食物確實可以治療某些疾病，這個現象在理則學上，可以反推成「缺乏食物的某些營養素會造成疾病」的論點，但是這個問題在當時營養科學還未萌芽的階段，對科學家而言，是還無法找到研究的切入角度，以至於到西元1842年，過了將近一百年，倫敦國王大學的醫學教授George Budd還是只能對這個問題發發牢騷[3]，到了西元1880年日本的海軍軍醫發現長途航行的水手，會有多數罹患腳氣病並且致死[18]，這些現象可以參考西式飲食，透過降低每日餐飲白米的比重，並增加蛋白質的供應，利用相同的航程進行測試，結果水手的健康狀況，整體有了大幅的改進，腳氣病也只有14個患者，同時也沒有致死的現象。

除了海上船員的一些常見疾病，當時西方普遍的佝僂病，夜盲症，嬰兒壞血病與成人壞血病等等這些人類疾病的研究，透過改變食物達到治療的效果，在當時並不容易進行，其結論也不容易多方印證，因此爭議不斷。透過動物實驗則是另一個解套的方法。在營養科學的發展過程中，利用動物進行實驗探討食物相關的議題，其濫觴可以回溯到 1816 年 Franois Magendie 利用餵食狗進行試驗，但是明確利用動物進行營養研究，則以 1906 年美國威斯康辛大學農業化學系，所進行的比較牛隻餵飼單一穀物與多穀物的研究為首[18]，歷經五年的時間完成了這個研究，在 1911 年發表的研究報告，作者總結其研究，表明該研究的結論並不明確而宣告失敗，但是利用牛隻進行實驗，對當時的研究人員而言是過於昂貴，團隊中的年輕研究成員 E.V. McCollum 受命探討研究失敗的原因，他發現使用牛進行實驗是主要的問題，因為牛的體型太大，食量太大，以致於無法有效控制餵飼的飼料，同時牛的壽命長，所需花費的研究時間過長，干擾因子太多，他建議使用生活史較短，體型小的動物進行實驗。後來他選擇了老鼠 Rats，在他後續的研究中進行試驗，從此開展了營養科學快速發展的世代。

約在此同時 1912 年波蘭生物化學家卡西米爾・馮克 (Casimir Funk)，研究白米與糙米的化學成分差異，提出治療腳氣病的因子存在於米糠之中，屬於 amine 類的有機化學分子，他稱之為 Vital amines，並將之定名為 Vitamines，中文譯為「維他命」。E.V. McCollum 利用老鼠配合純化飲食 (purified diet) 的飼料進行實驗，這種研究體系，讓營養科學有了很好的工具，透過他的努力，連接了維他命的研究，其他科學家也發現了這種純化飲食(purified diet)的研究方法是有效的科學方法，再加上新的化學分析與合成技術持續發展，科學家對 purified diet 純化飲食的定義不斷深化，由小麥，玉米等穀物的巨觀實體出發，一路深入到穀物內部的各種單一化學成分，開啟了一條快速的通道，讓現代營養學的發展一日千里，世人也因而受惠，持續至今，普羅大眾對營養的概念也不斷深化更新。

一般人有吃肉才會長肌肉的基本觀念，肉食因此一直是科學家研究的課題，十九世紀的化學分析能力，認為肉的化學成分就是蛋白質，但是對於肉被吃下肚之後，這種蛋白質化學成分，如何在人體被消化與吸收轉換則有爭議，1902 年劍橋大學的兩位學者 F. G. Hopkins and S. W. Cole 利用酵素分解獲得色胺酸 tryptophan 這種胺基酸[19]，1906 年 Hopkins 又發表一篇文章，指出只要在餵食純的玉米蛋白 Zein 的飼料中，添加色胺酸這種氨基酸，就可以讓老鼠活命[20]，讓科學家對肉的認識與興趣，從蛋白質又深入到其組成分：胺基酸，經過分析之後，發現動物與植物體內都含有胺基酸，而且胺基酸的種類與比例，在各種不同的生物體也有不同，這種化學分析的進展，讓科學家打破肉只能透過動物提供的觀念，同時也對餵食動物的飼料開發有了新的想法，這些人類食物研究與動物飼料發展的相互影響，終於造就了現代畜牧業的飼料營養與疾病保健領域進展，身處現代社會的人們，經常會聽到新的食品開發出來，對這些新的食品，常看到的廣告詞：「經動物實驗，其結果顯示有效……」，短短一百年的發展，透過純化飲食（purified diet）的研究方法，科學家確立了許多現代的營養知識與觀念，透過國民教育與科學教育，以及商業行銷，成為大眾的常識。科學家在動物上施行這些研究結果，發展出現代畜牧業，在人類的食物上，則是發展出許多新的食品以及各式各樣的營養補充劑，創造出了前所未有的食品工業。

營養回補

在二次大戰期間，物資供應不足的時期，包括英國與美國等許多國家，都實施糧食配給，規定每人每天需要的糧食，就是所謂日糧「ration」配給，這個日糧的調配是依據可供應物資的數量來決定，並不太科學，與營養學也還沒有太大的牽連。

自二十世紀初以來，營養科學經過將近三十年的發展，大致搞清楚了維他命與一些營養不良所產生的疾病的關係，在二戰時期開始產生影響，營養科學的研究結果所提供的科學證據，對人類日常生活的影響，至今仍存在的一個日常證據就是市面上販售的麵粉。為了要確保在物資缺乏，食物供應短缺的戰時，人民的基本健康能獲得維持，科學研究顯示白麵粉缺乏必要的維他命，缺乏這些維他命會造成腳氣病，壞血症，佝僂症等國民健康問題，影響兵源的補充，利用麵粉所製作的麵包，是人民在戰時主要的食物，因此有必要補足精製白麵粉這部分的營養，因此有了所謂的「營養強化麵粉 enriched flour」的問世，就是營養科學協助解決現代磨粉技術所造成的精製白麵粉營養耗損，透過添加鐵質，維他命 B 群的 B_1 硫胺，B_2 核黃素以及 B_3 菸鹼酸，而提出的改善方法。

營養強化麵粉是營養科學對現代人類食物影響的一個例子，營養科學自二十世紀初起，持續發展至今歷經幾個階段，在 1910~1950 年代，維他命及各種礦物質與營養相關疾病的關係獲得釐清[21]，藉由二次大戰的因緣，美國農業部發展出了以卡路里為核心概念的基礎飲食 (Foundation diet) 指南 Basic seven[22]，這種飲食堆疊，以卡路里計算飲食熱量，再配合維他命、礦物質等化學元素成分建構出的飲食指南，透過戰時物資缺乏的條件，深入人心，潛移默化之下已成為常識，筆者認為在食材添加外來物質不再被認為是「摻假 adulteration」反而是正確合理的作法，應該是在這個歷史的關鍵點所產生的改變。

在 1913 年美國農業部的一份研究報告：如何分辨滾筒磨粉機製作的白麵粉回補麩皮混充為 Graham 石磨麵粉[23]，這份報告在探討的是麵粉摻假議題，但是卻在 1941 年，美國食物與藥物管理局 FDA 要求麵粉業者必須在麵粉回補鐵質與維他命 B 群，就是一個強烈的對比，也是筆者此一論點的依據。美國當時發現在徵兵參戰的國民中有許多體格不合格的人，經學者研究，認為是營養不良，當時美國總統羅斯福在 1941 年召開「國防國家營養會議 National Nutrition Conference for Defense」下令要求提出改善計畫，營養學家就提出了「營養回補 Nutrition Enrichment」的概念來取代「摻假 adulteration」，因而也使之正名。

在二戰期間物資缺乏之下，透過將植物油的不飽和鍵氫化，所製造的人造奶油「瑪加琳 oleomargarine」取代奶油補足民生必需品，但是戰後因為人造奶油仍然普遍被販售與消費，美國食物與藥物管理局FDA在1952年公布法規[24]，每磅的人造奶油必需添加15000單位的維他命A，這是以「營養強化Nutrition fortification」為名，將之正名並合法化，筆者不認為是科學家刻意混淆摻假議題與營養健康議題，基於科學研究，面對「健康」議題，提出解決方法是科學家基本的信念，營養學家也不會存心搗蛋。

西方世界流行一句話：站在巨人的肩上……，以白麵粉回補維他命B群為例，因為在戰時，糧食不足，利用現代的滾筒式磨粉機可以大量生產足夠量的麵粉給國民，如果改回石磨機來磨麵粉，其供應量可能就不夠，所以如果要足夠的麵粉，就應該要使用滾筒式磨粉機，只要回補磨粉過程耗損的維他命B群就可以，以上這段論證是要建立營養回補麵粉的合理性，只要取消這段論證的前提：「因為在戰時，糧食不足」，營養回補麵粉的合理性就跛腳了。但是在戰後，營養回補麵粉依然是市場的主流，連帶人造奶油也沒退潮，價格的優勢仍然吸引消費者的青睞，只是業界對於已經站穩的市場與利益是不會輕易放手的，少了戰爭這個大帽子來壓制其他反對聲音與競爭對手，業者必須使用其他的各種招數吸引消費市場，來維持產品的市場佔有率，以便其繼續站在科學巨人的肩上，繼續獲利！。

從 1924 年美國幾個科學專業團體：美國公共衛生學會 (the American Public Health Association (APHA))，美國醫學會食物與營養委員會 (the Council on Foods and Nutrition of the American Medical Association (AMA))，和美國國家研究委員會的食物與營養委員會 the Food and Nutrition Board of the National Research Council (NRG)，發現了利用食鹽作為載體添加碘進入家戶日常的飲食，可以預防甲狀腺肥大的發生與流行，當時科學家們爭論是否要社會大眾發出建議，但是因為這是第一次對大眾進行這種建議，為了避免碘過度攝取造成一些後遺症，這些團體最後在加註志願性添加的但書後，同意提出這項建議，在 1933 年，美國醫學會食物與營養委員會 (the Council on Foods and Nutrition of the AMA) 再次提議利用牛奶添加維他命 D 以預防佝僂症，有了碘鹽的經驗與實證效果，爭議較少，因此在 1941 年羅斯福總統召開的「國防國家營養會議 National Nutrition Conference for Defense」，與會的營養學家很快就同意通過麵粉回補維他命 [25,26]，這三個例子呈現科學界對於食物添加外來物質的態度持續走向開放，雖然科學的研究發現與大規模人群實驗證明，讓科學家更放手大膽研究，但是科學家還是有應有的界線「科學倫理 Scientific ethics」必須要遵守，讓科學成果的實務應用能夠在消極保守與積極開放兩個極端間，取得平衡，以達到最終信念：尊重生命。

二戰期間所發起的營養強化與營養回補，在效果上與政治上，獲得正面的回應，鼓勵科學家持續不斷研究各種營養素與人類的健康的關係至今不輟，各個時期也有不同的重點，二戰後到 1960 年代，著重在大宗作物 (commodity crops) 與營養強化的議題，大宗作物是指全球跨國交易的穀物作物，包含玉米，小麥，稻米，大豆及高粱等提供糧食與飼料之用的作物，此時期的營養科學以作物為載具的概念，關注在比較與提高這些作物的卡路里及微量礦物質營養素含量[21]，最終造成忽略了個別作物的差異，也就是個別作物的生物多樣性被忽視了，這個關注重點就與在這個時期所進行的現代農業發展：綠色革命 Green Revolution 發生結合，1960 年各國都處於戰後復甦的階段，農業生產快速提升，穀類作物的產量導入新型農業機械，化學肥料，化學農藥與改良的作物品種後，而有了巨幅的提升，追求卡路里與產量的同時，導引了研究的焦點集中在少數幾種作物，其中最重要的作物：黃豆（大豆），小麥與玉米，大宗物資界俗稱的「黃小玉」三巨頭就此誕生，全球作物多樣性也開始減少，「黃小玉」驚人的產量，也讓畜牧業因此獲得足量的飼料來源。玉米，大豆，小麥這幾個在美國大量生產的作物，產量開始有過剩的現象，因此將多餘的穀物轉為飼料，以提供社會當時開始高漲的肉類消費需求，恰巧是一個很好的出路。

人類營養科學的研究大部分是利用動物試驗進行的，因此這些營養的觀念，包括營養回補，營養強化，卡路里，維他命，微量礦物元素等等，都很自然地應用在現代動物飼料配方 (animal feed ration) 的發展上，加拿大與美國畜牧業發展的高密度養殖系統，有了這些新的飼料配方，讓動物的換肉率大幅提高，更重要的是在高密度養殖系統中，疾病的發生是必須迅速治療，否則蔓延開了，死傷眾多，牧場的經濟損失就很可觀。與其等待疾病發生了再來治療，不如先投與預防性的用藥，如此一方面可以避免疾病的發生，另一方面，就算發生，也因為已經預防性投藥了，蔓延的速度不會太快。

在這種邏輯思維之下，這些藥物很自然地就與其他的營養添加物，包含維他命，礦物質等一起加到飼料，所以在動物的飼料配方中，就普遍包含了各種預防性藥物，其普遍的程度不斷擴大，幾近氾濫，各國政府必須要用法律來規範，包含歐盟、美國與台灣都訂定相關的法規(1,2,27)加以規範，在台灣二十一世紀初就有的萊克多巴胺（Ractopamine）這種飼料添加劑的激烈爭議，這是一種可以調控動物肌肉與脂肪代謝的所謂受體素(Beta-adrenergic agonist)的化學物質，這種藥劑添加到飼料，顯示在現代的飼料配方中，所添加的化學成分，已經超越營養科學早期添加維他命礦物質基本的營養強化的範圍，也超越疾病預防，進到了所謂的肉品品質調控。

在有機農業與動物福利的新興議題上，益生菌與(中)草藥的應用與飼料的添加物的發展也是快速前進的。動物的肝臟是代謝分解與累積各種取食攝入食物化學物質的中心，農業社會時代被中國人視為養生聖品的豬肝，現代人卻是避之唯恐不及，造成價格大崩，許多人不知道原因，說穿了，就是現代畜牧業使用的飼料含有太多的添加物，除了基本預防疾病的抗生素之外，還有許多超乎想像的化學物質也都可能存在豬肝。筆者在美國就學期間，有一位來自美國農村的同學，他生病的時候，他的媽媽就會叫他去買一個牛肝煮來吃，後來，我們討論的結果是牛肝裡面富含抗生素，吃了就可以治病，我們笑稱這是農村的智慧！

飼料裡的外來添加物五花八門，真的是需要專家來管理，好好為大眾把關，但是飼料的本體Feedstock，也就是原本的穀物也有了很大的改變，牛羊吃草，台灣豬農餵豬吃廚餘，這種傳統的印象在現代畜牧業發達之後就改變了，台灣在1960年代由政府推動專業化養豬，開始鼓勵設立飼料工廠供應飼料給動物飼養[28]，1970年代，電視廣告推銷歐羅肥這種豬飼料，強調可以讓豬長得快又肥，這種實際上是飼料添加劑混合在飼料中，代表台灣動物飼料產業的發展與世界的脈動，從一開始就緊密相連，現代飼料的種類，排除藥物性的飼料添加劑，除了一般大眾認知中的牧草草料，以及台灣人熟知的廚餘之外，還包含了啤酒，高粱酒等酒廠的發酵酒粕，海洋漁撈的下腳料漁獲，屠宰場的動物血液、羽毛、骨頭經過化製轉成骨粉及蛋白質粉等等，都是列在飼料原料來源的清單中。

歐盟特別訂有法規[29]規範這些林林總總的飼料原料，餵飼動物的飼料若不加以管理，飼料本身就有可能導致傳染病的發生，在1990年代重創年產值超過5億英鎊英國養牛業的狂牛症[30]就是一個指標性的例子，目前學界也同意狂牛病是透過染病牛隻化製後的骨粉傳播的[31]，目前各國大多採取相關的限制，以避免狂牛病的爆發與傳播。骨粉是將傷病動物的肢體或骨頭，或是屠宰後的內臟毛皮等下腳料，經過化製的過程，提煉出來的高蛋白質物質，用來添加提高飼料的蛋白質比例，讓飼養的動物獲得較高蛋白質的日糧飲食配方，讓動物可以多長肉，從營養與熱量供應的角度來看，高蛋白質飼料添加物除了提供蛋白質之外，在熱量供應上與澱粉醣類是相同的，都是每公克四大卡，澱粉的取得主要是透過穀物的來源，相對而言是比較容易也便宜，因此在動物的飼料配方中，通常都有高比例來自穀物的澱粉。

飼養的魚也開始吃玉米了

現代美國農業的種植作物中，玉米、小麥與大豆種植面積大，總產量高，除了供做人類食物之外，另外主要的用途就是作為飼料，統計自 1980 年以來，美國生產的玉米超過 50% 以上是作為動物飼料[32]。近年來玉米的產量在基因工程技術的發展投入之下不斷提升，玉米除了提供給陸地上畜牧場的牛，豬，雞，鵝等餵養之外，仍然還有大量剩餘的玉米，在 1960 年代水產養殖 aquaculture 興起之後，玉米也開始提供給魚作為飼料之用，目前全球水產養殖方興未艾，其漁獲量在 2015 年超過 10 億公噸，是1960年漁獲量的50倍，如圖22，由圖22的曲線圖顯示，在2010年，水產養殖的漁獲量已超過停滯近20年的漁撈漁獲量。

全球漁獲量變化趨勢1960~2015年
捕撈漁業與水產養殖消長

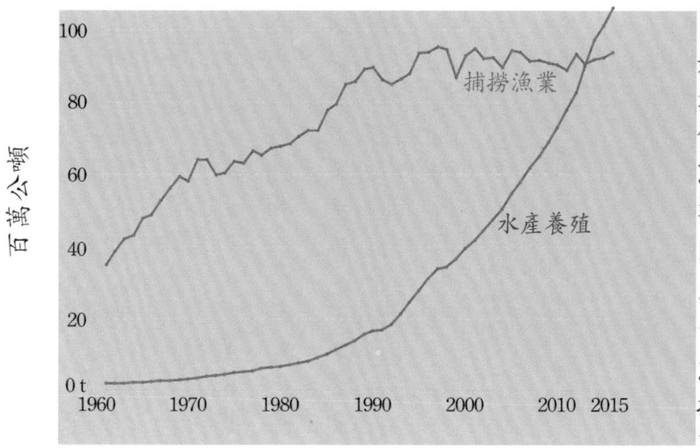

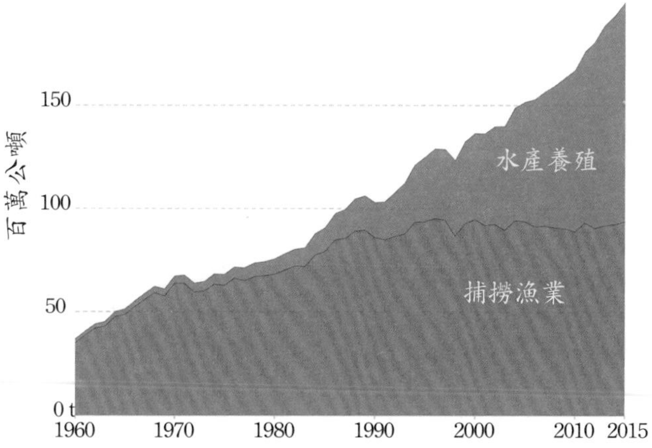

圖 22
資料來源：UN Food and Agriculture Organization (FAO)
重繪自：OurWorldInData.org/seafood-production

在西餐廳供應的大西洋鮭魚排 Atlantic Salmon 是一份高價的餐點，全球人口日增，而鮭魚的供應量也能跟得上，這就是魚飼料的貢獻了，歷年持續增加的漁獲量是透過新的魚飼料配方不斷改進而來的。鮭魚是一種肉食性的魚種，也是屬於海洋食物鏈的上層消費者，主要取食小魚為主，早期的鮭魚飼養是透過人工捕撈的小魚做成的魚肉飼料 fishmeal 餵養的，但是這些小魚大量的捕撈，造成海洋生態食物鏈中其他上層消費魚種食物的競爭，學者與政府官員專家擔心會影響海洋整體生態系的平衡，美國國家海洋和大氣管理局 (NOAA) 與美國農業部 (USDA) 有鑑於全球的魚肉飼料與魚油供應隨著全球的水產養殖興盛發展，價格也持續攀升，希望能透過替代性飼料來源的研發，導入美國飼料工業的參與，提供陸基植物性的魚飼料，來協助這個產業永續的發展，因此在 2007 年啟動了「NOAA-USDA 替代性飼料倡議書 NOAA-USDA Alternative Feeds Initiative」[33]。

在這份倡議發展計畫書中，明白指出在當時全球的鮭魚飼料配方中已有高達 50~60% 的植物性成分，美國希望透過科學的研究與證據，能夠再有依據地提高魚飼料配方中陸地生產的作物成分，包括由大豆、小麥、玉米等穀物提供的熱量與蛋白質來源，以及如菜籽油等提供的油脂來源，這個動機基本上，就是複製牛豬等陸地畜牧業飼料發展的模式，套用到海洋牧場(aqua-farm)這種現代水產養殖業。

魚肉營養價值的變化

水產養殖業的興起與消費者對 Omega-3 的興趣，筆者認為有一定的關係，在 1980 年代，經過四十年現代化發展，全球大多已從二戰戰後復甦，平均經濟收入也大幅提升，各種現代食品充斥在日常的飲食，造成慢性疾病 (chronic diseases) 等所謂的西方疾病 (western diseases)，如心血管疾病，糖尿病與癌症等，在這些已開發國家持續攀升[21]，在心血管疾病方面，科學研究發現 Omega-3 這種在鮭魚含量豐富的動物性不飽和脂肪酸，可以有預防性的效果[34]，因此讓大眾開始大吃鮭魚肉，只是這些大量供應的鮭魚主要是來自海洋牧場養殖的，而這些養殖的鮭魚是以人工飼料養殖的，這些飼料配方中含有超過 50% 以上的植物性成分，如圖23所示，玉米的 Omega 6:3 = 46:1，大豆 Omega 6:3 = 7:1，大量吃玉米大豆的鮭魚，Omega-3 的含量還是如野生捕撈的鮭魚嗎？

鮭魚飼料成分的創新與改變

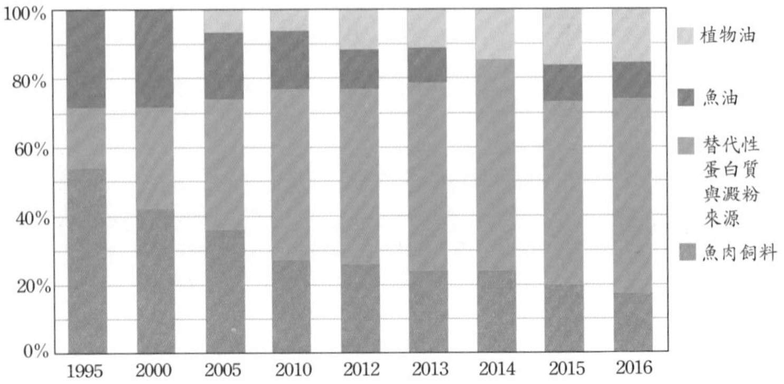

圖 23
重繪自 GSI Handbook 2020

英國與挪威是西歐兩大鮭魚養殖國與出口國，Sprague 等學者在 2016 年發表的一份研究報告，調查 3000 條鮭魚的樣品，發現英國飼養的鮭魚在 2006~2015 年的十年間有了顯著的變化，其中在 2010 年發生的國際魚肉飼料與魚油價格大漲，造成人工魚飼料配方中大幅提高植物性成分，這個結果就顯示在鮭魚肉主要的 Omega-3 動物性不飽和脂肪酸 EPA 與 DHA 含量減半(35)，這份報告也特別指出，EPA 與 DHA 的含量雖然在這些養殖的鮭魚肉減半，但是相同重量鮭魚肉的總 DHA+EPA 含量還是比野生鮭魚肉高，Sprague 等學者認這是因為野生鮭魚通常是迴游回鄉時被捕獲，經過長途的迴游已經消耗了大量的脂肪，因此其脂肪的總量較低。

而飼養的鮭魚，透過穀物的添加，刻意提高飼料的熱量，讓魚將這些過多的熱量轉換成大量的脂肪，因而總脂肪量大幅增多，同時也因為是圈養，不會也不需要進行迴游，也就不會消耗脂肪，這就進一步造成脂肪的屯積。筆者贊同這種常識性的解釋，而且也符合我們的採購經驗，一般而言，在市場上購買的肉品，養殖的肉品通常都比較肥，而野生的或是放養的 (free ranging) 通常較瘦，但肉質也較堅韌。

牛肉的營養價值也變化了

穀物配方為主的人工飼料對肉品營養價值的影響，在牛肉的不飽和脂肪酸成分比例上也反應出來，美國學者 Daley 等人在 2010 年發表一篇論文 (36)，彙整了在 1970~2009 年三十餘年間，所發表有關草飼牛肉脂肪酸組成變化與抗氧化性相關的 121 篇科學研究論文，其中有七篇直接比較不同品種的牛種，採用草飼與穀飼對照的餵養方式下，牛肉 Omega-6 與 Omega-3 比例的變化，其中草飼牛肉的 Omega-6:Omega-3 比例落在 1.44~2.78 之間，而穀飼牛肉的比例落在 3.0~13.6 之間，這個比例與人類的健康是有相關的。

根據學者Simopoulos推斷[37]在人類一萬兩千年前的狩獵採集時期乃至進入到農業文明後，一直持續到西元1900年這段長達一萬四千年的期間，人類飲食中Omega-6:Omega-3的比例約為2.4，而在西元1900年後，人類開始取用西方式飲食(Western diet)之後的一百年間，人類飲食Omega-6:Omega-3的比例就快速攀升，約在12.0，中國就是一個明顯的例子，在1990年後，中國快速發展的過程，大量引進現代農業與現代畜牧業的系統，快速地提高了包括牛肉在內的各種肉類產品的產量，在2018年，中國全年肉類總生產量達到八千八百萬公噸，成為全球最高的肉類生產國，超過第二名美國的四千六百萬公噸，兩國差距將近一倍，在2013年中國學者發表的研究報告[38]，指出在中國的南京，上海，銀川及呼和浩特等四個城市販售的牛肉與豬肉樣品，其牛肉的Omega-6:Omega-3的比例落在5.96~11.86之間，而豬肉的Omega-6:Omega-3的比例落在10.78~23.0之間，遠超過採行西方式飲食前的2.4，西方疾病就隨著盛行。

肉類的品質要求隨著營養科學的發展，持續推陳出新，在提倡增加吃肉量與提高Omega-3的攝取量之後，我們不知道未來營養科學家還要提示世人的新項目是甚麼？但是筆者很確信的是人工飼料配方一定可以滿足營養學家任何的新要求，或許有一天，當人類無法面對動物排泄物處理的環境保護議題之下，直接提供人工飼料配方做人類的營養所需，會變成是一個一勞永逸的作法！

人類真的吃到營養了嗎？

在人類直接享用人工飼料之前，大多數的人還是會透過吃肉來補充所需的蛋白質，身處現代社會的人們，所吃的肉品大部分是來自飼養的牲畜與魚類，這些牲畜與魚類主要是依賴現代飼料配方，配方中的成分，玉米等穀物是主要配方，玉米的生產是現代科學技術的縮影與結晶，集所有現代的農藥、肥料與基因改造工程科學成果於一身，配方中各種人工添加劑更是現代科學的具體展現，如果是在跨國速食連鎖系統下的肉品，還要加上大量混合技術下所需添加的品質調控劑(39)，以及配合低溫保存的冷鏈供應系統，不到一百年，人類所創造出來的這塊肉真是大大不簡單！人類的科技發展已經從源頭改變這塊肉的來源，在陸地上，不再是牛吃草，在大海中，也不再是大魚吃小魚，都是吃人工飼料來的！人類的嬰兒與老年人已經開始吃人工配方奶，或許成人吃人工飼料生產的肉也不奇怪吧？！

Farm to table
種子到食用油

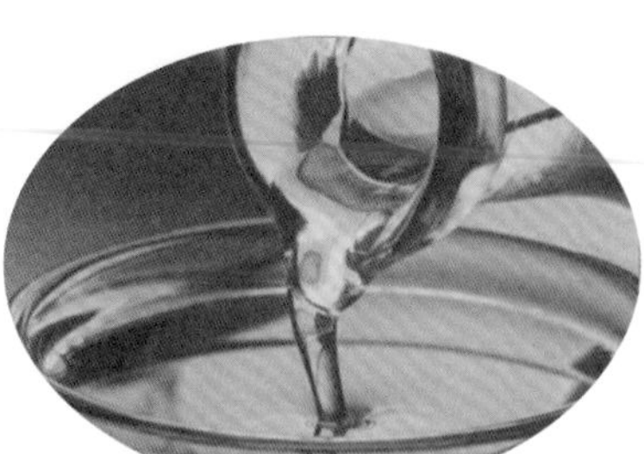

柴米油鹽醬醋茶，開門七件事，油排在第三件，可見「油」在傳統華人世界日常生活中的重要性，但是近年來隨著人均收入增加，都市化程度提升後，人們也吃得越來越好，高血壓、高血脂與高血糖所謂的三高疾病也越來越普遍，「少油少鹽少糖」也就變成許多人上館子點菜的口頭禪了，「油」反而成為眾人避之唯恐不及的對象，這個現象司空見慣了，許多人也就不覺得奇怪了，但是對農藝出身的筆者而言，明明都是油，人類的身體歷經兩百萬年的演化，其實還沒有太大的變化，就算從人類進入新石器時代革命，轉變為農業社會，至今發展也才一萬兩千年不到的短時間內，人類基因演化速度對人體的改變影響更是微乎其微，為何「油」在早期農業社會的重要性會這麼快就跌落到現代工商社會這種地步？

推究這個原因，在人體基因組成相對穩定與變化小的狀況下，應該就是「油」出了狀況，油的問題可以就吃多少油（數量）與吃甚麼油（品質）兩個方面來談，油的數量，就是每人食用的油的總量變化，是不是真的變多了？油的品質，就是我們到底吃到什麼樣的油？這些油又是怎麼來？

油的數量

根據聯合國糧農組織FAO的資料，在1961年到2013年間，全球以各大洲每人每日的平均食用油總量顯示如圖24，這些油包含植物性與動物性的油脂：

由圖中可以發現，在這53年間，全球每人每天分配的食用油脂由47.52公克增加到82.76公克，每人每天增加了35.24公克的油脂食用量，增加幅度為74%，台灣人均每天食用油脂由38.11公克增加到126.45公克，增加了88.34公克，增加幅度為232%，台灣的食用油脂量與增加幅度都遠超過世界平均，在2017年成為亞洲各國的冠軍，與世界第二名的美國的161公克落後已不多，如圖25。

全球的人口在這段時間也快速增加，由1961年的約30億到2018年的約75.5億人，人口增加了1.5倍，油的生產量相對地也增加了，以至於不僅可以滿足原有的人口，更可以讓新增加的人口的食用油也增加了74%。食用油的來源分為動物性與植物性兩大類，這兩大類油脂的生產比重在這段期間也有大幅變化，在1991/92年動物性油脂全球的產量佔食用油的39.2%，但是過了十年，到了2011/12年動物性油脂的占比就

世界各大洲每人每天油脂供應量 1961 ~ 2013 年

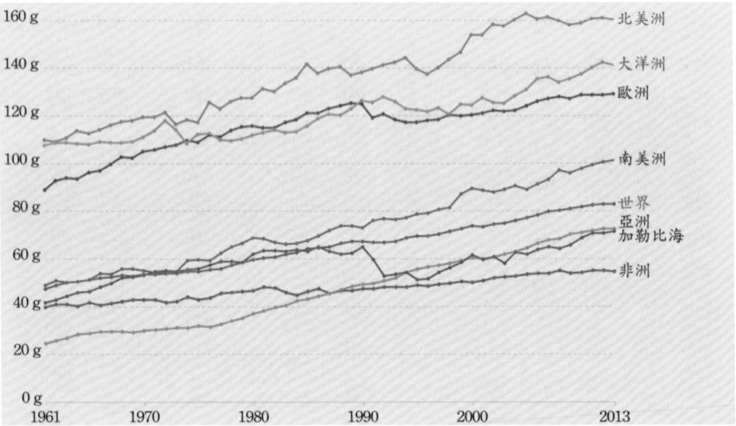

圖 24
資料來源：UN Food and Agriculture Organization (FAO)
重繪自：OurWorldInData.org/food-per-person/

臺灣與其他各國每人每天油脂供應量變化 1961 ~ 2017年

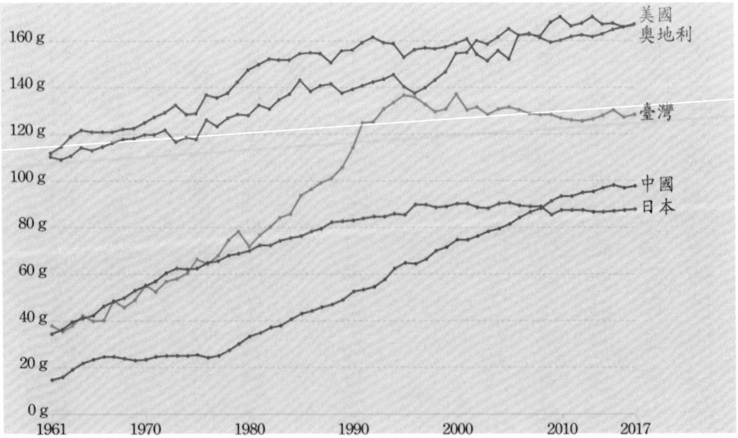

圖 25
資料來源：UN Food and Agriculture Organization (FAO)
重繪自：OurWorldInData.org/food-supply

降到23.2%[1]，雖然動物性油脂的產量有增加，但是植物性油脂的產量卻增加得更快。根據聯合國糧農組織的資料，全球重要期貨交易的植物油生產量在1961~2018年間的統計如圖26。

在1960年代初期，二戰後開始復甦的階段，以當時植物油全球的產量作為基準點，大豆油在1970年代開始增加，一直持續穩定增加至今，一直維持領先的產量，直到2006年才被棕櫚油超越，棕櫚油在1980年代初期異軍突起，一路快速攀升，近二十年來成為全球最主要的植物油來源，在美國農業部的資料中[2]，棕櫚油佔2020年全球期貨交易量的35%，大豆油佔28%，菜籽油佔14%，葵花油佔10%。在聯合國糧農組織統計的資料中，我們可以發現在1961年全球生產的主要大宗植物油的總產量為1744萬公噸，到了2018年超過兩億公噸，達到20130萬公噸，增加了11倍，所以每人每日食用油量的增加，確實是與全球種植產製的植物油增加有直接的關係，而這些增加的植物油產量主要是來自棕櫚油，大豆油，菜籽油與葵花油的增產。

台灣人平均一天要吃掉126.45公克的食用油，我們是怎麼把這麼多油吃下肚？

一般人的三餐如果用這麼多的油去烹煮，滿桌的菜一定會油膩地下不了口。這些油是繞過了一些路，以不同的形式，在我們沒有注意到的情況下，進到了我們的口中。這些入口的食用油，有一大部分是透過油炸的食物，或是點心餅乾等食物取食的。我們在攤販購買的鹹酥雞等油炸食物，通常會看到大豆沙拉油的桶子擺在一旁，這是小型攤商使用的植物油，對於大型連鎖速食店與食品工廠，棕櫚油與大豆沙拉油相比，棕櫚油的價格更便宜，供應量更充足，熱穩定性更高[3]，因而成為這些速食店與食品工廠主要的用油。

製作的食品五花八門，包含洋芋片，炸、薯條，炸雞塊，泡麵麵體，糕點零食[4]等在

世界主要植物油產量變化 1961~2018年

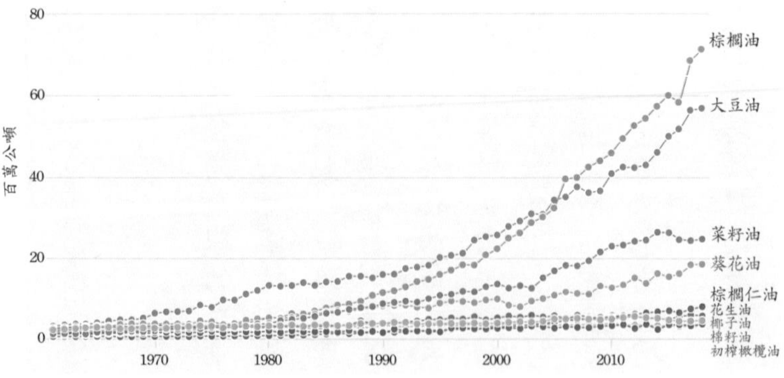

圖 26
資料來源：FAOSTAT (擷取日期 Jan 29, 2021)

食品工廠生產的各種加工食品，這些大都是以棕櫚油油炸或是直接以棕櫚油做為原料（包含製作工業麵包所添加的硬脂油，酥油等）。一般人會避開油炸的食物，但是對於看起來不像油炸的食品，如泡麵麵體就不會有戒心，雖然少放了調理包的油，但是經過油炸的麵體裡面所含的油，卻是全部吞下去！因為經過油炸的麵體特別香！

一般的食材經過油炸之後，香氣四溢，相對於燉煮的方式，食材中的一些維他命也比較不會流失，經過高溫油炸的食物也相對比較容易消化，但是食材中的含油量卻會大幅提高，例如生鮮馬鈴薯的含油量只有0.1%，經過油炸後，含油量可高達10~15%，增加達100~150倍，這些增加的油不是來自馬鈴薯本身的成分，而是來自油炸的油；現代畜牧業飼養的雞已經夠肥了，這種生雞肉的含油量是3.9%，這種雞做的炸雞塊含油量更提高到9.9%，新增加了6%，超過原來雞肉油脂量的1.5倍，所以大部分的油炸食物的油脂特性應該是要由炸油的品質來決定[3]。

因此在1980年代當棕櫚油開始在市場上佔有一席之地時，就有學者質疑棕櫚油與心血管疾病的關係[5]，時至2020年，棕櫚油已經無所不在地出現在現代加工食品中，我們的健康怎能不考慮棕櫚油的因素？也難怪這幾年坊間營養師對棕櫚油有許多議論。棕櫚油，大豆油，菜籽油與葵花油是四個目前全球主要的期貨交易植物油，成為期貨交易標的就代表它們在全球的用量是巨大的，也就是說在我們的日常生活中是大量被我們食用的，在農業生產上，除了擴大栽培的土地面積之外（引入了現代大型農業機械，導致許多的熱帶雨林被砍除，溫帶草原被消失），新品種結合化學農業（化學肥料與化學農藥），再加上新的工業榨油技術，這三者都是讓植物油產量大幅增加的原因。

在現代營養學發達之後，對大豆油，菜籽油與葵花油的育種目標就產生了巨大的影響，其中的一個重要的觀念是「必需脂肪酸 essential fatty acid」的影響。必需脂肪酸是我們人體自身的生化系統無法自行合成，而必須要經由食物攝取的成分，我們主要是由食用油中獲得各種的脂肪酸，因而建立了所謂營養價值高的油就是指這些必需脂肪酸含量比較高的油的觀念。各種的食用油（包含動物油與植物油）所含有的脂肪酸的種類與成分並不相同，都是值得與需要被研究與討論的，但是「必需脂肪酸」因為被定義為「必需」，通常就被假定與人體的健康有某種關聯性，因而有了較多的科學研究投入，目前的研究證據也就比較多量的集中在這些所謂的必需脂肪酸，加上現代商業行銷的需要，這些脂肪酸就成為眾人的討論焦點，現代營養學討論的必需脂肪酸集中在下列三種，這些脂肪酸也就被大眾認定是「好」的脂肪酸：

亞油酸 Linoleic acid 含有兩個雙鍵，常以 18:2 (n-6) 來表示這種脂肪酸的化學式，屬於 Omega-6 的多元不飽和脂肪酸

α-亞麻仁油酸 α-linolenic acid(ALA)，含有三個雙鍵，常以 18:3 (n 3) 來表示這種脂肪酸的化學式，屬於 Omega-3 的多元不飽和脂肪酸

油酸 Oleic acid 含有一個雙鍵，常以 18:1 cis-9 來表示這種脂肪酸的化學式，屬於 Omega-9 的單元不飽和脂肪酸，Omega-9 的脂肪酸並不是必需脂肪酸，因為我們人體可以自行合成。所以坊間一般的討論通常就只針對 Omega-3 與 Omega-6 這兩種必需脂肪酸進行探討。

相對地，所謂「不好」的油就是指含有一些會影響人體健康的脂肪酸的油，例

如芥酸 (erucic acid) 與屬於飽和脂肪酸的棕櫚酸 Palmic acid 等幾種在植物油常見的成分，就常被討論，分別說明如下：

芥酸 erucic acid，化學結構上含有一個雙鍵，但分子鏈較長，它的碳鏈由 22 個碳原子組成，雙鍵位在碳端第九個原子，因此它也是屬於 Omega-9 的單元不飽和脂肪酸，芥酸在許多植物的種子中都存在，但以油菜屬的植物含量最高，包含油菜與芥菜。

在 1970 年代有研究指出老鼠餵食高芥酸飲食下，會引起心臟疾病[6]，加拿大的科學家就以此為依據，進行積極的研究，開發出低芥酸含量的油菜品種，1970 年代就透過傳統的育種技術開發出新的低芥酸品種，但是在加拿大原本是不種植也不生產菜籽油的國家，菜籽油都是進口的，而且是作為機械潤滑油之用的，現在要將新育成的低芥酸菜籽油作為食用油是很難被一般大眾接受的，因此學界與官方合議，將這種低芥酸菜籽油重新訂名為 Canola oil，以作為與傳統機械潤滑油的菜籽油 rapeseed oil 的區隔[7,8]，經過大力宣傳與行銷之後，不僅被加拿大人接受，目前也已成為國際市場一種主力的食用油，為加拿大帶來豐厚的外匯收入。

在英國及其他傳統栽培油菜生產菜籽油的國家，如中國，印度，南亞諸國等，則仍沿用菜籽油 Rapeseed oil 的名稱，在較先進的國家，如中國[9]，印度[10]等所生產菜籽油的芥酸含量，隨著加拿大的腳步，跟進研究，目前的食用栽培品種也都低於 2% 以下。相對於人類與動物食用用途的低芥酸油菜品種的發展，在研究了油菜的含油特徵的遺傳特性之後[11]，高芥酸含量的菜籽油也陸續被開發出來，主要提供做為機械潤滑與生質柴油 Biodisel 的需要[12]。

菜籽油是含有單元不飽和脂肪酸及多元不飽和脂肪酸的一種食用油，經過育種家的努力，將經營養學家認定有害健康的芥酸成分降低之後，原本就具有高發煙點特性的菜籽油，成為重要的油炸食物用油[13]，重新在人類食用油的名單上站上高點。

棕櫚酸 Palmic acid，是一種飽和脂肪酸，分子結構不含有雙鍵，分子鏈為16個碳鏈，棕櫚油的脂肪酸組成中有高達39.3~47.5%的棕櫚酸比例，整體的飽和脂肪酸總和達到49%，這麼高的飽和脂肪酸含量在人類日常的食用油中，是與豬油的40%以及牛油的51%[5]相近的。在1980年代，美國掀起一股反「熱帶油「Tropical oil」的飲食浪潮，針對產自熱帶地區的食用油，包含棕櫚油與椰子油在內，都列在排拒的名單，理由是因為有人認為這些含有飽和脂肪酸的植物油，對血液的高膽固醇與冠狀心臟病是有關係的，這是長年累積的一些印象所形成的基礎，因為自1940年代以來，有些科學研究發現高脂肪飲食與高膽固醇及心血管疾病有相關性[14]，初期發表的相關研究論文數量不多，但是逐年累積後，加上二次大戰結束之後，人類食物增多，引發各種代謝症候疾病，其中以肥胖與糖尿病最明顯，直接透過病患的外觀體型就可發現這些病徵，讓社會大眾親眼見證這些疾病。

因此到了1980年代，讓更多的醫師與營養師認為降低飲食中的脂肪是有益健康的，政府官員也提出相關的健康建議[15]鼓勵降低油脂攝取，多重勢力結合之下，在美國社會上形成了一股低脂飲食的風氣(16)，在此同時，棕櫚油開始在全球拓展市場，也在美國增加了進口量，美國農業部的統計資料顯示，在1975年就較前五年的平均年進口量增加了一倍半，已經威脅到美國本土生產的大豆油市場，這股反熱帶油的運動就在市場行銷、政客經營、順應低脂飲食風氣三大勢力，配合薄弱的科學證據展開了，市場於是就轉向以大豆油為主的植物油商品，但是食品工業原本依賴動物性油脂的食品加工需求依然存在，但是含有較多不飽和脂肪酸的植物油，以大豆油為代表，其高溫油炸特性並不好，在高溫油炸後，易殘留油味，且容易氧化酸敗而產生油耗味。

這個缺點在早期發展人造奶油的時期，就利用了氫化技術加以解決，在此時需要利用大豆油取代動物性油脂的市場需求之下，「氫化植物油」以及新的「部分氫化植物油」等各種類型的新產品就利用大豆油等植物油，進行加工而發展出來，滿足了市場上，需要使用大量不飽和脂肪酸的植物油的呼聲，只是這些原本含有大量不飽和脂肪酸的植物油經過加工後轉變成「氫化植物油」已經失去了不飽和性，變身為飽和脂肪酸，不再是原來的植物油了，消費者沒問，工廠也不會告訴你！

各種不同的「部分氫化植物油」的氫化程度不同，具有不同的油脂特性，可以分別應用在不同的食品製作領域，例如：冰淇淋，糕餅點心等烘焙產品以及其他高溫油炸食品，可以滿足食品工業不同的製程需求，但是這些部分氫化植物油在成品中，以及後續的貨架陳列的過程中，極易轉化成為「反式脂肪 trans fat」，反式脂肪對人體的健康的影響，已有部分研究證實，對增加死亡率與誘發冠狀心臟病有相關[17]。

在這個低脂飲食風潮之前，人類的食用油含有反式脂肪的來源絕大部分來自動物油脂，但是因為要排斥熱帶油，而造成食品業者大幅改採氫化植物油，反而造成人類的飲食中突然增加了大量的反式脂肪，而且消費者還覺得拒絕熱帶油是聰明的選擇[18]。這波在美國發起的使用氫化植物油的食品加工風潮已經拓及全球，影響全人類的健康，因此世界衛生組織 WHO 在 2018 年發表新聞稿[19]，具體要求各國政府採取適當的立法，監督以及提出建議替代產品等措施，要設法從世人的飲食中排除這些形形色色的氫化植物油。

因為美國要保護其國產大豆油，抵抗棕櫚油侵佔市場，而利用棕櫚油中含有飽和性棕櫚酸的科學議題大作文章，導致人類集體健康受損，乃至誤導健康意識的發展歷程與所產生的後果，是一個身為農業從事人員所無法想像的，也是一個大眾必須記取的教訓。

或許一開始美國就允許棕櫚油的輸入與使用，就不會引發這一連串的事件，讓許多人罹患冠狀心臟病而白白賠上性命，但是事情並不是如此簡單的！有一件關鍵的事件是必須釐清的，現代的植物油不是一般人想像的，只是把油從種子榨出來如此簡單而已！現代的植物油要成為商品陳列在貨架上銷售，必須要具有商品的特性，要達成這些特性，必須要符合許多的技術規格，這些技術規格是消費者不容易搞懂的！因此在商業行銷宣傳上，就從消費者的愚昧與怠惰上另闢蹊徑，以清潔衛生的外觀，也就是看起來要透明清澈，聞起來要無臭無味的基本感官判斷，吸引消費者進行購買。

工廠剛榨出來的植物油看起來絕對是混濁濃稠，並且充滿各種氣味的，所以現代商業營運的植物油製造工藝一定會搭配一套「精製 refinement」程序。包含各種商品化的菜籽油，大豆沙拉油，葵花油以及棕櫚油等，都有針對各自採收、榨油的技術所配合的一套精製技術[20]，這些技術大略包含脫膠脫蠟(degumming)，脫色（漂白 bleaching) 以及脫臭 (deodorization) 幾個主要的步驟，以達到最後商品化的規格，這些技術應用了各式物理處理以及化學反應來配套組裝，應用了涵蓋溫度差異，沉澱離心，酸鹼分離，界面活性劑及有機溶劑萃取等所有現代科學的原理與工程科技[21]。

棕櫚油在 1960 年代開始成為國際市場大宗油品的新成員，由於其每公頃產量平均為 3600 公斤的油，幾乎是大豆油 (410 公斤）的九倍[22]，因而吸引了位於東南亞的新興農業大國（包含馬來西亞，印尼及泰國）的投入，但是所含有的飽和脂肪酸與不飽和脂肪酸的比例接近 1:1，這個比例造成在室溫下，油品呈現半固態狀（semi-solid），嚴重影響其商品價值，因此改變其比例就成為棕櫚油商品化的重要工作[23]，也因為其具有半固態狀的特性，工業中利用油脂結晶技術的化學分餾技術 fractionation 進行精製就成為最佳的選擇，這個分餾技術可以分離出高熔點固體脂肪（通稱 Palm Stearin 硬質棕櫚油），低熔點液體油（通稱 Palm Olein 軟質棕櫚油），以及棕櫚油中間分提物 (palm mid-fraction) 等三大類的產品，市面上卻不分清楚，一般就以棕櫚油來統稱這三種油！

油棕樹所採收的油棕果實，其外層的果肉以及內部的種子都含有油脂，從果肉取得的油稱為棕櫚油(Palm oil)，從種子取得的油稱為棕櫚仁油（Palm kernel oil），這兩種植物體初榨獲得的原油crude oil，再經過分餾就可獲得上述的軟質與硬質油脂。根據馬來西亞棕櫚油委員會Malaysian Palm Oil Board (MPOB)的資料(22)，棕櫚油經過調和拚配的產品種類多樣，可以應用在食品工業，包括人造奶油，酥油，糕點用油，咖啡奶精，乳化劑，動物性替代油脂，代可可脂等31種類型，幾乎涵蓋了所有的食物類別，人們在不知不覺中就食用了棕櫚油。另外在工業用途上，可生產製造潤滑油，肥皂等各類清潔劑，界面活性劑，化妝品，並提供甘油等工業原料等22類用途，重點是：這些都被簡稱為「棕櫚油」。

棕櫚油多樣性的應用成果，代表了化工科學發展的成就，也代表著化工科學可以任意調配出各種成分比例的商品，不只是改變原本油品(大豆油，棕櫚油)的飽和及不飽和脂肪酸的比例，更可以將不同種類的植物油混合在一起，製作出「調和油」，近年這些在貨架上充斥的新商品：XX調和油，多半會強調對你的健康有益，同時它的價格又是很有競爭性，在台灣主要的油品製造生產商的網頁所提供的資料，各種調和油產品充斥，發現有許多大桶裝的產品，尤其供做油炸用途的商用品項，很難不看到棕櫚油的成分，此證明了棕櫚油的產量就是高，供應就是充足，價格就是便宜！難怪會成為這些調和油商品的重要成分！

棕櫚油在這些調和油所佔的比例，好像法令並沒有規定需要標示！也因此，好奇的筆者在2020年間，特別查訪了幾家大型超商貨架上的商品，在這個以家用消費為主的銷售場域，調和油商品一樣是琳瑯滿目，成分標示倒是沒有發現棕櫚油。面對這些調和油，不禁要問一個問題：這些調和油的配比比例是怎麼獲得的？營養科學家給的？食品工業製程的方便性？還是商品的獲利性？走筆至此，赫然發現人類已經脫離自然演化了，自己在決定自己的生理營養需求了！只是科學家乃至我們一般民眾，對自己的基因組成已經完全了解了嗎？答案是：還差得遠呢！

傳統華人的食用油是菜籽油，苦茶油，芝麻油以及豬油等，台灣人食用油的食用量在1961到2013年間增加了2.3倍(232%)，我們所增加的食用量主要是來自新的食用油種類，其中大宗的種類包括大豆油，葵花油，芥花油(canola oil)以及棕櫚油等植物油，這些植物油的發展大概在西元1900年後才有了快速的進展，我們現在所習以為常的大豆沙拉油，並不在傳統華人的油品清單中，也不曾是世界其他任何人的食用油，一直要到了1911年，美國人從中國滿州進口了大豆種子，利用油壓機榨出了大豆油，才開始與世人見面。剛開始所使用的榨油技術榨出來的油是非常糟糕的，既不能做工業用，更不能給人食用，經過眾人的努力，到了1922年位於美國伊利諾州迪凱特市（Decatur）的史丹利製造公司（A.E. Stanley Manufacturing Company）在推廣種植大豆獲得農民的響應，而有了足夠的大豆種子供應之後，他購進兩台安德森公司製造的榨油機 Anderson Oil Expeller 進行商業生產，榨出了大豆油(24)，1923-1925年將溶劑萃取技術應用在大豆油的生產系統中，盡可能地把大豆種子的油取出來，提高了產油率，到了1938年美國的大豆油產量達到3億磅重，到了1945年達到13億磅，在1978年達到87億磅重(25)。所以算起來，人類吃大豆油的歷史還不到一百年。

台灣在二次大戰結束後，接受美國援助期間，引進了大豆油生產技術，設置了榨油工廠，1950年成立美援黃豆加工油廠聯誼會，1954年後改制為美援黃豆加工油廠委員會，歸建於台灣區植物油製煉工業同業公會(26)，揭開了台灣人食用大豆油的歷史。大豆經過機械壓榨之後，透過溶劑萃取還可進一步提高榨油的產量，但是這些經由機器壓榨與溶劑萃取出來的大豆油具有油漆的氣味，消費市場很難接受作為食用油，經過科學家的研究後，發明了新的設備與方法，精進了脫色與脫臭等精製技術，讓大豆油變的無色無臭，而成為現今的商品形式：精製大豆油與大豆沙拉油（台灣國家標準 CNS 749:2019 就是來規範這些商品的標準）。

機械榨油的技術通常適用於含油量超過 30% 的種子，包含大豆，棉籽，乾玉米胚以及米糠等，經過機械榨油後，讓含油量降到約 20% 左右，再交由溶劑萃取系統，再將剩餘的油萃取出來，最後種子內剩餘的含油量大約可低於 1%。溶劑萃取技術是 1855 年法國人 Deiss 發明的，利用二硫化碳，從機器壓榨後的橄欖油餅中，再萃取出剩餘的橄欖油[27]，目前全球的各式食用油，高達 98% 都是經過溶劑萃取的工藝技術獲得[28]。所以我們現代人食用油的供應量大增，除了增加新的油料作物種類（如大豆），擴大油料作物栽培面積之外，榨油技術的進步也同時促成了這個供應量的提升。利用螺旋式榨油機大約可以回收花生仁 91% 的油，再配合利用溶劑萃取則可回收 99% 的油[28,29]，一滴也不浪費。

經過溶劑萃取技術固然提高了榨油率，但是在回收溶劑分離油品的過程，油品原有的其他物質，包括各種氣味（宜人的以及令人不舒服的各種氣味）以及營養成分等，都一併被清除消失了，筆者在探索亞麻仁油的過程中，曾經遇到一個商品，完全純淨的油，清清如水，流動性極佳，一點氣味與滋味都沒有，也不具有亞麻仁油的風味，讓我懷疑到底我買到是亞麻仁油嗎？

經過機器與溶劑萃取獲得初榨的原油中，所被去除掉的氣味與顏色等化學成分，通常會讓油品氧化而變質，產生油耗味，降低油品的保存期限，所以現代的油品生產技術會包含脫色與脫臭的程序，將這些化學成分去除，所產生的最終製品，就是清清如水，流動性高，保存期限極長，但是各種經過精製的油品，外觀相去不遠，氣味也相差不多，所以造成植物油「都是」植物油，消費者基本上是無法分辨大豆油，紅花油，葵花油與棕櫚油這些不同種類精製植物油的差別，或許這就是業者順勢推出各種調和油的主要依據！反正消費者也分不清，就可以配合業者的利潤，任意混合，製成各種新商品，再找些科學數據來配合，在科學大旗覆蓋下，安享市佔率。

在早期的食安事件中，與油品加工引人注目有關的事件，首推日本 1968 年與台灣 1979 年分別發生的「多氯聯苯中毒事件」(polychlorinated biphenyls, PCB)，又稱「台灣油症事件」或「米糠油事件」，這是當時的脫臭工藝使用多氯聯苯作為熱媒進行脫臭，造成的食用油汙染事件[30]，此一事件為台灣第一件食安事件，也促成了中華民國消費者文教基金會的成立[31]，讓台灣邁入了消費者意識崛起時代。

現代植物油精製加工技術日新月異，「多氯聯苯中毒事件」的發生，當然讓政府機關加強法令與管理，國際食品法典委員會 Codex 訂定了食用油相關的標準[32]，希望讓消費者日常食用的油品能夠達到安全的標準，這些管理的標準中，包含了重金屬含量與農藥汙染項目，顯示從原物料生產，食用油的製造與加工都是需要加以關注與把關，近年新的科學進展，在生物科技上有了耀眼的發展，其中讓世人注目並引發多方交戰的基因改造品種 (genetically modified crops, GM) 議題[33]，針對油品是否受到基因改造的影響方面，也已經有些科學研究進行[34,35]，但是基因改造作物生產的種子所獲得的食用油已經行銷全球，在印度因為反抗基因改造作物的風潮激烈，連帶對印度政府進口的基因改造食用油特別引發關注與爭議[36]。

我們在市面上購買的食用油中，大豆油與芥花油已有部分是來基因改造的品種所榨的油[37]，這些基因改造大豆與芥花油有一些是導入抗除草劑基因，有些是改變脂肪酸特性，抗除草劑與脂肪酸改變是不同的議題，對人體健康的影響是不同的，這就有待未來更多更深入的研究來解答了。

現代製油工業去除掉的所謂「雜質 impurities」，除了含有讓油質氧化劣變，降低商品價值的化學成分之外，還含有其他眾多的成分，包含了 Codex 所關注的重金屬，農藥殘留以及目前未被列入的「基因改造物質」等等，隨著科學研究的發現，有些成分被認為是有健康意義的，例如近年流行的具有抗氧化性的多酚類物質，在現行的油品精製的過程中，也就被列為雜質，也隨著被一併去除了。面對這個新的發展，對於在精製過程被去除的營養成分，科學家與官員採用了白麵粉「回補 fortified」營養素的老套路，例如聯合國糧食計畫 UN World Food Program 所發表的精製葵花油營養回補標準[38]與菜籽油準營養回補標準[39]等，以回應對飢荒等難民的糧食與營養的要求。

另一方面，對於已開發國家的高端消費群市場，面對這些新的健康因子與成分，市面上也開始出現「營養強化 Enriched」的商品，如添加強調抗氧化機能的多酚類化合物 polyphenols 的油品[40]以及強調提高脂肪酸代謝功能的 DAG(二酸甘油酯 diacylglycerol)(41) 的油品。

部分消費者面對這些眼花撩亂的食用油商品，有些人選擇回歸天然，購買了冷壓初榨的食用油。冷壓初榨油 cold pressed virgin oil 是一種榨油的工藝技術，是將含油的植物種子或堅果去除了不含油的組織後，這些含油組織可以預先做熱處理或不做熱處理（例如傳統的苦茶油榨油工藝技術，會先將苦茶籽壓碎然後蒸熟，等待涼了之後再進行榨油，這是屬於預作熱處理的方式），然後在不外加熱源的條件下，利用油壓設備或是螺旋絞刀設備將油榨出來，這些被榨出來的油是植物細胞中所含的游離態的油滴[42]，在不外加熱源壓榨出來的油，通常含有的雜質是最低，不需要經過精製就可以直接食用，如果在壓榨過程，外加了熱源，雖然可以提高榨油率，但是同時也會把細胞內其他的物質，如磷脂 (phospholipid) 及色素體等一併榨出，這些物質的混入，就會造成油的顏色變深，通常也就需要進行精製，以去除這些混入的物質，如此就不能被稱為冷壓油。

地中海地區乃至在歐洲大陸的大部分國家，居民延續自羅馬帝國傳統食用的橄欖油，橄欖油是將儲藏在果肉組織的油榨取出來的，這些橄欖油傳統上是利用冷壓製造的，但是現代化榨油工藝，還是導入了目前橄欖油的商業生產，二戰以後的市售橄欖油，除了利用機器壓榨所得的初榨冷壓油之外，也有熱壓油及溶劑萃取精製的各式橄欖油。二戰之後聯合國成立後，在各國協議下，在1959年成立了一個跨國組織：國際橄欖委員會(international Olive Council)[43]，協助其會員國種植，生產與製造橄欖油，並制定標準做為國際交易的規範。食物摻假的行為屢見不鮮，橄欖油作為各種食用油中的高價油品，摻假的事件時有耳聞也不足為奇，但其中最受眾人注目的是發生在1981年西班牙的一起橄欖油毒油事件[44]，這起事件有20000人受到嚴重影響，產生各種原因不明的症狀，其中約300人在事件發生後20個月內死亡，為協助診斷與治療這些受害者，西班牙當局請求世界衛生組織(WHO)協助，WHO將這些因該毒油事件所產生的連帶症狀定名為「毒油症候群Toxic Oil Syndrome, TOS」[45]，這起毒油事件讓世界衛生組織的專家們大費周章，連續20年與西班牙政府為此事件的專設機構召開了29場專家會議。

特級初榨橄欖油 Extra Virgin Olive Oil(簡稱 EVOO)是目前市售最高等級的橄欖油，價格最高，因此成為最主要被摻假的品項，橄欖油摻假方法有各種手法，包括：1 低階的油品混充高階的油品（這是所謂的標示不實），2 低階的油品摻入高階的油品，3 種子油混入橄欖油，4 堅果油混入橄欖油，5 利用各種色素混入改變油品顏色[46]，科學家也發展出各種方法來檢測各種摻假的方法[46,47]。因應市場的需求，各主要的橄欖油消費國定出標準進行管理，歐盟的管理規則有八種等級[48]，美國農業部則訂出兩類共八種等級[49]。歐美兩地的標準分類略有不同但相去不遠，最高等級的品項都是特級初榨橄欖油 Extra Virgin Olive Oil。

台灣在 2014 年發生的劣質油品事件[50]，由於事涉幾家大型的油品供應商，其商品銷售通路既廣且深，引起廣大消費者恐慌，有部分廠商順勢推出家用榨油機，許多消費者購買這類榨油機，自行榨取各類的食用油，包含亞麻油，芝麻油，苦茶油，葵花油等等，消費者認為自行掌控了油品的來源，心理多了一份踏實，只是相對的農藥殘留，重金屬汙染以及基因改造，乃至更深入的脂肪酸含量特徵的植物品種（例如低芥酸油菜品種，高油酸葵花品種等）以及種子不新鮮（油分子變質），可能消費者又要多費心去研究與查訪了！

在同一波的劣質油品事件，有些攤販店家利用現榨肥豬肉取得豬油以取信消費者，豬油是動物性脂肪酸，一般被認為含有過多的飽和脂肪酸，對健康並不好，但是在這波劣油事件重新被消費者討論，發現其不飽和脂肪酸的含量與種類僅次於魚油，只是消費者與營養師忽略了現代畜牧場的豬隻所食用的飼料含有大量的穀物（包含玉米，大豆等），所產生的現象就是 Omega 3 與 Omega 6 大幅偏離理想的比例。

在人類歷史上最近一百年才出現的大豆油，低芥酸菜籽油，高油酸葵花油，分餾棕櫚油，餵飼穀物的動物油（魚油，豬油及牛油）都不是人類身體兩百萬年演化歷程所熟悉的油，吃了這些現代化的新油品，我們身體的反應與長期的效應到底會如何，科學家還沒有答案，因為還沒有足夠的時間累積人體試驗的結果，要吃嗎？不吃嗎？這就是我們現代人所吃的油！

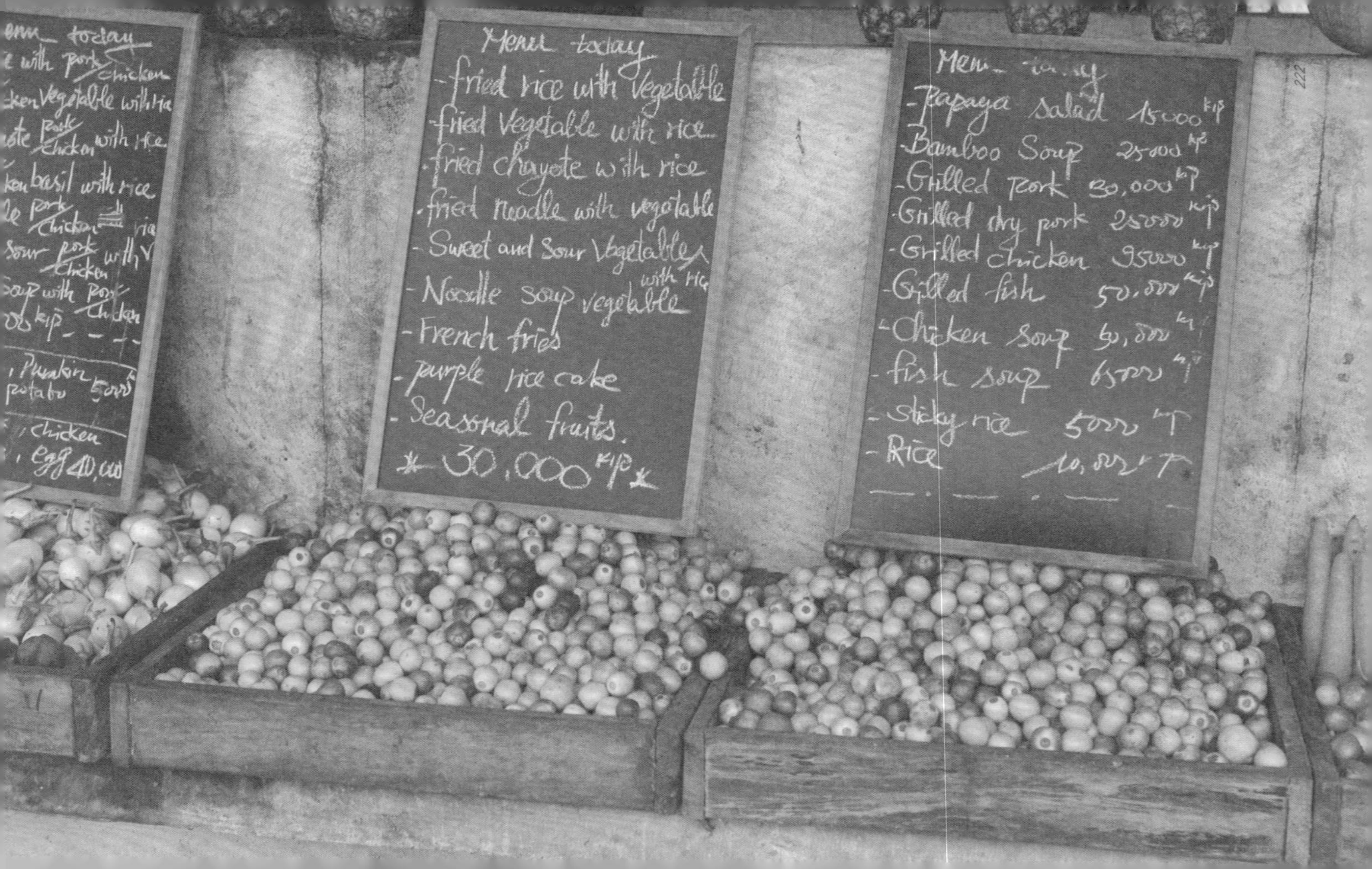
Menu today
-fried rice with Vegetable
-fried Vegetable with rice
-fried chayote with rice
-fried noodle with vegetable
-Sweet and Sour Vegetable with rice
-Noodle soup vegetable
-French fries
-purple rice cake
-Seasonal fruits.
* 30,000 kip *
-Papaya Salad 15000 kip
-Bamboo Soup 25000 kip
-Grilled Pork 30,000 kip
-Grilled dry pork 25000 kip
-Grilled chicken 95000 kip
-Grilled fish 50,000 kip
-Chicken Soup 60,000 kip
-fish soup 65000 kip
-sticky rice 5000 kip
-Rice 10,000 kip

Farm to table
水果到果汁

IV水果到果汁

在野外時，當人們感到飢餓而尋找食物時，成熟的水果通常是第一選項，因為成熟的果實通常有明顯的顏色與外觀吸引我們的注意力，水果通常也都是立即可食，不需要額外的烹煮，而且吃起來通常也是香甜多汁可口，這是植物產生果實的目的，希望能被動物採食，被帶到遠處，幫助傳播其種子而繁殖增加其後代，為此，植物同時提供了甜美的果肉，獎賞幫助傳播的動物，不成熟的果實卻大多苦澀堅硬，甚至有毒，目的就是不希望在果實內部的種子成熟前被採食，這是目前一般學者的了解與解釋。

透過觀察人類的近親：黑猩猩的日常取食種類與行為，可以合理推測人類在早期演化過程中，採食果實是一個獲得食物的日常行為。這些歷經百萬年的採食經驗，讓人類累積了對植物及果實的認識，同時也讓身體建立了與這些取食的植物及果實之間的營養素共生關係。這些植物及果實所含有的營養素對人類的生存有相當大的影響，中國古代醫書黃帝內經的素問篇就論及了五果[一]，明朝李時珍所著的本草綱目註解：「五果者，以五味、五色應五臟，李、杏、桃、栗、棗是矣」，李時珍同時彙整了其他的醫書，在本草綱目的果部列舉了127種果類[2]，書中詳述了各種果類的植物外觀，分布區域，氣味以及藥效等等，充分展現了對這些果類的研究與應用能力，相對地，在西方世界，古埃及文明的醫藥也是西方傳統醫學的源流，可惜大部分的資料散佚，因此近代學者主要依據考古證據考察，證明古埃及人的飲食中含有大量的果實[3]，可惜沒能找到水果與健康相關聯的直接證據。

水果營養素與人類健康關係的發現，在西方現代醫學發展的歷程中，有文獻可考者，當屬英國海軍的軍醫James Lind(4)透過長期航海，對水手的病歷與治療反應，發現了柑橘與檸檬可以治療壞血病，讓水果所含的營養素與疾病治療在現代醫學建立了關係，開啟了後世相關的醫學與營養學研究，在聯合國成立後，世界衛生組織也陸續整合了相關資訊與研究，提出了人類健康必需的營養素[5]，其中包含了維他命A，B與C以及多種礦物質等，這些營養素是可以透過水果提供的，這些也反映在現代營養學對日常膳食建議的清單上，包含台灣的健康五蔬果的膳食建議[6]，這些都是透過現代科學的研究，確認了水果與人類營養素之間的關係，再經過現代教育系統，讓現代人了解，接受並在日常生活中實行。

採集水果作為食物來源是早期人類演化過程的一種生存方式，直到在一萬兩千年前所發生新石器時代革命(Neolithic revolution)，人類文明的發展進入一個新的階段，成為後續農業文明發展的基石，除了新石器時代先驅作物提供穀類種子來源之外，果樹也陸續被人類馴化種植，在新石器時代後期到銅器時代，根據已發現的考古化石等證據，橄欖樹，葡萄，椰棗以及無花果推測約在六千到五千年前在肥沃月彎近東地區(Near East)陸續被馴化[7]，這四種果樹都可以透過營養器官繁殖(例如，扦插 cuttings，地下部分株體 basal knobs，側生分株體 suckers)的無性生殖方式產生新的植株，這些是目前園藝技術的基本操作，但是在馴化植物的初期，從野生的有性生殖果樹轉變成栽培型的無性繁殖品種，如何選出合適的個體進行繁殖，以及對結果率的影響等等，都是先民所面對的大難題，這項推測是 Zohary 與 Spiegel-Roy 兩位學者，依據野生型的果樹與現代栽培型果樹的繁殖差異及遺傳基因組成比對之後，所得出的結論。

學者 Janick 彙整相關文獻歸納出目前主要栽培果樹的馴化起源地，分成三大區域：

一、地中海地區：椰棗，無花果，葡萄，橄欖及石榴

二、歐亞大陸：

梨果類 Pome fruits：蘋果，歐洲梨 (*Pyrus communis*)，亞洲梨 (*Pyrus pyrifolia*)

核果類 Stone fruits：扁桃 (*Prunus dulcis*)，杏 (*Prunus armeniaca*)，歐洲甜櫻桃 (*Prunus avium*)，歐洲酸櫻桃 (*Prunus cerasus*)，歐洲李 (*Prunus domestica*)，亞洲李 (*Prunus salicina*)，美洲李 (*Prunus Americana*)，水蜜桃 (*Prunus persica*)

攀藤類：奇異果

亞熱帶與熱帶類：柑橘類，柿，芒果

三、美洲大陸：

莓果類：草莓，樹莓 (raspberry)，黑莓 (blackberry)，藍莓 (blueberry)，蔓越莓 (Craneberry)，越橘（lingonberry 學名 *Vaccinium vitis-idaea*）

亞熱帶與熱帶類：酪梨，木瓜，鳳梨

在中國的文獻資料中，可能成書於周秦的「爾雅」，是世界最早的一本單語言詞典，其中有一篇《釋木》[8]討論了與李，桃，棗，梅，梨等果樹相關的古文字訓詁，可見在中國周朝之前已有相當多的果樹種植經驗與紀錄，因而需要辯證，到了東魏賈思勰所著的齊民要術[9]，列舉了棗，桃，李，梨，梅，栗，柿及石榴等果樹的繁殖技術與管理要點，這是當時中國黃河流域下游農民對於園藝種樹的技術集成，顯示當時中國農民已經能熟練的操作這些相當複雜的園藝技術。

現代農業生產中水果的生產是日趨重要的，此點可由聯合國成立後所建立的統計資料顯示出來，如圖27：

世界水果生產面積與產量變化 1961~2019年

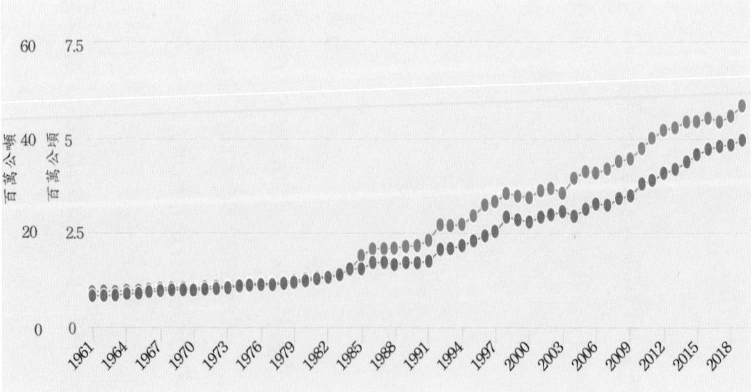

圖 27
資料來源： FAOSTAT (擷取日期 Apr 19, 2021)

在西元1961到2019年的五十九年間，全球用於生產水果的土地面積由1961年的924,692公頃到2019年的5,840,725公頃，增加了6.3倍，產量則是由1961年的6,568,265公噸到2019年的39,505,413公噸，增加了6倍。同一時期，台灣的水果生產也有不錯的表現。根據農委會的統計年報資料顯示[10,11]，在1981年台灣的果園種植面積為138,846公頃，到了2019年種植面積為184,609公頃，在最近39年間果園面積增加1.3倍；在1961年水果的產量為424,627公噸，到了1981年台的水果產量為1,716,803公噸，20年間增加了4倍，到了2019年產量為2,463,163公噸，59年間增加了5.8倍，台灣水果產量的增加倍數約與全球平均值相近。

水果的生產面積與產量大幅提升，除了供應本地人民消費食用之外，這些產量大幅增加的水果還會有大量的剩餘，台灣在各類水果豐收盛產的季節，常有過剩水果被大量拋棄的新聞[12]，對照目前全球糧食供應，仍有許多國家的人民缺乏食物營養不足，並且時有飢荒的新聞[13]，其實是一大諷刺，也是一個嚴肅而需要解決的問題。

水果農業技術

生產水果所需要的農業技術，相對於收穫種子的草本單年生糧食作物而言，是比較複雜的，這些複雜性呈現在生長特性，遺傳特性，繁殖技術，栽培管理及加工處理等方面，這些不同的技術整合統整，稱之為園藝技術，以下簡要說明。

生長特性：

果樹通常為多年生的木本植物，種植後需要數年的時間，等待植株成熟，才能採收生產水果，而通常成熟的植株又可連續採收許多年，甚至可以長達數十年，因此為了維持果樹長年連續的生長與生存，相關技術的發展就有一定的必要性，其中灌溉措施在果樹生產的各種技術中，可說是不可或缺的一種必要條件，不只是要有足量的灌溉水，適時提供適當的水量更是重要。解決了灌溉的問題之後，了解果樹植株的成熟與開花結果的機制，就成為獲得收穫物的另一個重要問題。

現代的科學發現了植物生長調節的因子與調節的機制，包含各種植物賀爾蒙的發現與其化學成分的分析等生物化學的研究，了解果樹植株進入開花結果（生殖生長階段）的控制機制，可以讓果樹提早成熟，減少等待的年數，另一個重要的科學發現是光照時間長短與光波特性等光週性與光敏性[14]的植物生理學研究，讓現代果農可以調控果樹的開花季節，打破生物長期演化所建立的規則，生產出反季節的水果，這些反季節的水果，通常因為物以稀為貴，而可以賣到比較高的價格，會讓農民願意學習這些調控的技術與投資相關的資源設備。

遺傳特性與繁殖技術：

除了桃之外，絕大多數的果樹是屬於異交授粉 out-crossing，所產生的種子是屬於異質結合體 heterozygote，由這些種子發芽繁殖產生的果樹，每一棵果樹的遺傳組成，基本上與採收種子的原來植株是不同的，也就是說，從一棵長出好吃果實的果樹採收的種子，再種植繁殖出來的果樹所生產的果實，基本上其品質是不會與原來果樹的果實有相同的品質。為了要維持相同的果實品質，可以透過複製該棵果樹原本的遺傳組成，營養繁殖技術就是這種複製的方法。透過營養繁殖技術所獲得的後代植株，它的遺傳特性就與原本植株相同，因此可以確保果實在世代間具有相同的品質。營養繁殖技術有許多種類，有些是在自然環境下，植物已經演化發展出來的，有些則是需要人為刻意操作執行。

在近東地中海地區早期馴化的果樹中，椰棗在幼木階段透過自然的風砂覆蓋（人類模仿採行的培土覆蓋），可以誘生側生分株 (offshoots)[15] 進行營養繁殖，葡萄的藤蔓枝條，生長延長後，會自然垂落到地面，而與土壤接觸，自然產生新根而產生新的分株（人類模仿以枝條壓條法繁殖 (layering)），橄欖與無花果利用枝條扦插繁殖，美洲的草莓以走莖分株繁殖，都是在自然環境下，植物所呈現的繁殖方式，這些不同的營養繁殖方式，在早期人類優越的觀察力，應可發現並掌握；但是溫帶果樹如蘋果及梨等，並無法透過這些自然界展現的簡易的營養繁殖方式，產生遺傳特性相同的植株，而需要發展嫁接技術 (graftage)。

多篇研究報告[3,7,16] 探討人類學會嫁接技術的年代，經由考古證據與古書的紀載，在近東地中海地區，大約在距今五千年前，就已經開始操作嫁接技術，再由位於美索不達米亞的馬里 (Mari, Mesopotamia) 出土，距今 3800 年前之楔形文字石板考古文物，其中提到了葡萄的嫁接技術(16)，推測這項技術也由這個區域傳遞到了鄰近的波斯與希臘，然後再傳承給羅馬。而在中國的文字紀錄中，在目前出土最早的漢朝農書：「氾勝之書」的殘本，該書成書約於西元前32年左右西漢晚期，其中紀載了瓠瓜的種植技術，其中就描述了瓜藤嫁接的方法，再過六百年，到了東魏賈思勰所著的齊民要術，就紀載了果樹的嫁接技術，東西方是否各自獨立發展出嫁接技術，就不得而知了。

嫁接在現代的園藝技術已經是基本必備的技術之一了，這個技術讓農民可以建立均一整齊遺傳特性的果園，對於確保整個果園生產的水果品質是一個根本的保障，這個均一的遺傳特性對現代商業化的農業產業，更是絕對必要的，但是在均一的遺傳背景之下，病蟲害大量發生卻是一個伴生而來，不可避免的副作用，早期的農業文明所發展的農作規模，遠不及現代農業的規模，病蟲害的問題並不嚴重，也可以透過人力加以控制。

但是現代農業發展，在結合了工業化與商業化之後，農業以企業化的形式經營，農場的規模急速擴大，伴生的病蟲害問題所造成的經濟損失，常會令企業血本無歸，成為一個首要而必須克服的問題，人類在現代科學文明的發展之下，發展出各式的農藥，來應對這些造些嚴重經濟損失的病蟲害，這些農藥大量的噴施，造成連環的環境問題與食品安全問題，都是目前讓人類棘手不已的課題。

栽培管理：

為了讓果樹能夠產生多量與大型的果實，果樹的授粉與疏果技術也是一個人類經由經驗累積而學到的技術，果樹要能開花，需要有適當的土壤肥力與土質的管理，才能讓果樹健康茁壯並且持續生長多年，這些土壤管理技術是人類自進入農業文明以來，就逐步累積相關的經驗與知識，科學家發現了植物賀爾蒙之後，經過數十年的研究與應用，目前對於開花的控制，已經發展出許多各式各樣的田間操作技術，例如，人工輔助光照，樹幹環狀剝皮，斷根，限水等措施，另外再透過化學性的生長調節劑噴施，也可以調控果樹的開花季節。

果樹開花之後，更重要的是能夠授粉結果，由於大多數果樹都是異質結合體，這是透過雜交授粉創造雜種優勢(hybrid vigor)，讓植株在自然環境中有較強的競爭力，為了確保果樹個體的遺傳組成是異質結合體，通常會採取異花授粉的行為，有些果樹物種會再加入其他的強化措施，例如雌雄花成熟期不同步，自交不和合性(self-incompatibility)，雌雄同株異花，雌雄異株等等特殊的花器構造與授粉行為確保後代種子的遺傳組成是異質結合體，有些果樹甚至演化出需要特定的昆蟲授粉，這些林林總總變化多端的授粉繁殖模式(method of reproduction)，都是植物物種本身為了維持雜種優勢的自然競爭力，卻讓果實的外觀與品質無法均一整齊，降低商品價值，對農民的收成獲利產生重大的障礙。

透過現代科學研究，這些生殖隔離的機制逐一被科學家破解，在農業操作上也發展出各種相對應的技術[3]，直接促成了近60年來，全球水果栽培面積的擴張與產量的增加，更重要的品質提升也是有目共睹的。

加工處理：

果樹的果實是其繁殖後代的器官，需要被周全的保護，在還沒有成熟前，並不歡迎被破壞或取食，以免損及種子，因此通常在成長發育過程中的果實，多具有苦澀刺激味並不好吃，有些甚至含有毒性物質，一直要到了成熟後，果實才會轉變成好吃，吸引傳播者來取食，並給予甜美多汁的果肉作為獎勵，這些甜美的果肉如果不儘快食用，許多就會發酵轉變成為酒精，相對於穀類種子會自然脫水乾燥，這種特性就讓水果這種農產品更不容易保存與運送。

為了要周年可以吃到果實，人類發展出了許多種的加工處理技術。在「齊民要術」就有敘述如何將這些果實製作成果乾、果脯以及鮮果的保存方式[9]。換個角度來看，因為水果成熟採收後，就開始走上了腐敗的道路，如果不加以保存，就無法食用維生。人類為了獲得食物，就必須持續打獵及採集，這些狩獵與採集所得的食物如果能夠被保存下來，人類才有可能可以定居下來，進而形成社群部落而發展文化，由此觀之，或許採集的水果與其他獵物的保存技術是促成人類文明演化的一個技術支撐點。

水果對於現代人而言，幾乎是隨手可得，食用的方式從鮮果，果乾，乃至果汁等各種類型都有，這是人類長年累積經驗所擁有的福利，在工業化農業與商業行銷的驅動之下，讓食品加工等食品科學與營養學的科學知識與工藝技術大展身手，發展成為一個重要的產業，進一步擴增了水果的食用形式，進一步解除了保存與保鮮的各種自然限制條件，其成果就是目前世人所共享的大量豐富美味的水果及其加工品。

現代人接觸到水果的形式與其搭配的加工方法簡述如下：

(一)風乾果乾

在近東地中海區域被人類馴化種植的果樹，如椰棗，無花果及葡萄等，在這些乾燥的區域，果實很容易就經由自然風乾的方式變成果乾，可能在人類馴化這些果樹進行栽培之前，就已經提供人類周年的果實供應。人類取食風乾的果乾來獲得食物，這種形式歷經幾千年甚至幾萬年的時間，讓果乾持續提供給人類營養素，可能因而讓這些營養素與人類的遺傳基因建立了某種必要的關聯與互動，因此筆者認為人類有些營養素必須要由果實獲得，或許現代各國的膳食建議多有包含水果的取食就是這個道理吧？

（二）冷凍冷藏

在溫帶地區，冬季會下雪的區域，可以利用深埋在地底而夏季仍不會融化的冰層來保存食物，讓人類可以在冬季過後幾個月的時間內，仍然有食物可以吃，在中國的文書上有許多有關「冰窖」的敘述，在【詩經】《豳風》的《七月》有「二之日鑿冰沖沖、三之日納于凌陰」[17] 一段歌謠應是人類最早有關鑿冰納入冰窖的文字[18]，這是人類模仿自然的形式，進行人為採集冰塊建立冰窖，作為保存食物之用的紀錄，這段歌謠學者推斷應為西元前一千年左右西周時期的作品[19]，西方世界也有類似的歌謠紀錄，在舊約聖經詩歌智慧書的第三卷的箴言有「As the cold of snow in the time of harvest, so is a faithful messenger to them who sent him.」的歌詞傳唱至今，世界各地的人類族群也不斷傳承這種保存技術至今。到了西元1830年美國人Frederic Tudor認為可以在冬天將新英格蘭地區的冰塊，採收後當成貨物，賣到赤道熱帶的加勒比海地區，幾經失敗，他終於建立了冰屋(Icehouse)系統，普設在各地，讓消費者方便購買冰塊裝入自有的冰盒(icebox)，順利建立這種冰塊交易(ice trade)的商業模式，此種冰塊交易一直持續並盛行在美國，直到1900年初期，才逐漸被電冰箱取代而消失，家用的icebox也成為後來電冰箱擴展市場的開路先鋒[20]。

現代電冰箱的發展是在現代科學文明啟動之後，科學家研究如何降溫的原理而衍生出來的，最早是西元1755年蘇格蘭的教授William Cullen，他利用壓縮機在小型密封箱創造出部分真空，在部分真空的環境下，箱內的乙醚即會蒸發沸騰，沸騰的過程吸收了周圍空氣的熱量而降低溫度，甚至產生了少量的冰塊[21]，但他的研究在當時並未受到一般大眾的重視。

後續的科學家們持續研究，陸續發明製造出不同形式的人工製冰方法、機器與專利，這些新的科學發明與冰塊交易市場相互影響，其中冰盒icebox的應用也快速拓展到餐廳、飯店以及家戶之中，成為保存乳製品，肉類，魚類，乃至蔬菜水果的時髦方式。

到了1870年代啤酒釀造業者成為最大的冰塊消費需求者，而當時工業的發展已經造成一定程度的環境汙染，同時因為社會發展促進人口集中，所造成的生活汙水汙染問題也日趨明顯，兩者都讓採集的冰塊含有汙染物質而呈現肉眼可見的顏色混雜，因此就有許多人質疑這些冰塊的衛生，到了1900年初期，病原菌與疾病關聯性的觀念興起，許多新發現的科學證據持續受到學者與作家的報導，這些受到汙染的冰塊，在美國幾個區域也因而成為違法的商品，此時人工製造的冰塊，就成為裝入家戶中已有的冰盒 icebox 的最佳取代品，製冰機器的發展就獲得了市場的支持而蓬勃發展起來了。美國的通用電器公司 General Electric, GE 在1911年推出了利用瓦斯為壓縮機動力來源的家用冰箱，因應市場反應與需求，在1927年GE公司更成功發明了電冰箱，成為現代人生活的必需品，也讓食物保鮮獲得了重大的突破(22)。

冷凍保存技術的科學發展，讓人類能夠更大量更長時間的保存生鮮食物，破解了自然腐壞的限制，延長享用期限，對緊接到來的人類人口增加以及都市化的可能問題，提供了一個解方，人類研究冷凍技術的科學發展歷程，除了開發出現代人幾乎無法不可或缺的電冰箱之外，在現代日常生活的食品中經常出現的，還包含了冷凍乾燥

Freeze-drying(23) 與真空包裝 Vaccum-drying[24,25] 等技術，這些食品包含了脫水蔬菜、奶粉與咖啡粉等，滿足了人類對食物的需求，更提高了食用的方便性，進一步提升了物質文明的程度。

（三）果醬

在希臘與羅馬時代，就有紀載透過將水果浸泡在蜂蜜中，或混合蜂蜜一起熬煮進行水果的保存的方式，這應該就是一種最早的果醬形式(26)，而現代人熟悉的果醬是透過添加蔗糖到採收水果的方式來保存水果，這需要蔗糖的生產與製造技術。甘蔗是熱帶植物，現代栽培型甘蔗其祖先型的物種散佈在新幾內亞，台灣及中國大陸東南部區域(27)，對這些祖先型物種的利用，在這些地區的原住民，多已經有食用的形式出現(28)，印度人首先發明了由甘蔗生產蔗糖的技術，雖然古希臘時代馬其頓的亞歷山大大帝曾遠征到印度，應該也嘗過蔗糖的滋味，但是基本上並未成為希臘人餐桌上的食物，而是做為醫藥用途(29)，後世透過阿拉伯商人的傳播，蔗糖一直要到中世紀才傳入歐洲，成為歐洲人的食物，因此在歐洲的中世紀 (Middle Age) 時代才發展出這種保存技術。

製成的果醬可以長期保存，時間可達數年之久。現代科學深入研究之後，對果醬製作的技術有了較清楚的了解，發現只要掌握水果，糖，果膠與酸鹼值等四大要素即可製作出果醬，其中果膠的部分可以採用天然原料或是人工製造的原料(30,31)。果醬在現代食品中的應用相當廣泛，也是百貨商場貨架上一個陳列的大項目，諸如糕點的內餡填充料或麵包的抹醬等(32)都可見到果醬的蹤跡，是現代人的日常食物之一，只是人們經常食用而不自知。

（四）水果罐頭

將採收的水果封裝在玻璃瓶，加蓋密封，然後將整瓶密封的水果加熱煮熟，就可製成罐頭，應用這個基本的原理，法國人尼古拉・阿佩爾（Nicolas Appert）於1804年在巴黎近郊的馬西鎮(Massy)，開設了第一家工廠生產玻璃瓶裝的食物罐頭，包含水果罐頭等，有學者認為這種技術應該已經在法國的民間使用了一段時間，只是阿佩爾是第一位將該技術進行工業生產的人(33)。

在1810年他將該技術發表成書(34)：Le Livre de to us les Menages, ou l' Art de Conserver pendant plesieurs annees toutes les Substances Animales et Vegetables. (The Art of Preserving All Kinds of Animal and Vegetable Substances for Several Years)，有學者認為這是第一本現代食品加工的專書(35)。阿佩爾的罐頭一直是以玻璃罐為包裝材料，但現代貨架上陳列的水果罐頭，卻多以金屬製的容器密封封裝，這是英國發明家Peter Durand的專利，因為玻璃瓶易碎不利運送，目前已取代阿佩爾的玻璃罐裝，成為主流的形式。水果罐頭在現代人的糕點裝飾，甜點飲料都是不可或缺的，現代人在食用之餘，大多忽略了它的製造與來源，忘了它的存在。

(五)果汁

水果之所以被稱為水果，就是因為目前人類食用種植的大多數果實，在成熟時，只需略為擠壓就可以流出汁液，直接飲用，對老年人，幼兒孩童等牙齒功能不足的人，提供營養素。但是這些成熟的果實與果汁，相對於種子而言，是更不容易保存，大多必須現榨現飲用。

果汁通常含有甜份，這是水果內的糖類所產生的味覺感受，這些糖類同時也是微生物重要的碳源，微生物可以賴以生長與繁殖，其中在空氣中普遍存在的酵母菌就很喜歡糖類，酵母菌透過分解果汁裡面的糖類取得能量，產生二氧化碳與酒精，此時果汁就開始含有酒精，酵母菌持續在仍然還有糖類存留的果汁裡面繁殖，所產生的結果就是將果汁轉變成為酒。對人類而言，大多數人類喜歡飲酒後醺醺然的感覺，可以合理的推測，人類設法把果汁變成酒，應該是一種會刻意進行的操作模式，這種將糖類經由酵母菌轉換成為酒精的過程，就是所謂的發酵 fermentation 作用。

有學者推測在新石器時期[3]，人類應該已經有發酵釀酒的技術，由考古出土文物上殘留的酵母菌，這是與麵包製作技術發展相近，甚至是相同的時期，目前根據出土考古證據，在中國陝西開挖出屬於西元前 5000~2900 年的仰韶文化時期的米家崖遺址[36]，發現了一個「啤酒」釀造工廠的遺址，發現有各式各樣的陶罐，經分析陶罐瓶壁殘留的澱粉粒，發現含有大麥，小米，薏仁以及塊根作物（蛇葫蘆根，山藥與蓮藕）等作物，推測應為釀酒的原料，釀成的酒類成品應屬於現代的啤酒類。這是由大麥被馴化後，人類觀察天然的發酵過程，模仿而製作成酒類的證據。

利用穀類作物釀酒，需要先將穀物內的澱粉，經過糊化水解，轉化成糖類後再發酵，相對於這麼複雜的生物化學過程，水果成熟時本身就含有大量的糖類可以直接發酵，而且掛在果樹上的過熟水果，也可能在樹上就已經發酵了，相信以人類敏銳的觀察力，應該不會錯過這個現象的，因此，筆者一直相信水果酒應該是人類最早的酒精飲料。

在2017年學者發表研究報告(37)，在南高加索地區的喬治亞考古遺址，透過葡萄酒的化學殘留物鑑定，推測在此地約八千年前已有馴化種植的葡萄與製酒(38,39)，在中國近年考古證據陸續出土，最早可推至九千年前的新石器時代，裴李崗文化時期的賈湖遺址中，所發現的葡萄酒殘留化學物(40)。酒對於人類而言，是一種美好的飲品，對於保存水果也是一種很好的方式，因此在各文化也都一直維持這種保存水果的方式，而且也多有精進，目前有各式各樣由穀物與水果製成的酒類在全球行銷。

水果經過發酵轉變成酒類，可以有效地延長保存期限，對於水分含量略少的水果如蘋果等，依然也被人類利用來製成酒類，在西元前55年，羅馬的凱薩大帝發現凱爾特布立呑人（英語：Celtic Britons 為鐵器時代前，活動於英格蘭群島的人種，是現代英國人的祖先）利用野生酸蘋果 carbapple 榨汁後，製作成蘋果酒 Cider，在西元 1066 年法國諾曼第公爵征服英格蘭後，自法國引入更多的蘋果品種，讓蘋果酒的生產更多樣也更大量，後來也成為英格蘭地區居民支付租金或是宗教捐（十一奉獻 Tithes）的代用物，在美國開國的初期，也沿用這種源自英國的習俗[41]，採用蘋果酒等替代金錢進行奉獻。

果汁要維持果汁而不發酵，在自然的狀態之下是很難的，幾乎不可能，因為水果的外皮總是附有自然的酵母菌，在水果榨汁的過程中，這些酵母菌也會一併混入果汁，只要存放一段時間，這些酵母菌就會將果汁的糖份發酵，就變成酒了，再存放更久一點，就會變成醋，因此現代人在商場上購買的瓶裝等包裝的果汁，在古老時代是只能現榨現喝的，要不然只能喝酒或是吃醋了。

不含酒精的現代果汁商品的源頭，或許可以推溯到 1865 年美國紐澤西州的韋爾奇醫師 Dr. Welch, Thomas Bramwell[42]。他是一位牙醫師，也是一位虔誠的基督教衛理公會的信徒，對於當時教會所倡議的反對製造、購買、販售與飲用令人酒醉的飲料，他作出具體的行動來支持這個倡議。

西元 1869 年，他與妻兒採收了自家庭院種植的葡萄，榨汁之後，他利用法國科學家巴斯德 Louis Pasteur 發明的低溫滅菌技術（巴斯德消毒法 pasteurization），製造出滅菌的葡萄汁，而不會發酵成為酒，積極遊說教會採用這種「不發酵的酒 Unfermented wine」，供教會相關的儀式使用，取代原本的酒。透過教會教徒的認同與購買，在 1870 年開始小量生產供應教會的需求，在 1893 年於芝加哥的博覽會，數以千計的參觀者品嘗到這種果汁，在 1896 年他與兒子設立公司，以 Welch's 的品牌開始廣告行銷[43]，目前該公司的果汁相關產品，在美國及全球的市場普遍可見，佔有一席之地。

（六）現代果汁

韋爾奇醫師採用的低溫滅菌去除酵母菌發酵的技術，是現代食物保存的關鍵技術之一，可以讓生鮮食物不被附著在表皮／表面的微生物分解而改變品質，自從法國科學家巴斯德發明這個技術後，不僅直接解決了當時葡萄酒業者的長年困擾，也提供其他有類似問題的食物的解方，最重要的是，在科學上開啟了現代微生物學的研究新領域，影響了後世人類對微生物的了解與認識。

現代的食物保鮮技術，主要就是針對微生物的各種生存特性著手，後續科學家所發展出來的相關技術，可以分為兩大類，熱處理法 thermal treatments 與非熱處理法 non-thermal treatments(44)：熱處理法又分成低溫 (70℃ /2 分鐘)，中溫 (90℃ /10 分鐘) 及高溫 (121.1℃ /3 分鐘) 三種分別對微生物，微生物的孢子及罐裝食品進行滅菌消毒；非熱處理法又分成高壓滅菌 high (hydrostatic) pressure processing (HPP)，紫外線殺菌 ultraviolet (UV) processing，放射線滅菌 gamma irradiation 以及化學藥劑滅菌等四大類。

高壓滅菌法可用於延長低度加工食品（例如即食肉片 ready-to-eat meat slices 等）的保存期限，較不會改變食物的風味與營養價值；紫外線殺菌法主要用於液態蛋之類食品的滅菌，較不會改變食物的營養組成，但在高劑量處理時，可能會改變食物本身的抗氧化力。放射線滅菌處理也有類似的作用與問題，化學藥劑處理法常見於各種肉類屠體的處理，包含使用各種有機酸（醋酸，檸檬酸，丁烯二酸等）及磷酸鈉，氯及漂白水等化學藥劑，這些化學藥劑常會對處理後的食品，產生氣味殘留，顏色及營養價值等等的品質破壞，也常有化學藥水味的殘留而被消費者察覺，也因此其殘留量經常成為大眾關注的話題(45)。

現代人消費的果汁，隨著這些新的加工科技的發展，配合各種不同類型的果汁加工技術，而有不同調整與整合(46)。韋爾奇醫師行銷的產品以葡萄汁開始，是呼應教會不使用含酒精的飲料的舉動，葡萄如前所述，是西方世界主要的釀酒原料之一，因此葡萄的生產量有一大部分是作為釀酒之用，以美國加州的2011-2020年的統計資料如下圖（圖28）(47)。

美國 加州葡萄各類用途比例 2011~2020

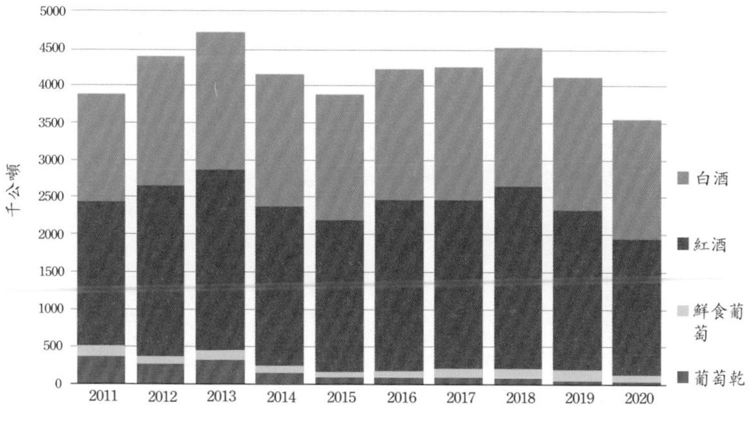

圖 28
資料來源：美國農業部國家農業統計服務，太平洋地區辦公室

圖28中鮮食葡萄的項目，也是主要作為(紅)葡萄汁的原料，葡萄乾是做葡萄乾用的為主，少部分會作為白葡萄汁的原料，red wine及white wine分別是紅酒與白酒的釀酒原料葡萄，由圖中可以發現鮮食與葡萄乾的葡萄產量在近十年都低於10%，可見葡萄的生產並不是以製造葡萄汁為主力產品。

根據聯合國糧農組織FAO的統計資料，1961~2018年全球出口貿易的果汁資料，如下圖(圖29)。

在2019年葡萄汁的全球出口貿易量為68萬5421公噸，相較於柳橙汁的385萬

世界主要果汁出口量走勢1961~2019年

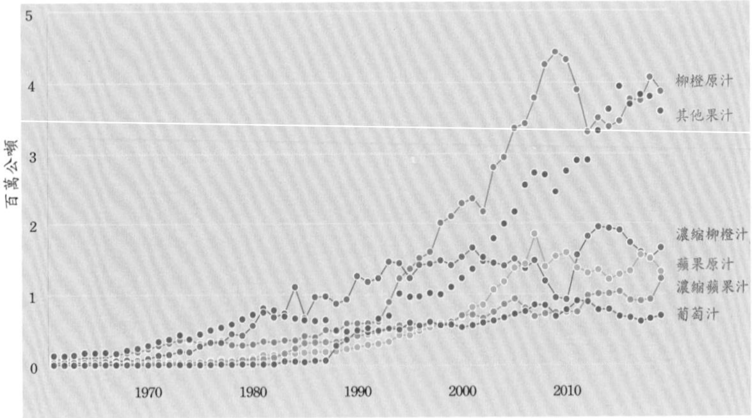

圖29
資料來源：FAOSTAT(擷取日期May 30, 2021)

5993公噸，濃縮柳橙汁的164萬3072公噸低了許多，也較蘋果汁的130萬6805公噸，濃縮蘋果汁的120萬5708公噸低了一半左右，印證了葡萄汁並不是葡萄的主要終端商品形式。這些統計資料中，其中出現了濃縮柳橙汁(concentrated orange juice)與濃縮蘋果汁的品項，這是拜現代科學技術的發展之下，所出現新的果汁貿易品項，比對我們日常接觸的果汁，不論是在飛機上或是餐桌上，柳橙汁出現的機會，遠比其他果汁高，葡萄反而是以紅酒的形式出現為主，少有以葡萄汁的形式出現，可以為證。

美國在十八世紀末期自歐洲進口輸入果汁，當時自歐洲進口的果汁多會添加酒精，以避免運輸的過程因自然發酵而變質，在1890年面對日增的果汁輸入，開始制定關稅，以18%的酒精含量為準，酒精含量低於18%的果汁，每加侖課60美分，高於18%則每一標準酒精度(alcohol proof)課2.5美元，但是這項規定通過不久，就受到一件德國進口櫻桃汁的挑戰，該批貨物是將櫻桃汁濃縮五倍後，再加入17%的酒精，原本的櫻桃汁變成櫻桃果漿(syrup-like)狀態，與一般櫻桃汁有明顯外觀的差異，產生課稅爭議，因而告上了法庭[48]，這是果汁在引入現代科技之後的新議題。

在1917年後，美國有業者與學界開始投入柳橙汁的生產、裝填與運輸等方面的議題[49]，隨著電冰箱的發展，以及真空脫水技術的發展，在1930~1940年代，美國佛羅里達州的柳橙農民，為了解決他們生產過量的柳橙，已經持續的引進新的科學發明，包括瓶裝技術，冷凍技術以及濃縮技術等，設法進行銷售，但是這些新技術生產出來的產品，到達消費者手中後，就是無法滿足消費者，因為這些包裝的果汁與新鮮現榨的果汁相比較，風味幾乎無法相較。

在二次大戰期間，美國陸軍透過提供冷凍柳橙汁，滿足他的部隊有足夠的維他命C供應，但是在1942年卻開出了一個高利潤的合約，期望有人能夠提供「風味像樣」的柳橙汁，顯然當時軍中所提供的柳橙汁也有同樣的風味不佳的問題，但是一直要到1945年，美國農部USDA在佛羅里達州的科學家，才開發出一個技術（添加橘皮精油）解決了這個問題，並在1948年取得專利，美國農部為該專利的授權分配人，決定免費開放給大眾使用[50,51]，成為目前全球使用的濃縮果汁的核心技術，利用這個開發的專利授權，美國國內各家廠商，將該技術應用到柳橙以外的水果，包括蘋果，葡萄及蕃茄等，都陸續開發出冷凍濃縮的果汁，透過商場當時新穎的冷凍貨架，進到了家家戶戶的電冰箱中，消費者購買了冷凍的濃縮果汁，只要依照比例稀釋，就可還原成現榨果汁，不受季節供應的限制，價格也低廉，因此就迅速風行了全美，後來行銷世界，全球各國的人們也逐漸就有了日常飲用果汁的習慣。

廠商推出許多新的果汁商品，包括不同的風味，不同的甜度，以及不同水果組合的綜合果汁，乃至綜合蔬果汁等等，基本上是透過稀釋還原這些濃縮原汁，再配合添加糖等外加物質進行成分調整後，生產成商品銷售給消費者，部分商品透過添加更濃縮的風味物質，因此可以更加稀釋原汁，以更低的原汁含量達到類似 100% 現榨果汁的風味，以獲取額外的利潤，造成消費者的抗議(52)，更經由行銷手段，提出許多魚目混珠的名稱，讓市場大亂，在 1977 年美國食品與藥物管理局 FDA 正式通過法案，規定柳橙汁商品必須要標示原汁的含量，自此雖然柳橙汁受到了規範，但是業者多方阻撓，一直到 1990 年美國國會才通過法案，終於所有的果汁都必須清楚標示原汁的含量(48)。台灣也有類似的果汁濃度標示問題，也困擾消費者多年，在 2014 年三月衛生福利部公告了果汁標示辨法，規範台灣果汁業者的標示方式(53)。

將濃縮的果汁還原成現榨果汁，雖然只要依比例加水就可以，這是老實的母親會為子女準備飲料的方式，現行的法令是針對稀釋還原過程進行規範，但是「成分調整」並不是只發生在稀釋還原的過程，在製作濃縮果汁的過程就發生了！所有的農產品原料都是不一樣的，因為生產的地區，種植的品種，管理的方式，當年的氣候等等，都會影響每年生產的水果，造成品質上的差異，以柳橙汁為例，其甜度與酸度就會有很大的不同，對果汁製造廠而言，消除這些差異的方法，就是透過添加糖及其各種化學物質，調整成指定的商品規格，所以老實的母親買回家的(冷凍)濃縮果汁商品，絕大多數不是原汁直接濃縮而成的，可能都已經添加過某些東西了，每個出廠的商品都會有固定的甜度，酸度及風味特色，這就是現代化商品的特性之一，「要有規格」，才可以符合標示法規及品質管制等檢驗標準，而各家的商品要有各自的特色，才能在市場上產生區隔，看完這個資料，老實的母親如果被嚇到了，大概還是乖乖買新鮮水果來榨汁吧！

「成分調整」就是市售果汁商品的共通特性，而調整的成分中，消費者可以直接感覺的成分，最主要的是添加的糖！除了增加了糖以外，製造果汁過程中將水果原本含有的纖維質也一併移除了，所以用果汁替代我們直接食用水果對我們日常飲食的影響，除了增加糖的攝取量，也同時減少了纖維質的攝取量，這對現代人罹患第二型糖尿病是有顯著的影響[54]。除了糖尿病之外，美國心臟協會(American Heart Association)在2009年發表的科學聲明報告，根據1970~2005年的統計資料，顯示過多的糖攝取量對心血管疾病，也會引起較高的風險[55]。

果汁吸引人消費的重要原因之一就是它的甜味，糖的吸收利用對人類的演化是一個與其他靈長類生物分化的重要基因突變[56]，長期以來就是科學界的一個假設，「人類的祖先由於能將吃進肚子的糖轉換成脂肪，儲存這些熱量，就讓人類在演化上佔了優勢，在食物不足等逆境下勝出」[57]，在肯亞出土的一個四百萬年前的化石，科學家找到了這個糖代謝物的中間產物N-glycolyl-CS，提供了上述科學界所提出的人類演化假設的一個證據，這個假設對於解釋為何我們會喜歡甜食[58]，也提供了合理化的科學解釋。

第二型糖尿病，心血管疾病都是現代醫學臨床診斷的症狀與疾病名稱，大多數人都是在醫院聆聽醫生宣判之後，少部分的病患才對甜食起了戒心。水果在自然界中，是我們先祖們能取得的高濃度糖份的重要來源，糖的熱量吸收與轉換在人體是很快速的，對於遠古時代水果供應是稀少的狀況之下，糖的快速吸收與轉換成脂肪，應該能讓人類在演化競爭時，佔上優勢的地位。

但是，在水果供應充足甚至到了生產過剩的現代農業時代，基於演化上的驅動力，「果汁」這種比水果更甜更濃縮的糖份來源的出現，在現代人類食物中占據重要地位的現象也是必然的，再加上其他精白麵粉與白米等精製澱粉，以更佳的口感取代全麥麵粉與糙米，讓這些澱粉更容易被人類的消化系統轉換成糖分而吸收，因此進一步造成人類飲食中糖份的比例過高，已經遠遠超過演化上佔據優勢地位所需要的糖了！

加上一萬年前左右，人類逐漸脫離自然演化進入文明演化後，在最近的一百年科學昌明，教育普及之後，更發展出新的社會架構，包括現代醫療衛生系統，社會福利制度以及全球貿易網路，將現代農業的產能及效率持續推向新高，讓糖與人類健康的議題更是沸沸揚揚，聯合國世界衛生組織 (WHO) 在 2015 年提出了一份成人與兒童攝取糖的指引[59]，這份糖份攝取指引，也是 WHO 長年關注的議題之一，報告中指出，在 2012 年人類死亡數中，非傳染性疾病的死因佔了 68%，是最大的原因。

針對人類非傳染性疾病死亡原因的研究，這份指引明確指出，造成這些死亡的原因，可歸納為不良的飲食與缺乏運動，雖然肥胖是另外一個造成非傳染性疾病死因的獨立因素，但不良飲食與缺乏運動這兩項因子，同時也是引起肥胖的因素。不良飲食，肥胖以及非傳染性疾病風險三者的成因，都可共同指向糖份過量攝取，因此設法降低糖份攝取量是一個改善非傳染性疾病致死的釜底抽薪的辦法。這份報告所討論的糖份攝取量，根據已有的科學證據，只有游離型的糖份 (free sugars) 是列入計算。游離型糖份在我們的飲食中，是指直接加入食物烹煮製作的醣類，包含單醣類 (monosaccharides 如果糖 fructose 等) 及雙醣類 (disaccharides，如蔗糖，甜菜糖等)，以及在蜂蜜，糖漿，果汁及濃縮果汁的糖份。

至於其他在完整未加工的水果及蔬菜所含有的糖份 (intrinsic sugars 也稱內在糖)，

以及牛奶中的糖份，則因未有科學證據顯示有害，因此不在限制攝取的糖份計算。一般人在吃甜食的時候，腦袋裡面充滿了滿足的快樂，根本不會想到吃了多少的糖下肚，所以吃糖過量是不可避免的！為了要讓醫界以及大眾容易觀察並發現糖分攝取過量的早期症狀，根據長期研究的證據，WHO選擇了體重與蛀牙這兩種人類外觀上容易判定的特徵，作為關鍵指標。WHO在這份報告的建議是每個成人與小孩在終其一生中，攝取的糖份熱量應低於每日總熱量攝取的10%，根據這份報告所收集資料的可靠性，強烈建議低於10%，但依據證據力較不足的資料，顯示低於5%會進一步降低非傳染性疾病死亡，各國可依據各自專家討論，決定是否採用低於5%的建議。

未來的食品加工業一定會導入更多的科學研究成果，例如現在已經隱然風行的低度加工冷凍(Minimally processed refrigerated, MPR)蔬菜與水果[60]等科技與設備，來因應現在市場上，已經發生的各種問題與指控，包括肥胖，三高，食品添加劑等問題，但是人類對於糖份的渴望似乎是來自基因的，筆者認為攝取糖份所獲得的心理滿足是需要被達成，也就是說每個人都應該獲得糖份供應，但是供應數量的控制，或許就需要透過衛生教育、資訊透明與自我理性控制三方共同努力，才能讓每個人維持健康的身體與高品質的生活。

果汁的外觀與甜味會讓我們警惕糖份的攝取，但是混雜在點心的果醬，以及紅酒[61,62]等水果酒所含有的糖份，就很容易滲透過關，讓人不知不覺增加了糖份的攝取。企盼透過食品加工技術來控制供應量的需求，只是治絲益棼，癡人說夢罷了。君不見在現代商業社會，大規模行銷活動與五花八門的商品，不小心誤踩地雷，或是身陷泥淖而不自知，就吃進了大量的糖份，比比皆是，果汁等水果化身的商品就是這樣的一個現況，請小心了！

Farm to Table
蔬菜到藥丸

人類在地球上活動，獲得食物是一個很重要的目的，因為人總是要進食，填飽肚皮，台語俗諺「吃飯皇帝大」可做為最佳的註解。這個問題在1950年代人類開啟太空探險紀元之後，雖然基本的需求並沒有改變，但作法上，因為在小小的太空艙裡，空間十分有限，人類也無法在太空的環境中獲得食物，再加上人類停留在太空的時間隨著任務的複雜加重而延長之後，如何利用太空船有限的空間，攜帶並供應足夠的食物，就成了一個重要的課題！

面對這個問題，美國國家科學院(National Academy of Sciences)國家研究委員會(National Research Council)下設的太空科學組(Space Science Board)進行了研究，在1963年提出了一份報告[1]，這份報告中指出人類在太空活動中，人體可以利用體內儲藏的物質維持生理代謝機能，一般人在4~6天內，肌肉的機能與效率仍能維持不錯的狀態，但是精神狀態通常在24小時後，就可能出現不支的現象，此時雖然肉體的機能沒大問題，但為維持良好心智狀態，還是有必要進食，補充營養與維持心智平衡。

報告中以經驗值選定了21天為分界，小於21天的旅程設定為短程，超過21天就屬於長程活動。因應短程及長程旅行，分別列出了水分供應，飲食配方，胃腸脹氣與排泄物處理，以及生理代謝等各大項的課題進行討論，提出了各種食物的配方與型態的可能性與可行性的建議，報告中提出脫水食物，膳食配方，降低排泄物的飲食，食物包裝方式。更進一步的課題，則涵蓋了在太空生產食物的課題，包含利用太空人排泄物與各種生物(如藻類)建立循環系統，以生產食物的技術等，將在整個太空活動中，人類營養議題的框架定了下來，後續美國太空總署的科學家就提出了相關在太空活動所需食物的研究與規範[2]，人類從此也就有了「太空食物Space foods」這種新的食物類型出現。

近五十年來的研究，對於短程太空活動的飲食議題，透過近地球軌道的多次太空任務，已經獲得了相當的成果，但是由於太空艙空間的限制，並沒有冰箱或冷凍設備，目前太空艙的食物仍然以室溫的條件保存，因此為避免食物腐敗，目前太空食物的類型可分為：

熱穩定處理（thermostabilization)
放射線處理 (Irradiated)
脫水還原 (rehydratable)
天然食物
保鮮期加長型的麵包
新鮮食物
以及飲料

等七大類；但對於長程任務例如到火星以及更遠的活動，這類的飲食課題仍有許多問題需要突破[2-7]。

Hazard Analysis and Critical Control Point (HACCP) system

為了確保太空人在任務期間的健康與活動力，這些食物的製作必須要安全，因此在美國太空任務發展的初期，剛結束二次世界大戰的美國，將軍事管理的一些概念，導入了這些太空食物的生產與製造，沒人經歷過的太空活動，到底食物會產生甚麼問題，只能憑在地面上的經驗，加以推測想像，但是結果卻一直要到任務結束（或失敗）了才能知道。

在太空活動的過程中，對於帶上太空船的食物能做的事情很有限，因此只能在飛行前的生產製造過程中，設想各種可能發生的問題，並加以事前檢查與控制，因此在1961~1966年NASA執行雙子座計畫(Project Gemini)初期，即與美國空軍負責食物與包裝部門的專家合作，研發基本架構，並在阿波羅太空任務（第一次人類登月任務）提出了「危害分析重要管制點Hazard Analysis and Critical Control Point (HACCP) system」的食物安全製造系統[8]。

隨著太空人登上月球，全世界的人觀看這個人類的壯舉，雖然看熱鬧的大眾忘情於登陸月球的畫面，但更多的食品業者卻也在默默之中接受了HACCP的概念，引入到自家食品商品的製造與生產，藉以登上最新的食品研發製造潮流。1970年代後，HACCP的系統逐漸被應用到各種食品的領域，逐步被完善與推展，到了1992年聯合國糧農組織所屬國際食品安全法典委員會CODEX尋求將HACCP列為國際標準，經過幾年的整合與協調，在 1997 年 HACCP 七大原則成為國際標準[9]，讓各家食品業者能夠自行依造產品特性，訂定實務上的實施細則。

消費者與買方對於產品驗證 Certification 的需求在 1990 年代以後快速興起，並蔚為風潮，與各國專家與跨國驗證企業配合整合之後，維持 HACCP 的核心原則再加上驗證的規範，誕生了 ISO 22000，這是目前全球最先進的食品安全國際標準[10]。現代食品安全的發展與規則，是以太空食物的開發為源頭，讓人類可以享用太空人等級的安全食品！

營養素與太空食物

太空食物的出現並不是憑空想像出來的，而是植基於現代營養學的研究成果，逐步發展而來，最早應可推前至歐洲大航海時代，在長程航海過程中，水手所呈現的各種疾病，英國軍醫 James Lind 發現透過進食柑橘檸檬可以治癒敗血症[11]，讓醫生對疾病的發生可與營養缺乏之間有關係，建立了一些懷疑，但一直要到了二十世紀初期，1912年連結到了維他命的發現[12]，才讓醫界信服疾病與營養素之間的關聯性，也讓營養科學研究領域，從熱量與蛋白質研究議題[13]，轉而進入以營養成分的研究為重心，營養議題的科學研究，歷經十九世紀的醞釀，凝聚到了二十世紀就有了快速的發展，在營養科學上，對營養素Nutrients的認識也更進一步。

人工合成維他命C藥丸

從營養強化麵粉開始，對營養素的分類與效用有了較清楚的脈絡[14]，透過二戰期間的軍事需求，營養素應用在食品上的方式也被大眾接受。精白麵粉添加了維他命與鐵質，作為補足人體需求之營養素的不足，對於腦筋快的商人，為何不把這些添加的維他命與鐵質等礦物質做成商品銷售？因此在1938~1947年，人工合成維他命生產技術問世後，在美國許多標榜健康食物的商店，就以膳食補充劑dietary supplements的類別開設專櫃，開始販售這些人工合成維他命藥丸，商品獲利頗豐。

1940年代及1950年代各零售賣場紛紛開設專櫃，讓人工合成維他命的市場迅速拓展，到了1952年，消費者已經普遍接受這類商品，而且認為價格公道合理。在1956年德納姆．哈曼博士(Dr. Denham Harman)發表一篇研究論文，現在廣為學界接受的「老化的自由基理論Free Radical Theory of Aging」[15]，認為細胞的老化是因為自由基的攻擊，破壞了細胞，最終乃至生命體而造成損傷的過程，同時他也認為基因的突變與癌症的形成也是受到自由基的影響而造成的，他建議利用抗氧化物質來對抗這些自由基，在該篇論文中，他提及了可利用半胱氨酸（Cysteine，可簡寫為Cys或C）作為抗氧化物antioxident，來對抗人體內日常的代謝過程所產生的自由基，以達到保護細胞，減少老化與降低癌症發生的機率。

根據美國國家健康中心的(National Center for Health)的統計資料顯示[16]，在1950年代，當時癌症位居美國人第二大死因，在當時得到癌症幾乎就等於死刑宣判，醫學對於治療癌症以及癌症的研究仍處於摸索萌芽階段，醫生對於得到癌症的患者可說是束手無策[17–19]，因此對癌症感到威脅甚至恐慌的人，對於各種健康資訊就會積極地蒐集與討論，設法要找到避開癌症這個病魔的各種預防及治療的方法。

長年研究維他命與營養相關的學者羅傑・威廉博士(Dr. Roger Williams)，在 1956 年發表了一本著作 Biochemical Individuality[20]，提出「生化特性個體化」的概念，他主張基於每個生物個體所具有的個別生物化學差異，造成對營養的需求也就有所不同，因此需要針對個體的差異調配所需的營養，換句俗諺：「你的良藥是別人的毒藥」，就是這個概念的白話文說法。這本書出版後，引起廣大注意，陸續再版多次，甚至在他 1986 年辭世後，在 1998 年還有再版發行，影響醫界與營養界可謂深遠，其中最重要的也最令這個想法聞名於世的是，影響了兩次諾貝爾獎得主萊納斯・卡爾・鮑林(Linus Carl Pauling)的想法，鮑林在 1954 年首度獲得諾貝爾化學獎，1963 年獲得諾貝爾和平獎，具有雙料諾貝爾獎得主的頭銜，使得他對羅傑・威廉博士觀念的認同，產生了絕對的公眾影響力，鮑林在 1970 年也出版了一本書 Vitamin C and the Common Cold[21]，表達他對營養素的立場與對日常服用高劑量維他命 C 的絕對支持，根據他自身的體驗，發現在每天服用 3 公克的維他命 C（相當於 1500 顆蘋果的含量），讓他可以免於感冒與癌症[22]，此書一出，立刻引起了廣泛的注意，至今仍然是許多醫學期刊討論的議題，3 公克維他命 C 劑量，相對於美國食品與藥物管理署 FDA 的每日攝取建議量 0.04~0.12 公克，超過 75~25 倍，這是很高的劑量，長期服用之下，其療效與副作用都是值得探討的。

但是因為鮑林的雙料諾貝爾獎得主身分，在大眾目光的焦點之下，質疑的聲音幾乎被壓制，近年才有一些研究報告，根據實證臨床結果反駁這個說法 (23,24)，這些來自學界的研究報告與學者個人的親身體驗，都影響了普羅大眾對這些營養補充劑的態度與接受度，再配合當時對癌症恐慌的時空背景，商品行銷就針對這些科學數據與論述進行誇大渲染，鼓勵消費者購買，甚至觸類旁通，無限演繹，天馬行空，消費者基於對健康的想望而花錢購買，造成了市場上對營養補充物的需求有增無減，各式各樣的產品不斷推陳出新。

膳食補充劑市場管理衝突

膳食補充劑市場的擴大，美國政府面對了一個矛盾又棘手的問題：要課稅？還是要限制營養補充劑的市場？這些營養補充品的外觀就像一般的藥丸，製造廠商也多半有藥物生產相關背景，更重要的是這些營養補充品，宣稱的效果也與藥物類似，因此美國的藥物與食品管理局(Food and Drug Administration, FDA)很自然就介入管理，在1948年的一個法庭判例Kordel v. United States確認了FDA對食品補充劑dietary supplements的管轄權，FDA也秉持對藥物管理的專業，設定了嚴格的管理標準，目的在保護消費者的健康與權益。

但對業界而言，任何的管理措施都是太嚴格，都會限制他們的產品開發與銷售，初期業界傾向用食品添加物Food additives的標準來審查營養補充物，但是FDA對食品添加物的管制仍然是非常嚴格，常讓業界無法招架，後來業界辯稱這些食品補充物是食物，而非食品添加劑，應該以「食物」來規範。但是服用營養補充物造成的不良甚至不幸案例時有發生[25,26]，FDA的管制措施又會受到社會的質疑不夠嚴謹[25]，此時FDA又會因應輿論壓力而加強審查與管制的措施，但是加強管理之後，業界的遊說活動又會加強，再由議員施加壓力，讓FDA放寬管制，數十年間，FDA的管理政策鬆緊反覆，業界行銷的舉動卻不見消退，反而日益擴大，四處行銷這些五花八門的營養補充劑，同時也搭配著相關的健康資訊四處散播，氾濫的健康資訊塞滿了家家戶戶的信箱，雖然有許多消費者抱著求心安的態度，購買了這些產品，卻也提升了部分消費者的自我健康管理意識，隨著消費者對這些營養補充劑的需求提升，新的健康資訊推陳出新，不良不幸事件反覆地發生，讓社會不安地在這個來回過程中折衝動盪。

在1994年的法庭判決，給了一個業界可以接受的方向，『如果這些營養添加物以「對人體的機能與構造為訴求 Structure-Function Claim」則該品項就不須 FDA 的核可』。但是同一個判例也指示，不可宣稱療效（例如降低膽固醇等醫療名詞），業界似乎可以完全脫離 FDA 的管制了。同年在消費者與業界遊說團體多年的論戰之下，1994年美國國會終於通過了一個法案，「營養補充劑健康與教育法案 The Dietary Supplement Health and Education Act of 1994 (DSHEA)」，正式授予 FDA 權力對於營養補充劑管轄的法源依據[27]，這個法案授予了 FDA 對營養補充劑的管轄權，業者可以開發行銷各種營養補充劑，FDA 可以在產品上市後，將有害健康的產品下架，但是 FDA 要負責舉證。

這對當時美國的營養補充劑市場是一劑大補帖，在1997年 DSHEA 法案正式實施時，當時美國的營養補充劑市場有600家製造商，生產4000種產品，實施後短短的4年間，市場上就有了29000種的產品，而且以每年1000件的速度推出新產品[28]，消費者服用各類營養補充劑的比例也由1988年的42%上升到2006年的53%，市場規模從2002年184億美元擴展成2006年的270億美元[29]，市場規模擴大對於政府而言，可以增加稅收，只要不害人就好，但是DSHEA法案對於FDA而言卻是一大噩夢，面對數量龐大的新產品又不需事前審核，FDA雖然有權可以下架這些產品，但是卻要負責提出有害健康的科學證據，才能下架特定產品，這對採用全新有效成分的產品而言，等待有害科學證據出現的階段，幾乎就是蜜月期，可以獲得很好的商業利益。

處於劣勢的FDA，所採取的應對策略就是配合DSHEA所頒布的營養補充劑六大分類，分別制定安全評估的框架[28]，DSHEA所定義的營養補充劑是基於膳食營養上的需求，透過補充日常飲食攝取的不足來加以補充，這些補充劑分成

一、維他命

二、礦物質

三、藥草類等植物性成分

四、胺基酸

五、提升膳食的營養吸收率

六、綜合含有上述一~五類成分的複合產品

看似只有六類的劃分，但是涵蓋的層面卻是鋪天蓋地，也因此這項 FDA 委託廣大醫界與學界研議的營養補充劑安全評估框架，一直到 2005 年才完成，只是可能管理的效果還沒顯現。營養補充劑在這段管理的空窗期，到了 2019 年 77% 18 歲以上的美國人有服用營養補充劑[30]，比起 2006 年的 53% 又增加了 25%。其他的臨床研究也發現在 14~19 歲的青少年族群，有 46.2% 有長期性服用營養補充劑[31]的現象，這對營養補充劑是給壯年及老年人服用[32]的印象是很衝擊的，為何青少年就需要服用這類產品？

偽科學與諱疾忌醫

筆者對營養補充劑的個人經驗也是很豐富的，我在 1992~1996 年在美國求學期間，對於各類保健食品與營養補充劑非常感興趣，經常徘迴在這些專櫃貨架前，閱讀各類產品的標籤，研究各種成分的功效，現在回想起來，可能是因為科學的興趣，對於這些宣稱特定效用的營養補充劑，想要多一些了解，另一方面，或許經常聽到有朋友發生心肌梗塞，在55歲左右，人生正值壯年的時期突然就走了，再加上天天看到周遭的人，因為肥胖走幾步路就氣喘吁吁，希望自己能避免這些狀況，考慮自己現況中，實驗室工作的操作經常需要長時間熬夜，當然運動就很難持續，這些營養補充劑所提供的功效「應該」可以彌補運動不足，也加強身體的功能，所以一路從綜合維他命，礦物質，朝鮮薊，紅麴素，葉黃素，益生菌，果寡糖，Q10，陸續進了每日服用的清單，這些林林總總的營養補充劑，基本上就涵蓋了DSHEA的六大類營養補充劑。

回國後，工作量沒有減輕，這些營養補充劑就沒有理由退場，而且還越吃越多！2010年的某天早上，我在早餐前，把這些每天吃的營養補充劑一一取出，放在碗裡，發現這些藥丸居然裝了一整碗，心裡一驚，突然想到這些藥丸是所謂的「營養補充劑」，但是我又不是太空人，我在地球上，三餐飲食正常，有魚有肉還有大量的蔬菜，每天的排泄正常，也不需要擔心排泄物的處理問題，我到底要補充什麼營養？沒病沒痛的我，為什麼需要像病人一樣，吃這麼多藥丸？吃了十多年的營養補充藥丸，何以會在這個時候讓我感到驚心？而且毅然將所有的營養補充劑掃進垃圾桶！當時也搞不太清楚，現在提筆寫這段文字再來細細思量，我想有遠因也有近因，遠因是接受科學訓練久了，科學已經變成信仰了，只要是有科學依據的，都是可以接受的，也都是應該相信的。

美國FDA長久以來在藥物管理的科學地位是具有世界影響力的，所以這些營養補充劑既然美國FDA讓它們在市場上販售，應該是符合科學原則的，我想大多數的人也是這樣相信的。只是當我們了解了上述營養補充劑管理的歷史，在美國自1948年到1994年約半世紀的時間，就是在商業利益與公眾健康間反覆折衝，管理的強度反覆不定，DSHEA法案的通過其實是讓FDA更不容易管理，換句話說，在DSHEA通過後，營養補充劑可能是一點也不科學了，甚至可以說是商業藉著世人對科學的幻想與迷思，以各種看似相干的科學說法銷售商品，獲取利益的手段而已。

我當時接受科學訓練已久，也擔任教職多年，傳授、實踐科學原理也有一段時間了，因為擔任農場管理行政事務的因緣，再加上接觸咖啡產業的關係，經常接受媒體訪問，對於在媒體上出現的各種所謂的科學言論，常常需要進行激烈的辯論，這個過程讓我發現了許多披著羊皮的狼，午夜夢迴，還會夢到自己是不是變成狼了，而要時時提醒自己，要謹守對科學的信念與與維護科學的純粹。

掃除營養補充劑的近因是，當時在輔導顧問高爾夫球場草坪多年的過程中，對有機農業與草地生態管理的理論與實務，反覆琢磨與驗證之下，累積了許多寶貴的經驗，而逐漸將這些草坪生態管理的經驗內化，當時有友人託我代購一種膳食纖維的營養補充劑，突然發現了一種我沒有吃過的營養補充劑，或許是我自己三餐都會有蔬菜，那就是滿滿的膳食纖維了，為什麼還要補充膳食纖維？但是回頭想想我們日常在外購買的排骨便當，雞腿便當，裡面的蔬菜真的是少，數量確實是不足的，在台灣或許吃這類便當的外食族，就是膳食纖維營養補充劑的市場目標族群吧？

西方國家，以美國為首的速食業界產品，都是以去除了膳食纖維的精白麵粉製作的麵包，加上去骨去皮的加工絞肉，再配上起司片，大量的番茄芥末美乃滋醬料，再點綴一片綠色萵苣葉，兩片醃黃瓜，這種配方膳食纖維真的是貧乏，我在美國也經驗過典型的德州生活，BBQ 是各式聚會的常見菜色，就是各式牛肉與雞肉的組合，大口吃肉配上冰啤酒，膳食纖維幾乎不見蹤影，難怪大魚大肉的肉食主義者真的需要膳食纖維補充劑！

我在草坪生態管理與有機農業所學到最重要的一個觀念就是「循環 cycle」，包含能量循環與物質循環等幾個主體，膳食纖維在食物中，除了蔬菜水果之外，全麥麵粉與糙米飯也都有，但是白麵包與白米飯就幾乎沒有，製作精白麵粉的過程要花上很大的力氣，才能將小麥的膳食纖維去除，吃了精白麵粉製作的麵包，卻產生膳食纖維不足的現象，消費者不吃這些小麥原本就含有的膳食纖維，卻要吃來自印度進口的車前草的草籽外殼，磨成的粉來補充膳食纖維，我實在想不出道理何在。

在 DSHEA 法案的六大營養補充劑分類中，第二類的礦物質補充，目前在市面的產品以鈣，鎂，鋅，矽，鉬，銅，碘，鐵等礦物元素的補充劑為主，但是在各種蔬菜中都含有這些元素，而且這些元素在蔬菜內多半是以螯合態 Chelated 形式存在，人體是可以直接吸收利用的，只要三餐都吃了足量蔬菜，根本不必擔心不足，自然也不需要營養補充劑。

第一類的維生素，包含精白麵粉回補的維生素B_3 (niacin 煙酸), B_2 (riboflavin 核黃素), B_1 (thiamin or thiamine 硫胺), B_9 (folic acid 葉酸）也都是全麥麵粉原本就有的，各種蔬菜及豆類也都有豐富的含量，透過正常多樣化的食物來源，人類是可以獲得足夠的營養素。雖然世界各地的蔬菜，肉類等食物的種類不同，但是平衡取食這些食物，都是可以養活人類的，在沒有營養補充劑這些藥丸出現前，全球的人類不是活得好好的嗎，而且已經繁衍了幾千年？

太空食品的出現，攪亂了一池春水，帶來了各式各樣的營養補充劑商品，想像太空人吃的食物，吞著這些藥丸，好像自己已經到了太空，一切都會健康！只是我們還不是太空人，也還沒有要進行太空旅行！多吃幾口天然的蔬菜吧！

第四章

食物變毒物

第四章 食物到毒物

人類的食物包含動物性與植物性來源，可以取食兩種截然不同的食物類型，在生物分類學上被歸類為雜食性動物，這是人類歷經百萬年的演化過程所發展出來的能力，具有取食植物與動物這兩種差異極大的不同類型食物是需要不同的代謝機能與器官構造，相較於單純的草食性動物與肉食性動物單一的系統，這是更複雜的整合式系統，為何會演化出可以取食不同的食物來源？具備取食多元化食物的能力對人類的演化產生何種優勢？這些都是學界探討的重要議題之一[1]，目前提出了五種假設，其中一種假設是毒素稀釋[2]，在人類早期的先祖，日常收集的飲食中，可能摻雜了腐敗的肉類等動物性食物，腐敗的肉類可能因為微生物分解而帶有毒素，這些毒素也就一併被吃下肚；食物中另外也可能摻雜含有氰酸的未成熟種子等植物性來源，因而也就吃下了氰酸這種劇毒的化合物，各種毒素的單一取食量過高就會造成疾病或死亡，但是如果透過取食多樣化的食物來源，混合了其他不具毒素的食物，如此所產生的稀釋作用，就不至於讓食用的毒素量，達到危害健康的程度，這種誤食含有毒素食物的現象，在早期人種演化過程應該是經常發生，就算到了現代，誤食有毒植物（如有毒蕈菇類，姑婆芋等）致死的案例還是時有所聞的，儘管無法回到百萬年前，透過實地觀察先祖們的食物來源獲得驗證，筆者認為這種毒素稀釋理論來解釋人類發展出的雜食能力是有相當的可信度。

人類進入農業革命，邁入文明演化的過程[3]，食物來源就逐漸轉向游牧牲畜，農事耕作等生產所收穫的各類作物與畜產物，而降低了打獵及野外採集的比例，其原因除了來源穩定以外，降低誤食毒素的風險，應該也是一個重要的因素，畢竟吃壞肚子在現代社會還是很受大家重視的，尤其校園營養午餐如果發生這類集體吃壞肚子的現象，就會以「食物中毒」立案調查，所以可以推想古人應該也是如此吧！？

人類的文明演化在農業革命之後，繼續推進幾千年，在進入工業時代之後，因應食品製造過程所配合的機器，設下了原料規格 (Input) 與產品規格 (output)，對於在機器運轉處理過程，消費者看不到的部分（黑盒子），現代政府的運行體制與累積的經驗，也對應地設下了各種食品衛生的標準，負起幫人民監督的責任。透過機器的協助，可以大量的製造出食品，這些生產出來的食品，如果會讓人生病中毒，光是銷毀該批產品的金錢損失就已經很可觀了，何況是受害者醫療費用賠償與商譽的受損更是難以估計，因此大部分工業生產的食品，衛生及中毒問題發生的頻率並不高，遠古時代日常發生的毒素稀釋議題，在現代工業社會所生產的食品，早就成為基本的要求，不再是一個受關注的項目，政府也大力宣傳各種經過專家研究所制定的食品安全標準，提出各種認證標章，消費者也習以為常地接受，久而久之，對於工業生產的加工食品也就全盤接受，不再懷疑有任何的毒性。但是，「不再存疑」是對的嗎？

透過各種食品安全法規的制定與實施，現代食品不可含有，通常也不再含有腐敗肉類或未成熟種子、果實等遠古以來就存在的毒素，但是現代食品卻有了新的毒素，讓食物安全議題有了全新的面貌。檢視現有歐盟與台灣的食品安全法規[45]，可以發現現代食品的安全議題涵蓋的範圍與項目，遠遠超出了腐肉與未成熟種子毒素，當然也遠遠超過了筆者原本專業領域所能想像的，萬變不離其本，盡管現代學門特化之後，差異很大，令人有隔行如隔山的感覺，但是科學的核心是共通的，筆者試著將這些**法規的內容**歸納分類，大致可以分成下列幾大項以方便討論：

原料來源
生產加工流程
物流保鮮

這些國家及國際食品安全法規所列舉的新毒素，基本上是來自最近百年來文明演化的最新進展：人類在逐漸脫離生物演化定律的束縛之後，在全球化、資本化以及金融化的新趨勢下，影響了人類的價值思維，也改變了行為模式，發展出了一個全新的人造系統，誕生了所謂的「供應鏈 supply chain 系統」，這是有別於生物演化的「食物鏈 food chain」系統，以此種新的供應鏈思維，主導了現代加工食品的發展與運行的規則，從生產、製造與行銷等三個層次徹底改造了大眾日常的食物。

現代科學革命與工業革命的成果是這個供應鏈系統的核心，工業化農業能夠大量生產出規格均一的農產品原物料，成了食品加工的工業化的基礎，食品能夠上到商場的貨架成為商品，並且能夠長時間的保鮮，以等待並吸引消費者購買，就完成了供應鏈的經濟目的。在食品原料生產的來源，在加工製造的工業流程，以及食品成為商品的銷售行為等三個區塊，人類加入了許多新的物質，這些物質又有可能危害健康，因而就符合了「毒素」的定義，成為各種食品安全標準規範的對象。

一般人或許從來沒有想過這些新的物質是一種毒素，但是如果未成熟種子的氰化物，因為對人體有毒，所以要被規範，這些受同一個食品安全法規所規範的新的物質，是不是也是因為具有一定的毒性，所以才需要被規範呢？

原料來源

現代的農業生產收獲物來源，主要以化學農業為主，化學農業，簡單來說，就是使用化學肥料與化學農藥進行操作的農業，化學農藥是各種對昆蟲，雜草，病原菌（細菌，真菌等）具有毒性的化學物質，在化學農業操作中，所使用的化學物質絕大部分是人工合成的，因為其有效性高，只是大多數化學農藥不僅對昆蟲、雜草及病原菌有毒，對人類也一樣有毒，也可以讓人死亡的，只是要比較高的用量，時間久一點。

台灣在二次世界大戰結束後，1950年代開始發展現代農業後，逐年引入了各式各樣的農藥，當時台灣農民的農藥安全意識不高，發現農作物噴灑農藥後，大大幫助了農產品收成，就努力噴、用力噴、到處都噴，農藥的用量大，在蔬菜、果皮表面的殘留就很高了，經常讓人吃到這些過量噴施的農藥⑹，農民自己也連帶發生農藥中毒的事件⑺。多年來，台灣農業主管機關的農業委員會對農藥中毒的問題也有積極的應對策略，從農民教育、農藥販售、，農產品農藥殘留量標準制定⑻與檢查以及劇毒農藥下架等方面著手，過去在台灣很多「超級有效」的農藥，已經從市面上消失，同時也隨著消費者的危機意識提高，經常會有各種農藥使用不當的農產品商品出現在報章雜誌，吸引各方關注。

近年來，雖然農藥中毒的新聞已經減少，但是農藥殘留的現象也還是一個常見與眾人關注的焦點。化學農業生產的農產品含有農藥殘留是一個連帶必然的現象，是無法避免的，配合政府訂定的農藥殘留容許量，食品業者以此為依據，要求農民提供的農產品要低於這個容許量，政府也以此管理製造出來的食品，所謂「檢驗合格」不代表沒有農藥殘留，只是農藥殘留量低於容許量，消費者必須要了解這一點！白話文就是：你吃進了許多農藥了，而且還是合法的，有政府擔保的！

生產加工流程

工廠生產食品的原料通常會包含水溶性與油類等不互溶的成分，製成的食品成品只要放置一段時間之後，自然就會產生油水分離的現象，例如將母牛新鮮榨出的鮮奶盛在杯子裡，放在桌上靜置一陣子，幾小時後，奶水與奶油就會自然分成兩層，這是不互溶的化學分子所產生的界面分離現象，食品加工的過程就必須將「自然」會形成的這種界面分離現象加以破壞，以保持產品的外觀等各種商品品質的指標。破壞油水分離的界面可以使用高速攪拌之類的物理方式，或是使用界面活性劑之類的化學方式，做蛋糕使用的蛋黃可以融合油與水，就是利用蛋黃含有的卵磷脂這種天然界面活性劑，讓蛋糕不會油水分離。另外在製作飲料時，為了讓固形物能夠均勻懸浮在液體中，也可以利用界面活性劑，避免發生固、液相的界面分離現象，而產生固形物沉澱在瓶底的外觀。

2011年台灣發生的起雲劑添加塑化劑事件[9,10]，說明了在各式飲料中，包含果汁、運動飲料、果凍、優酪、檸檬果汁粉末等都可以見到起雲劑的應用，消費大眾驚覺除了果汁之外，我們還喝進一大堆莫名其妙的化學物質，最重要的是，這些都是合法的，在2011年的這次事件是因為業者又摻入了塑化劑，在衛生單位抽絲剝繭之下，才發現了非法添加的成分。

許多學者也指出這些塑化劑已經在我們日常生活中，普遍存在已久，我們吃進去的份量都在安全範圍之內，而且會排出體外，不用擔心！聽起來很撫慰人心，但是如果事先知道的話，沒有人會想吃吧！另外大家日常吃的麵包及白吐司，大型麵包工廠快速大量生產的麵包多是應用裘利伍德麵包製程（Chorleywood Bread Process，簡稱CBP）(11,12)的系統，這個現代工業製程，生產的麵包使用了棕櫚油這類的硬質油(傳統麵包使用奶油之類的軟質油)與可能高達麵包總重量2.3%的酵母菌(天然酵母手工麵包只需要0.1%)，麵包成分中包含油脂與酵母菌這兩種成分都是必要的，棕櫚油與酵母菌也都是合法的食物，所以使用棕櫚油這類的硬質油應該也沒問題，增加酵母菌的用量來加速發酵，對習慣都市快速生活節奏的現代人而言，更是一點也不奇怪，絲毫沒有懷疑的念頭，當然也就不會大費周章去了解為何要提高酵母菌用量的背後原因，所以我們就吃下了大量的棕櫚油與大量的酵母菌，不僅自己吃，還買給小孩吃！

食品加工過程中，為了避免麵團沾黏機器，需要使用其他添加劑，例如各種蛋白酶 protease，來提高麵團的彈性又可減少沾黏，但，這就不是麵包該有的成分，消費者也不會想吃的，但是在工廠裡面，為了輔助生產的需要，卻成了必須添加的成分，這類「加工助劑」當然也一併被我們吃下肚！貨架上的麵包透過散發的香味引發購買慾，這就又需要添加劑了，化學香精就這樣進到了肚子裡。

我在學做手工麵包的過程中，只用麵粉，水，鹽與天然菌種四種成分，屢敗屢戰，無論如何是做不出麵包店裡香噴噴蓬鬆柔軟的麵包，深感挫折，在回頭仔細研究了現代工業麵包的製程後，才真正確定那是手工麵包做不到的，這一切都要感謝現代工業與科學的結合！但是天然原味的手工酸種麵包 (sourdough bread) 卻是香味與滋味交錯隱現，細細品味，層層疊疊，回味無窮，百吃不膩，撇開這些味覺等感官的享受，更重要的是我知道我吃了什麼東西下肚！

工業麵包製程在英國已經發展了幾十年，英國市售的麵包有 80% 以上是工業麵包，在英國人口中的麩質不耐症也已高達 5~10%[13]，除此之外，也有許多人對酵母菌產生過敏反應(14)，麵包這種食物，在西方世界從埃及一路吃到現代，孕育了西方文明，卻在最近的幾十年間產生了麩質不耐症，真是奇怪的事！筆者認為工業麵包製程是一個很關鍵的嫌疑者，但是提起麩質不耐症，醫界與營養學界就會說是小麥的麩質引起，可是同樣的麩質做成的麵筋，東方的素食者也已經不知吃了多少世紀了，這種對生產小麥農民的指控，真是很難接受，吃了幾千年的小麥，突然變成害人的元兇，也因此有人發起了「真麵包運動 Real Bread Movement」，鼓勵大眾拒吃工業麵包，改吃手工麵包，來洗刷小麥的冤屈(15)。

人們在享受現代社會發展的成果，享用了大量的加工食品，許多的加工助劑被加入了原本食物的成分清單中，這些配合機器加工需求的額外成分，科學家與專家都說沒關係，因為法規都有明定安全用量，但這也就意味著超過用量是不安全的，而另一個更令科學家感到棘手的問題卻少有人碰觸，這個問題就是：這些不同種類的添加劑，包含加工助劑等，混合之後的加乘效果如何？安全性如何評估？當然這就又有待專家依據科學原則，制定一套新的標準來評估了，在還沒有這套新的標準之前，就暫時先以現有的法規管理吧！麵包也還是要吃的！

物流保鮮

工廠生產的食品，製造完成後，需要經過運送上架，才可讓消費者選購，運送的這段過程，在最近幾十年，快速的國際化了，具體而微的就是成立了「世界貿易組織 WTO, World Trade Organization」，現代產業有個新名詞來匹配這個古老的行業：物流 logistics，隨著各行業的現代化，在現代化食品供應鏈中，物流系統所涵蓋的範圍，不只是最終食品成品的上架過程而已，也包括自農場到初級加工場乃至到加工工廠的所有各級原料運送。

為了延長在貨架上的陳列時間，就需要延長保存期限，在終端食品加工製造過程，添加各種防腐劑是必然的，也是大眾可以想像的，也被大部份消費者接受，成為必要之惡！隨著現代科技的發展，各種新興科技都想在食品上一展身手，最近的奈米科技在蓬勃發展後，當然也不例外地，將應用的目光轉向食品加工產業，目前已經有許多奈米級的化學物質(16,17)，包括奈米銀粒子等被應用在食品保鮮上(18)，提供防腐劑的功能，取代了先前使用的如亞硝酸，硼砂等這類具有毒性的化學物質。奈米顆粒所具有的巨大表面積的特性，所形成的大量化學反應能力，因而產生殺菌防腐的作用，這種殺菌的機制對人體的影響到底如何，科學家恐怕都還沒有結論，但是已經應用在食品製造中，而且已經被我們吃下肚了！如果你認為防腐劑就是食品保鮮的一切的話，那你就錯了！

科學家面對大量生產的農產品還有另外的絕招，而且有極高的科技含量，舉玉米與味素為例吧！

原物料延壽大變身

I 玉米

玉米是一個台灣人日常的食物，烤玉米、玉米濃湯都是大家平常食用的食物，印象中就是將田間生長的玉米穗採下來，去除苞葉，整穗火烤，或是削下玉米粒煮湯，是的，這是台灣本地產鮮食用的玉米，也是大多數人對玉米的印象。但是，在玉米最大的生產國：美國，卻有著完全不同的故事：大部分的玉米是在美國廣大的玉米帶Corn belt的田間等待乾透了，再用大型機械採收，同時進行脫粒，再將已經脫粒的乾熟玉米穀粒送出農場，在1990年代，這些玉米大部分（約60%）會透過乾磨法 dry milling 被磨成玉米粉，主要做為動物飼料之用，在動物飼料店可以買到這類的玉米粉，可以養雞養豬養魚，另外20%出口或是儲藏，剩下的20%則供當地食用以及工業用；做為工業用的玉米主要是利用濕磨法 wet milling 進行加工處理[19]，濕磨法的初級產物是澱粉、胚、纖維與玉米種皮，這四項初級產物再分別各自進一步加工成各式工業原料，到了2020年，美國玉米年產量比1990年增加了一倍，因為在2000年發生的能源危機驅使之下，有大量玉米被轉為生質酒精的形式，提供汽車燃料之用[20]，改變了玉米使用的版圖，如圖30。

圖中顯示新上場的生質酒精產業加上酒精生產製造過程的副產品（發酵殘渣，也被做為動物飼料）共佔據了35%的玉米用量，圖中也顯示了玉米提供食品／種子／工業(FSI)的比例為9.8%，其中的高果糖玉米糖漿 high-fructose corn syrup(HFCS)以及甜味劑(sweetner(21)，包含葡萄糖 glucose 及右旋葡萄糖 dextrose)，就是經由這個濕磨法製成的玉米澱粉原料，再經過精製加工所得的甜味劑。玉米透過濕磨法加工生產的這種醣類來源，自1957年科學家發明轉換技術以來[22,23]，在美國人食用的甜味劑中，

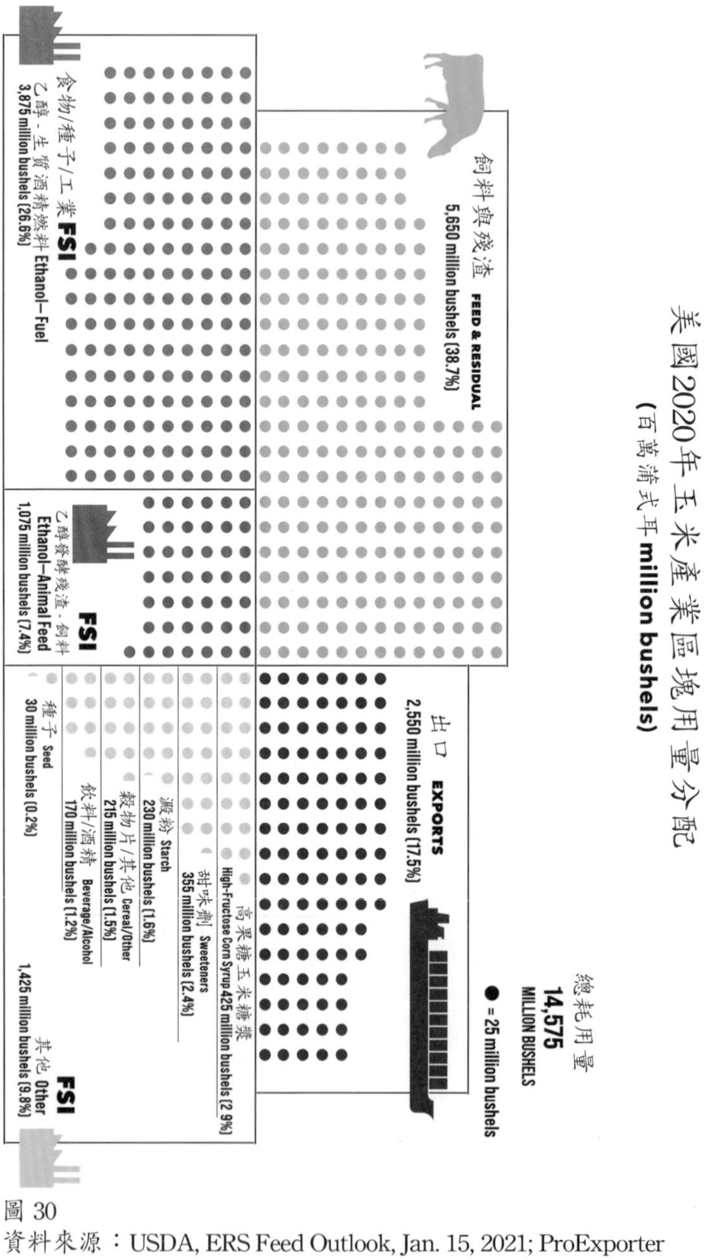

圖 30
資料來源：USDA, ERS Feed Outlook, Jan. 15, 2021; ProExporter Network, Projected Crop Year Ending Aug. 31, 2021

由於價格低廉，逐年取代了蔗糖的使用，再加上高果糖玉米糖漿主要以液態的形式作為商品，在飲料調配上，相對地，傳統的蔗糖還需要經過加熱溶解或是大力攪拌製成糖水，飲料中使用液態的果糖只需略為搖晃，即可與水或果汁混合均勻，更顯得便利，除了飲料調配的產品之外，其他需要使用液態甜味劑的食品，也都可以直接使用果糖糖漿，不需要再溶化蔗糖，耗費能源與時間，造成食品業者大幅改用高果糖玉米糖漿，取代了蔗糖的地位，圖31清楚顯示了這個趨勢，蔗糖在1966年時佔美國人年消費甜味劑約90%的總量，到了2013年只剩50%左右。

美國人消費糖的種類與數量走勢1966~2013年

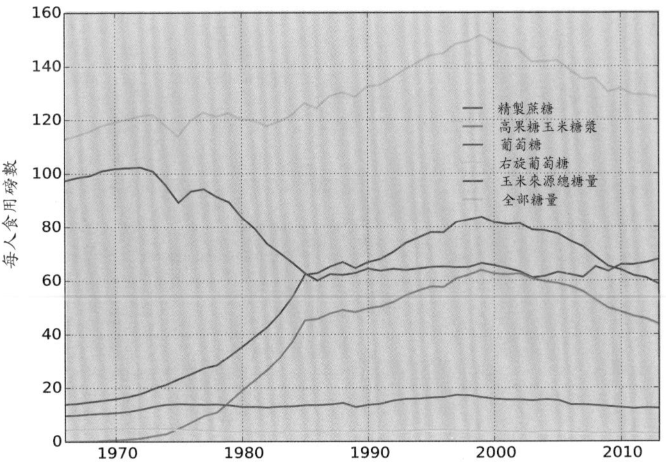

圖31
重繪自：Royote - Own work, CC BY-SA 4.0,
https://commons.wikimedia.org/wiki/File:US_Sweetener_consumption,_1966_to_2013.svg

查看各式我們日常購買具有甜味的食品，在其內容成分表中，應該不難看到「高果糖玉米糖漿」的出現，喝可樂或珍珠奶茶的時候，感覺到的甜味，你應該不會想到這是從玉米變出來的吧！玉米經過濕磨法加工，可以變身成各式各樣的原料，其中的澱粉可以變身成為糖漿，也可以變身成為許多種不同的變性澱粉(Modified starch)，混入蕃茄醬提供增稠功用，或是成為乳化劑（也就是界面活性劑）再次出現在飲料中！別忘了，牛肉雞肉魚肉豬肉也都是吃玉米飼料換來的！(24)

在現代的食品加工業所需要使用的各式原料以及添加劑，都可看到玉米加工後的各式化身產品(24,25)，2015年7月14日美國華盛頓郵報在一篇報導中指出，美國人的日常飲食品項中，幾乎都含有玉米的成分(26)，玉米濕磨法搭配的各種化學工業製程，所創造出來的各種食品原料、加工助劑、調味劑（圖32），讓一粒玉米化身成萬能與萬用的成分，悄無聲息地滲透進入食品產業，台灣的食品工業也是具有相當高的科技成分，這些在美國人日常食品中出現的玉米成分，也正圍繞在我們的身邊。身處科學時代的人們，我們該如何看待加工後的玉米化身？只是把它們當作一種食品原料，不過就是一種澱粉罷了！還是應該正視它們是經過鹼化，酸化，酵素反應(24,27)的

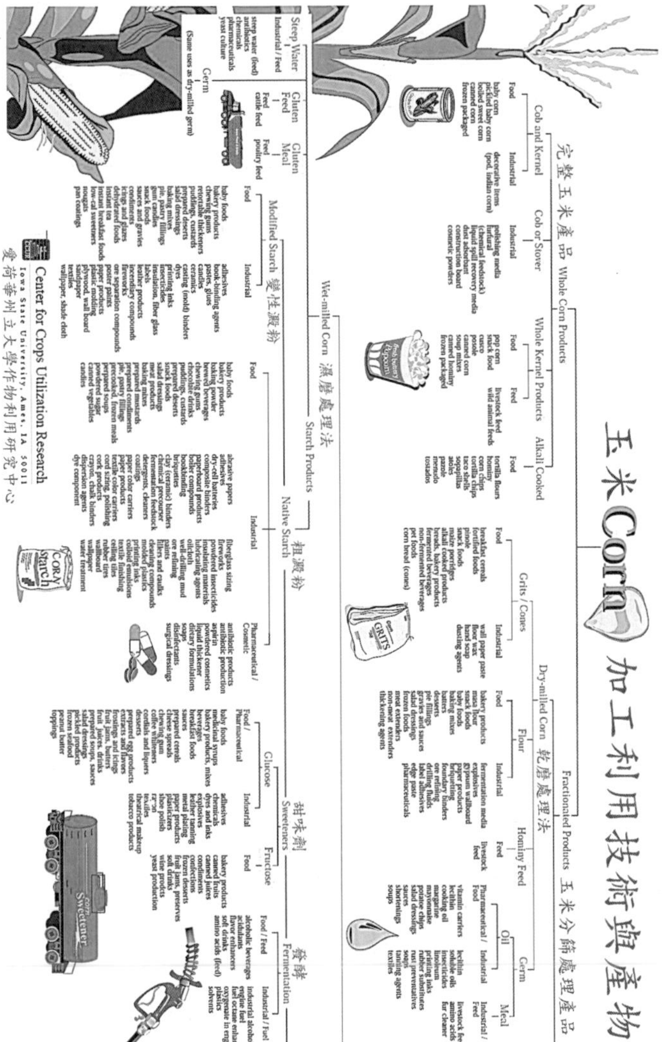

圖 32
摘錄重繪自 https://www.ccur.iastate.edu/files/page/files/cornposter_1.pdf

一種非自然存在的人造新創產品，在將他們吞下肚之前，需要好好三思一番？

經過這些繁複的化學反應程序，玉米成為食品原料或是工業原料後，玉米的保存期限就大幅延長了，對玉米而言，延長保存期限不就是達到防止劣變的防腐效果了嗎？[24]我們是不是也該重新調整對防腐劑的觀念？

II 加工食品與精製原料的共生

在現代食品的加工過程中，使用純度越高的原料製作食品，相較於使用沒有經過精製(refinement)純化的天然原料，就越不容易因為天然原料中含有的其他成分(在此被定義為雜質)影響品質，這對物流保鮮而言是有價值的，但是對我們的健康又有何種意義呢？在前面章節討論過的麵粉議題，去除小麥種子表層的麩粉層，所得到只含澱粉的白麵粉，不容易長蟲，麵包也發得又大又蓬鬆，而用容易長蟲的全麥麵粉做的麵包，就是又硬又黑，但是在減少血糖震盪的飲食建議，全麥麵包就是優於白麵包[28]。

科學家辛辛苦苦發明了包含玉米濕磨法在內等等先進的化工製程（圖33），為人類創造出前所未有的高純度與高效能的食品原料，如前述的高純度高甜度的玉米果糖，使沾醬超黏稠的變性澱粉，這些新創的食品原料也都符合現代科學管理的法規，政府都可以向大眾保證無毒，大眾也很少會想要挑戰這些新創的食品原料，畢竟他們讓食品變得美觀可口，價格又是如此便宜親民，讓食品隨時隨地都可取得，壓根也不會有一絲絲的懷疑。雖然有現代遺傳工程技術的影子，玉米還是玉米，或許對玉米而言，過度誇大這些化工科學製程，抹滅了世人對玉米傳統美好的印象是不公平的，但是讓玉米失去原本純真的面貌，變身成各種化工原料，卻也正是這些化工科學製程，透過商品行銷的手段包裝後，讓世人迷惑而吃下肚，難道我們不該搞清楚嗎？不該被告知嗎？在面對三餐飯前飯後，血糖來回震盪而頭昏不舒服的感覺，在吞藥的同時，受過科學教育的人，不也是應該要好好研究一下，找一個根治而不用再吃藥的方法嗎？

中毒了要找解毒的藥方，在現代文明發展至今的時代，各種食品安全法規與品管驗證機制，讓人們免於中毒的疑慮，但是三高，糖尿病等各種慢性疾病的流行，雖

玉米濕磨法化工流程

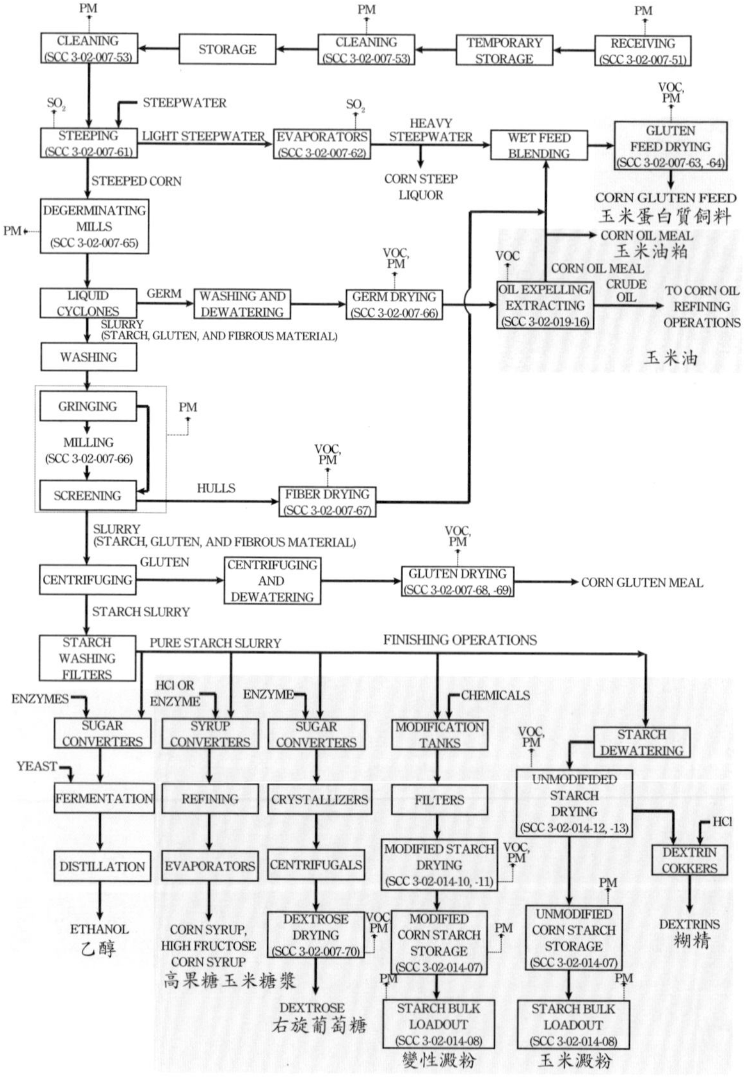

圖 33
摘錄重繪自美國環保署文件 AP-42 第 5 版 Fig.9.9.7-2

然都已經有藥物可以控制，但是就算是病人，也還是要吃飯，病情穩定了恢復健康了，更是要吃飯，沒生病的人，在每天吃下肚的東西中，以食物與藥物的比例來看，絕對是食物佔大多數，所以健康的根源是在飲食，飲食吃對了，藥物的需求就可以降低。

III 味素與人工添加劑

現代人類的飲食已經有很大的改變，簡單來說，就是由粗食進入精製食物，由原型食物進入工業食品。整個社會的發展一旦進入工商社會，飲食的發展大方向就會由原型食物往工業食品傾斜。雞湯的鮮美是需要花時間慢火熬燉，但是忙碌的都市人沒時間等待，就加一匙味素，清水立刻變雞湯，筆者年輕時的烹調技術就是靠味素搞定的。

購買的外食，為了要吸引顧客再來光顧，口味就要比家庭廚藝更鮮美，最快的方法就是在原來用慢火熬燉的雞湯裡再加兩匙味素，炸雞塊的醃料也要加味素，外裹的炸粉也要加味素，最後撒的胡椒鹽也要加味素！

在 1960 年代美國的中國餐廳，也是大量地使用味素，讓客人產生了許多不良的健康反應，在 1968 年被學者稱為「中國餐廳症候群 Chinese restaurant syndrome」[29]，後來發現味素的添加普遍存在這些餐廳中，就被改稱為「味素症候群 MSG syndrome complex」[30]。味素是一種氨基酸，化學名為麩胺酸鈉 monosodium glutamate，1908 年東京大學的池田菊苗 (Kikunae Ikeda) 教授，從日本國民飲食的昆布湯分離出來而問世[31,32]，當時的製程需要耗時燉煮昆布湯濃縮後，再分離獲得這種具有鮮味的氨基酸，價格不便宜，但是在 1956 年利用微生物發酵的技術，可以由糖大量快速生產純化味素[33–35]的技術問世，使得價格大幅降低，美國的中餐館大量地使用，就產生了這個所謂的味素症候群，雖然近年來的研究結果，無法將這些相關症狀直接歸咎於味素，這些症狀也不屬於味素過敏反應，因此在美國與歐盟等國家，並未被禁止味素使用於食品中。

味素過敏與人體健康反應研究是醫學課題[36,37]，我們從味素的例子，可以發現各種新的食品添加劑等之類的食品原料，價格低廉的誘因會促使業者大量使用，麩胺酸鈉這種味素的化學成分，原本就是天然熬煮的昆布湯的一種成分，(熟成的乳酪等也有），日本人吃幾個世紀了，百歲的人瑞日常也是喝這些湯，麩胺酸鈉絕對不是一個有毒的化學物質，世界衛生組織 WHO、美國 FDA、歐盟都認定這是安全的成份，歐盟將味素（麩胺酸鹽類）編定為編號 E620~E625 的食品添加劑。

但是當麩胺酸鈉被純化，大量生產成為價格低廉的食品添加劑後，商品化的應用，一天中人們吃進的食物食品中，多多少少都含有味素（麩胺酸鈉等），學者調查英國的日常食物中[38]，平均每人每天吃進 0.59 公克的味素，另有加拿大的研究[39]指出，在使用重口味調味餐廳的食物中，人們一天可能吃進高達 5 公克的味素，大量的味素會引起發炎反應，過度刺激神經系統[37]，引起一些不良的反應。人類在飢餓的狀況下，腦部會產生低血糖的現象，會有焦慮，注意力不集中，困惑與不安，嚴重者甚至會產生發怒等的情緒，此時可透過攝取食物，補充糖分供應腦部需求，如果因故造成腦部無法補充葡萄糖，腦部內保護神經元不受麩胺酸與天門冬胺酸攻擊的系統就會開始失靈故障，在此時，如果體內含有麩胺酸這類的分子，就算是低劑量，都會造成神經元的損傷[40,41]，這種現象在 1957 年，因為兩位眼科醫生發現味素影響白老鼠的眼部發育而開啟了這類的研究[42]，在 1996 年，美國醫師羅素．布雷洛克 (Dr. Russell

Blaylock) 發表了新書，以「Excitotoxins 興奮毒素」這個出現在腦神經醫學的名詞作為書名(41)，統整了先前數十年的相關研究，將這種由食品添加劑造成腦部損傷的現象推介給大眾，讓社會了解這些被學界定義為「毒素」的胺基酸。

這些被歸類為酸性胺基酸 (acidic amino acids) 的胺基酸化合物，都是原本存在於我們日常的食物中，除了上述大家熟知的味素之外，在以天門冬胺酸（aspartic acid）加工製造出來的人工代糖 (aspartame 阿斯巴甜），以及利用半胱氨酸（Cysteine）在加熱過程中與醣類進行梅納反應 Maillard's reaction，會產生肉味的特性，對於需要具有肉味、甜味的加工食品，都可能會應用這些人工代糖與調味添加劑，因此我們一天吃進去這些胺基酸類的食品添加劑，加總起來的總量也是很驚人的吧？

胺基酸又怎麼會是毒素呢？這些胺基酸本來就存在於各種原型食物，傳統上我們利用各種燉煮的廚藝將之變成食物，而現代的科學工業技術，則是透過酸化水解或酵素分解蛋白質，將之純化並且大量生產，多了科技的介入，結果都是獲得了相同的氨基酸，但是工業製程的氨基酸卻被腦神經學者稱之為興奮毒素！其間的差異，筆者認為就是「純化」這件事讓問題發生了。

IV 純化

純化過程中所採用的複雜化學反應不是這裡討論的重點，筆者在此要強調的是原型天然物與化學純化物的差別，原型天然物含有這些胺基酸，就像麩胺酸鈉存在昆布湯中，但這一鍋熬煮的湯裡面，同時也還有昆布的其他成分以及其他加入的食材成分，麩胺酸這種化學成分在整鍋湯中只佔一小部分，其他的成分會緩衝平衡麩胺酸可能的不良副作用，但是如果只用清水加味素調出相似的味道，就會有大量的麩胺酸，卻同時也缺乏其他物質，來平衡緩衝不良的副作用，問題應該就是出在這裡吧？

這種現象並不陌生，在精白麵粉也可以發現同樣的問題，麵粉所含的澱粉是熱量的來源，是人類吃食物主要的目的之一，但是當人類的工藝技術可以從小麥獲得純化的澱粉時，被去除掉的小麥組織，包含麩皮的纖維，糊粉層的蛋白質以及胚芽的油份與維生素E等，就無法讓小麥的澱粉在我們腸胃中消化吸收時，提供緩衝血糖變化的功能，糖尿病患者要靠服藥來補足這個功能，所服的藥，是不是也可以算是另一個毒物？如果我們把這個藥算進去，這下子我們就吃了兩種毒物了。

食品加工使用純化的成分，不論是麵粉，麩胺酸鈉，酵母粉等，對業者而言，都是方便可控制的，相對地，天然物所含有的其他成分，都會讓加工程序變得複雜，也不容易控制每一批天然物（原食材）的其他成分，這些都是食品加工會採用純化成分的原因，越是高度加工，要使用天然物就越不容易。

味素被腦神經學家稱之為興奮毒素是很令筆者震驚的，年輕的時候學習科學，每每了解到一種特定的化學成分可以有專屬的功能或效用時，都會很開心，覺得科學家真是厲害，可以分解出每一個細節，提出一個解釋，所以對這些單一的成分也都特別加以關注，還會設法應用在生活上，年輕時並不排斥味素，做菜不會避開味素，使用味素時還會讚嘆科學一下。

到美國進修時，聽到有味素症候群 MSG syndrome 還覺得很奇怪，但是年紀過了四十，身體開始出現莫名的不舒服，看了西醫，吃了藥，但是過一陣子，就是會再犯再發作，慢慢尋找原因，才發現在日常飲食中，一些經常出現的成分，就是一個持續不斷誘發這些不舒服的原因，例如有糖尿病的初期現象，可能是澱粉（飯、麵包）或糖（飲料）吃太多了，但是其實飯吃得量，幾年來一直沒有改變，想想後，發現就是身體的機能降低了，無法代謝同樣多的飯與麵包，所以要減量，少吃飯，這是營養師的標準建議，味素不是也應該一樣嗎？

現代食品的食品添加劑無所不在，色香味俱全，口感持久不變，這些食品的顏色靠色素來調整，香味靠香精，味道靠味素之類的調味劑，口感可以利用變性澱粉等這類的人造化學物，年輕健康的身體，機能完整且代謝效率高，這些各式各樣的香精，色素，調味劑與變性澱粉等化學成份，年輕的身體就是可以代謝處理掉，過了中年後，筆者發現我的身體，面對這些添加劑，就開始有些吃不消了，覺得該要做些改變，但是發現身處現代文明社會，只要上街購買食品，總要碰到一些添加物，後來發現只能盡量吃原型食物，能做到的只是減少吃到這些添加劑，要完全避免真的不是件容易的事！

現代文明社會的發展產生了都市化的現象，因應大規模人口集中的現象，人類創造了現代食品來滿足食物的需求，這些現代食品已經利用各種食品加工法規，將史前文明時期，人類每天所面對的食物毒素加以排除，對於現代文明的食物毒素也有相當的規範與管理，在這個章節所討論的項目，包含原物料生產的農藥管理，與食品加工及物流保鮮的添加劑管理，針對大眾已經耳熟能詳的農藥，這是在現代農業系統操作下，廣泛使用的各種殺菌劑、殺蟲劑、除草劑及生長調節劑等化學農藥，這些農藥的研發過程，都被要求要提供相關的毒性資料，以作為施用與監測之用。在聯合國的農糧組織 FAO 與世界衛生組織所設立的 Codex Alimentarius 食品法典委員會[43]，已經有平台可以查詢多達 337 種有效成分的各種農藥的相關資料[44]。

在食品添加劑部分，面對全球各國廣泛大量使用的現象，持續擴大而無止歇的現象，Codex 食品法典為員會在 1989 年也公布了這些食品添加劑的 E-numbering 編號系統（準則 Guideline CXG 36-1989）[45]，並在 2008 年修訂，2018 及 2019 年分別再增訂，其中編訂了 679 種的食品添加劑項目編號，而人工調味劑則有另外的準則 Guideline CXG 66-2008 規範，這些人造的化學物質也有相關的安全的使用劑量資料，因為資料眾多，特別設立了網站供各界查詢：

食品添加劑可接受每日攝取量 acceptable daily intakes (ADIs) 網站如下

http://www.fao.org/food/food-safety-quality/scientific-advice/jecfa/jecfa-additives/en/

人工調味劑可接受每日攝取量 acceptable daily intakes (ADIs) 網站如下

http://www.fao.org/food/food-safety-quality/scientific-advice/jecfa/jecfa-flav/en/

V 迷失在透明的資訊大海

對於現代受過科學教育的人們，這真是資料透明公開！只是我們卻還是無法清楚計算出自己每日吃下的量，因為除了這些標準資料之外，我們還需要其他的資料，包括清楚知道每日吃下的食物的種類（我們通常認不出變身後的食物，如玉米），與食物包裝標籤上是否有標示使用的添加劑的數量。各國法規不同，相同的食品添加劑有些國家是不需標示或是廠商刻意未標示，某些國家的法規會規定劑量低於特定的數量以下，就不需要標示，這是因為各個國家採用不同食品標籤系統而有所不同[46]。

在不需要標示的情況下，這些食品添加劑依舊存在你的食品中，就像上述味素的情況，一天下來，吃下各種食品，不知不覺中就超過可接受每日攝取量ADI，在WHO-FAO的定義就是超量，此時你可以考慮接受這些食品添加劑是一種毒素的假設，毒素超量了就有風險，選擇認真面對這個事實，或是選擇繼續忽略這個事實，開心暢快地享用這些人工化學物質！？

第五章

跨入智慧飲食的大門

第五章 跨入智慧飲食的大門

轉個心態，重新選擇

台灣近年颳起了一陣美食評論風潮，早年的美食評論大多是透過電視節目播放，以介紹各國各地的食物特色為主，不知曾幾何時，各家餐廳的菜色變成評介的主角，可能是在電視頻道開放，大量美食節目興起後，現代行銷手法積極介入之下，需要更多的題材有關吧？

目前全球最權威的美食介紹或許就屬法國的米其林指南吧！米其林指南原本只是輪胎公司行銷的一個輔助工具，告訴消費者沿著各條道路開車，何處有餐廳可以停下來用餐，餐點的特色如何，希望讓消費者上路時，有餐點可以填飽肚子，只要上了路了，輪胎就會磨損，公司就會賺錢，但或許是因為法國人對食物有特別的偏好，也懂得分辨食物的特色與好壞，因此推薦的餐點的確能引起按圖索驥而來的顧客共鳴，讓米其林指南建立了屹立不墜的地位[1]。

米其林指南自1900年出版以來，發行多年，主要在西方國家流行，東方世界只侷限於星級大飯店的附設餐廳，要落下凡塵，入地生根，應該是有了東方面孔的米其林摘星主廚，返回母國開設餐廳，在順應東方世界在二戰復甦後，趕上經濟起飛發展的過程，讓這些高檔餐廳的不親民價格，在勉強可以承受之下，才逐漸現身各大城市的頂級戰區，也或許是碰巧趕上智慧手機與社群媒體發展的浪潮，幾乎每個人在餐廳用餐，上菜後的第一個動作就是取出手機，為餐點拍照，上傳社群分享給好友，期待按讚，在高檔餐廳用餐時，大拍特拍自是更不在話下。在部落客的推波助瀾之下，各路網紅也搶搭助陣，掀起一股全民運動，乃至全球運動，真是令人嘆為觀止！

這當中隱含的商業手法開始大量介入擴散，並應用在商品行銷，透過各種拍攝手法，讓餐點照片顯得秀色可餐，令人垂涎欲滴，卻往往讓客人乘興而來，敗興而歸。幾年下來，大眾對這些網路流傳的美食照片，已漸漸淡定，只是風潮仍不減。這是一種飲食流行的現象，在世界各國隨處可見，背後所顯示的是一種行為模式，「展示與模仿」，這是人類的年輕世代必然經過的過程，而「淡定」則是經過大風大浪後的另一種行為模式，通常年紀稍長的族群會有這種行為。筆者花了很長的時間才了解兩者之間的差別。

人類的文明演化在進入都市化的階段之後，大量的農村人口湧入都市，重要的原因之一是都市的工商活動頻繁，賺錢容易，但是如果農村的個人生產力與土地的單位面積產能沒能同步的提升，將會產生本地糧食供應不足的現象，在此情況下，勢必要進口大量糧食與食品，以維持都市人口的需求。進口商品的價格，也連帶會讓生活開銷隨之上漲，都市的生存壓力就隨之上升，讓這個都市化的過程產生不平順的狀態。

學者觀察發現，由2020年到未來的2050年間，全球許多正在進行都市化urban-ization的城市，有99%都是在發展中國家[2]，這些城市普遍出現的貧窮、疾病與高犯罪率的現象，就是這些不平順過程的展現。作為領頭羊的美國，其都市化過程走了將近兩百年，與美國的工業化進展亦步亦趨，美國的農業生產力，隨著工業化的程度加深，單位土地面積產量與農民個人生產力也隨之提高，教育普及加上本國國土未受兩次的世界大戰破壞等的客觀因素，讓美國的都市化過程較平順，成為目前各國仿效的對象與標竿。

在2010年的估計，美國的農民每人生產力約可養活155人[3]，由此，可以大致推想這155個被養活的人口，是可以離開農村進到都市謀生，透過都市工作的收入（如薪水）來購買食物。都市化程度擴大，都市人口越多，但是工作機會與職位是否也有相對的增多嗎？都市越擴大，生活花費也越提高，在支付高昂的房租與食物費用之外，剩餘的收入中，相對地可支配的金錢是否也提高？這對許多都市人而言，應該都有切身的經驗。

由書店的暢銷書排行榜中，可以見到討論投資術的商業書籍數量，長年以來一直佔了相當高的比例，就可以知道賺取額外收入的需求，對都市人而言是一個普遍的想望，再加上電視廣告所展現各種絢爛美妙的生活方式，更是一再地誘惑人心，令人慾望難止。到了網路時代，現代人又多了一個全新的訊息傳播媒介，貼身與貼心的程度更是隨著手機的智慧程度持續升級，透過社群組織的直接傳播，誘惑的程度與精準度，更不知提升了多少倍，讓人流連忘返，不可須臾離手的現象，已經成為普遍的現象，所引發的症狀也引起精神醫學的關注，而以「網路成癮症候群 Internet addictive disorder」[4,5] 歸類。

透過自主選擇使用貼身手機所進行不自覺但持續性的自我洗腦，行銷的概念與行為模式已經潛移默化而根深蒂固，在不知不覺中就會流露出來，散發出一種功利的氣息，很明顯地與鄉巴佬有所區別。

這種潛移默化而來的功利氣息，結合都市生活壓力的催動之下，讓大多數人很難「淡定」，而一直維持在「展示與模仿」的情境中，莫名地不斷的展現活動力與擴張性，凡事總是尋求快速的解決方案。全球各地的都市化過程，大都伴隨著速食店的發展，速食店大量興起提供了方便與隨時取得食物的管道，這也讓都市人可以盡情地展示與模仿，爭取每一個獲利的機會，而無須擔心錯過了吃飯的時間，因而從根本改變了用餐的習慣。速食店的食品價格，原本就設定在普羅大眾可以接受的範圍，經常性的折價促銷，再搭配不定時贈品的行銷，可以想見這些速食店販售食品的成本，一定是非常低廉的，所謂一分錢一分貨，這些速食食品的原物料品質就可想而知了。

但是在瘋狂的行銷廣告攻勢之下，人們似乎不曾靜下來思考這些答案，在追求時尚風潮的社會脈動之下，人們總可以找到理由，來忽略這些再明白不過的答案，再加上內化的功利主義，甚至主動尋找機會，投資這些速食業，讓現代文明所創造出來的速食加工食品就此成為主流。這種結合行銷與洗腦的現代加工食品，形成了一種新時代的飲食文化，不僅在速食行業擴散，更橫向擴散到幾乎所有的加工食品，透過龐大的採購量，也進一步向上游，回頭擴散到農產品的原食物生產系統，高科技蔬菜生產的植物工廠與科學化肉類生產的高密度畜牧養殖場，這兩個龐大吸睛又吸金的產業，就是具體而微呈現出來活生生的例子。

在2020年瘦肉精（萊克多巴胺）議題，不過是這整個加工食品生態系統下的一個小議題，卻已經讓台灣朝野多年大亂鬥，無解而爆發出來。筆者常想，如果台灣民眾能像處理瘦肉精議題一樣地，認真面對現代的加工食品問題，我們健保應該就不用擔心破產了吧！

但是在這個網路時代，人人都擁有發言表達意見的自由，產生了社群媒體無腦的散播各種不實的偽科學說法，不斷地上演各式的茶壺風暴，筆者對此只能搖頭嘆息，似乎能做的就是給這種現象下一個名詞：新文盲時代，在識字率普及的現代數位社會，卻竟然讓謠言像文盲社會一般的氾濫。

人無法淡定就無法思考與面對真相，或許等年紀大了，等生病了才會淡定吧？筆者的觀察，現代社會中，似乎有許多人病了還是無法淡定，2017 年發表的一份研究報告，指出在美國 18-64 歲的族群中，罹患一種或多種慢性病的人占了 55.7%-62.1%[6]，這個族群大都是未退休而且屬於就業工作中的人，還沒有步入老年，但是都患了慢性病，持續在服用藥物中。

有病要吃藥治療是現代醫學給人的印象與教條，在這份研究報告所調查的族群，顯示出一種普遍的現象：努力工作賺錢也不忘了要吃藥，聽起來不是有點可悲嗎？生病的急性發作期，當然要看醫生治療吃藥，但是慢性病卻要吃一輩子，這種努力賺錢付醫藥費的狀況，難道沒有辦法改變嗎？可以預防嗎？現代行銷術就極力推薦各種保健食品來預防疾病的發生，但是保健食品真的有用嗎？

「現代人吃現代加工食品，得了現代的慢性疾病，慢性病需要長期服藥治療或是長期吃保健食品預防」，這是筆者將上述觀察到現象，整理而成的一個命題 Statement。這個命題有三段文字敘述，大多數的時候，我們只聽到第二段與第三段文字，大多數人也認命的吃藥，乖乖地吃保健食品，醫學的課題不是筆者的專長，重點是本書前面的章節介紹了各種現代加工食品，就是希望讓讀者聽到這個命題的第一段文字，淡定來思考。**思考：如果不吃現代加工食品，不就是不會得現代的慢性疾病了嗎？如此一來，命題的第三段文字就不用出現了！**

吃原型食物就可以避開現代加工食品，這是許多注重健康議題的團體所倡導的一個原則，許多的科學家也對各個已開發國家的飲食進行研究，不時就會聽到或是閱讀到媒體又在報導地中海飲食的優點，或是其他北歐飲食的優點，幾年下來，大家就知道要多用橄欖油烹調，要多吃堅果，筆者出國旅行時，到了東南亞偏鄉區域，常常就會思考，這些地方的人，可能很難健康，因為他們在地的雜貨店買不到橄欖油，但是卻看到這些地方高壽的老人們也是不少的，健康情況與活動力也都是很好的，科學家是不是也該來這些地區研究考察呢！

多吃堅果與橄欖油其實是商業行銷的訴求，先進的已開發國家，生活水準較高，對商人而言，這是一種可以「展示」的現象，因此就讓這些高所得地區人們，日常食用的橄欖油與堅果成為「模仿」的對象，再利用科學家的研究報告，作為敲磚釘腳的工具，讓一般大眾不思辯駁，欣然盲從接受，不知不覺間落入了新文盲一族！

筆者深受科學訓練，不知道商業行銷手法的厲害，直到進入咖啡產業後，密集人群的接觸，三教九流，應接不暇，大約十年後，自認已完成階段性推廣教育目標，脫身離開咖啡的圈子，才發現那幾年間在無意識之下，莫名幫許多人背了書，哈哈，此時才發覺行銷真是無所不在，無孔不入啊！

置身在遍地行銷的世界中，透過行銷技術刻意的放大，知識有時不是力量，反而是佛家所說的「所知障」，白話文是「自己騙自己」，科學家鑽研知識，到頭來，反而被自己的知識綑綁，這個綑綁自己的結果，是透過行銷或是自以為是的方式達成的。十年一場咖啡夢，換得這個心得，應該也不枉然！

健康是自己的，健康檢查報告上的各種數據，反應的是取樣時的測量值，相信一時的取樣數據，來判定自己的健康程度，邏輯上是不通的，根據這個數據來決定要多吃一顆保健藥丸，更是不科學的。在醫院裡面進行各項深入的健康檢查，大多是要經過初期紀錄、投藥處理、取樣測量、觀察結果等等之類的科學實驗程序，才能推測可能的原因，這個實驗程序所需要的時間就會較長，可能需要住院數天才能完成整個健康檢查，相較之下，自己在家中偶而量一下血壓，測一下血糖，就想要依照測得的血壓血糖數值調整飲食，真的是不太科學，但是長期持續的量測血壓、血糖與紀錄飲食卻是可以做的，也是符合科學原則的，所得到的結論也是有意義的。

但是只看量測的數值來做判定，卻又將落入盲人摸象的陷阱，因為這些測量的數值只是健康的一個表象，並不是健康的本體，這也是所有科學研究的陷阱，因為科學研究的結果「永遠」是來自取樣的樣品，無法對本體整體進行徹底與全部 (exhausted and exclusive) 取樣，利用取樣樣品所得到的結論，來推估本體整體的表現，永遠都會有誤差。

自己的健康除了由測量數據觀察，自我的感覺也是不能被忽略的，大多數人會去看醫生，大概都是感覺不舒服了，但是看了醫生之後，就依照醫生所判斷的結果，忽略了原先自己的不舒服感覺，而忘了去找原因，因為既然已經被判定結果了，同時也有各種流傳的解決方案，按時吃藥吃保健食品，少油少鹽少糖，照著做就對了，何必浪費時間追根究底，因為我還要忙著去賺錢來買這些解決方案，筆者年輕時也落在這個陷阱而不自覺。

感覺生病了，去接受治療是應該的，在疾病發作期的治療期間，吃藥打針是醫生的判斷，但一旦結束治療，不需要吃藥打針的時候，就是康復了，醫學上認定恢復健康了，因此理論上保健食品也不是必要的。這些保健食品在美國的食品藥物管理局FDA是以Dietary supplements歸類，中文稱為膳食補充劑，也就是在日常膳食中不足的部分，可以透過這些藥丸的特定成分來補充，但是觀察大多數人的行為，似乎吃保健食品是會上癮的，吃了一種保健食品之後，很容易也很快又會再增加一種，有一種欲罷不能的態勢。筆者也就是在某天早上，面對裝了一整碗的保健食品，突然想到這些藥丸都是膳食補充劑，而我三餐正常，肉足菜飽，不缺鈣不缺胺基酸，何來的膳食元素需要補充！才幡然醒悟。

確實常常因為自己的貪吃，會產生偏食與吃太多的現象，這就會造成飲食的不平衡，而引起健康不良的現象，例如引發各種慢性病早期常見的高血糖，高血壓，高血脂等三高現象，這些健康不良的現象都會讓人不舒服，這是身體在拉警報，提醒自己要注意了。如果早期的不舒服感覺，既不面對又不處理，忽略了這個警報，等到進入急性發病期，將會深刻感受到這些慢性病所帶來的不舒服感覺，但在治療的過程中，同時也會感受到透過藥物的作用，可以壓制這些令人不舒服的感覺，但是需要持續性的服藥，才能讓這些反覆出現不舒服的感覺被壓制住，因此過了急性發作期，許多人仍然選擇持續吃藥，因為不希望再有這些不舒服的感覺，透過藥物的控制，人們把自己的警報系統關掉了。而這些不舒服的感覺就交給藥丸處理，可以繼續忙自己原本在忙的事情，繼續忙於展示與模仿，許多人也因而無法進入沉澱與淡定的階段，失去了面對與徹底處理這些不舒服感覺的機會。

人類具有許多與生俱來的本能，各種的外感，包括視覺，聽覺，味覺，嗅覺與觸覺等所謂的五感，人類透過眼、耳、鼻、舌、皮膚等器官，感受外在環境的各種刺激，以應對外來的各種狀況，對於身體受到外傷時的疼痛、腫脹，冷熱感覺，人們也多能產生反應來應對這些外來的刺激，這些都是外來的刺激，相對於外感，人類也還有許多內感。

人體內部輕微的悶痛與暈眩等現象就屬於內感，但是這些內感就常被忽略，並不是沒有感受到這些悶痛暈眩的感覺，只是「選擇」忽略這些感覺，不去處理。

嬰兒常會哭鬧令父母手忙腳亂，通常就是因為嬰兒對他自己的各種內感與外感，都會不加掩飾立即反應出來：

例如肚子餓了，過冷過熱，屁股濕了黏了，吐奶回嗆等等，都需要由父母來處理；

嬰兒逐漸長大成年之後，學會了處理這些內感與外感的反應，也學會了選擇性的忽略某些內外感的能力，來熬過特定的狀況：

例如熬夜讀書準備考試，強迫自己忽略身體的疲累不睡覺，可能是許多人都有過的經驗，常聽人說：吃得苦中苦，方為人上人，也或許是因為這句話，許多人才會對於各種內感的苦，選擇當作吃補來看待，而忽略了這些內感，希望自己成為人上人。當這些內感無法忍受了，會再選擇透過現代藥物的幫忙，來壓制各種不舒服的內感，（例如止痛藥壓制頭痛等），進一步還可以預防性的服用各種保健食品，以避免各種內感的發生，（例如利用紅麴素來降低血脂等）。

現代人真的對自己不太好，選擇忽略自己的感覺，而又不知到底為何要忽略自己的感覺。

身體的警報系統發出訊息，就應當要處理，感覺到冷了就該添件衣服，身體累了本來就該休息，不加衣服會感冒，不睡覺也是會有問題的，差別只是問題大或小，時間早或晚而已，但是在努力讀書，徹夜狂歡的時候，大多數人都會選擇忽略身體的疲累而不睡覺，中醫說的「勞損」就是這樣子一點一滴累積產生的，時辰到了就炸開，身體撐不住就病了。

品嘗咖啡分辨細微的香氣滋味是一種對「外感」的偵測，對於「內感」的偵測只不過是把槍口對內而已，靜下心來，聽身體的各種反應，把身體的感受記錄下來。能夠分辨咖啡的滋味，可以幫助選購咖啡，能夠分辨自己身體的感受，可以幫助健康。品嘗分辨咖啡是要靠自己的親身感受，不要受到書上資料的干擾才能真正喝懂咖啡，同樣地，分辨自己身體的感受，也不要受到各種資訊與手段的干擾，才能清楚了解自己的健康。各種加工食品透過色素與香精等各式的添加劑，來誘惑蒙蔽人類的外感，吸引人選購食用，許多人在展示與模仿的同時，選擇忽略自己在食用這些加工食品的內感，說出違心之論，自欺欺人，真的是沒必要！

靜下心來，聽自己身體的感覺，是需要淡定，了解這些感覺的成因是需要知識，透過淡定與知識，我們可以在下一次飲食的時候，做出智慧的選擇，這就是筆者所謂的智慧飲食。透過淡定觀察自己身體的感覺，再透過知識的協助選擇下一餐的食物，就跨入智慧飲食的大門了。不難吧！

面對健康的議題，近年來有各種飲食法興起，在資訊流通與旅遊盛行的世代，品嘗與欣賞各地美食也常常是一種旅行的標的，可以讓人親身體驗品嘗這些地區性的飲食法。或許是現代人普遍的教育程度提高，又或許是現代行銷手法的需求，對於有個明確主題與訴求的議題，會比較容易操作，也容易讓人注意與接受。

近年來，針對各地及不同種類型式的飲食習慣與特色，通常會被賦予一個名稱來強調主要的特色，而透過簡化與強調的過程，這些不同名稱的飲食方式，其形成的背景與目的可能差異很大，但是卻因為同樣被稱為某某飲食方式而被相提並論，例如宗教飲食是指各種宗教，基於其教義而產生相關的飲食方式，如佛教的全素食，印度教的乳酪素食 (Lacto vegetarian diets) 等，地區飲食則是各個地區，基於其食材的獲得與生產，而產生區域性的特色，如南歐地區的地中海飲食，日本的琉球式飲食，另外還有一大類的現代減重健康飲食法，則是現代人因為體重過重或是為了追求健美，所發展出來以減重塑身為目的的飲食法，如生酮飲食與低卡路里飲食法等等不一而足⑺。

這對成長於現代速食文化環境背景，已經形成速食飲食習慣的人，當他在尋求替代飲食法的時候，透過網路關鍵字查詢，常常會被這些五花八門的飲食法困擾不已，各種飲食法都有一套說法，透過醫師、營養師推薦，再加上一群粉絲擁護者來支持這些說法，現代人習慣的社群媒體推播模式與網路行銷模式，很容易就進行嘗試體驗某一種飲食法，這又落入了「展示與模仿」的套路模式，所以經常會發現有人一套飲食法換過一套飲食法，也未能重拾健康，或者也未能重塑曼妙身形。

這些透過社群媒體推薦的飲食法是屬於現代流行文化的一環，人的健康是不能任意揮霍的，不知者不罪，但是明明已經感覺身體不舒服，還要繼續追各種流行的飲食法，就真的要靜下來想一想了，成年後，自己就要對自己負責，包括健康，自己的健康真的只有自己才能負責，忽略身體的不舒服就會慢慢失去健康，如果自己既不注意也不表達這些輕微的不舒服，你的親密伴侶、你的醫生都不會知道的，等到外觀上可以被外人察覺時，健康狀況可能都已經很糟糕了。

筆者提倡的「智慧飲食」不是一種新的飲食法，並不需要搭配特定藥丸或是食材，而是透過自己的靜心，淡定的面對自己的每一次進食，觀察記錄進食後身體的感覺，了解剛剛吃的食物對身體的影響，然後透過觀察身體各個器官的舒服與不舒服的綜合感覺評估，配合對這些進食的食物知識了解，探討不舒服與舒服的原因，然後決定下一餐的食物。

在認真品評咖啡一段時間後，筆者轉向自身與食物之間的互動，從最外部食物氣味滋味的感受入手，漸漸轉向感覺自身飽足感的變化，再進入食物澱粉油脂等成分在體內的變化反應（血壓，倦怠感等），逐一推敲探索。摸索幾年下來的經驗結論，靜心是第一個功課，並不難，但卻常犯，到現在都還在犯，方法就是專心吃飯而已。

現代人自己一個人吃飯時，習慣邊看手機邊吃飯，自己吃一頓飯大概就 20 分鐘的時間罷了，而每天忙忙碌碌工作賺錢，就用 20 分鐘的時間犒賞自己一下吧！順便關照一下自己的身體，專心吃飯，細嚼慢嚥，嚐嚐米飯的滋味香氣，蔬菜的鹹淡清甜，如果你能描述一杯咖啡的香氣滋味，沒有理由你不能描述米飯蔬菜的滋味，如果你可以分辨不同家咖啡館的咖啡滋味，沒有理由你不能分辨不同家自助餐的口味細節，這些咖啡與菜飯的滋味口感，都是外感，只要專心吃飯專心喝咖啡，不要看網路評價，都是做得到的，看了網路評價很容易落入展示與模仿，反而就做不到了。

專心吃飯細嚼慢嚥，習慣品嘗飯菜的滋味，可以感受這些外感之後，試著感受自己的身體反應，例如吃辣之後，身體會感到發熱，這就是內感，諸如此類的內感是我們本來就有的感覺，只是我們忽略它們太久了，記得小時候我們吃到辣的食物是會哭的，重新找回這些老朋友吧！你可以知道這些老朋友到底是先從腳底開始跑出來，還是先從後腰出現，這是淡定吃飯後，你可以獲得的新樂趣，可以觀察這些感覺在身體的遊走。

御物不役於物

現代人隨身有各式配件，包含高科技配件如智慧手機，穿戴裝置等等，可以感測身體的心跳脈搏，心電圖，血氧等等(8-10)，在現代科技大舉走向人工智慧，並與大數據整合的趨勢之下，已經成為流行的健康護身符。遠距醫療系統更在2020年全球新冠病毒疫情的推動之下，讓這一個未來的醫療模式，從遠在地平線，快速地被推移到世人的眼前，壓著鼻尖，迅雷不及掩耳，眾人在手忙腳亂之下，被迫倉促應對，混亂中，在各種打著科學名號的宣傳之下，心不甘情不願，被迫囫圇吞棗地面對，對於許多已經迷失在網路行銷世界的人，自己不自細思，沾沾自喜的以為自己走在時代尖端，就欣然接受新科技的同時，更透過轉傳這些訊息而形成一種新的社會壓迫勢力，成了助紂為虐的幫兇，聽令於各種量測數據與人工智慧AI計算數字的指使而行動，忽視自我的感受與覺知，讓人類進一步失去自我的主導權！

工程師與科學家發明這些穿戴裝置，不是要讓人當護身符用的，它們都只是一種監測記錄的工具，透過資料的收集與即時傳輸，讓遠端的醫療人員參考，做出判斷。但是有了這種裝置之後，在無所不在的行銷勢力之下，已然被塑造成新潮流的象徵，勢必擴大普及到接受度高的年輕族群，人工智慧也一定會取代醫療人員的判斷，雖然這是不正確也是不應該的，筆者在此可以大膽預測，我們的年輕世代將會更迷失，更不敢相信自己的感覺，離自己的心也將越遠，身心分離的結果，是筆者所不敢也不願想像的。

面對這些「高科技護身符」的「外物」，我們要不斷地提醒自己，它們的功能是量測記錄身體的生理數據，這些生理數據是要提供客觀的資料，協助醫療人員，用來判定一些疾病的狀態，對於健康的人而言，如果一昧地相信科學數據，相信來自穿戴裝置的資料，查了網路資料，透過高科技人工智慧，就判定自己生病了，就是受制於這個裝置，而役於物了，穿戴裝置變聰明了，人反而變笨了！

花大錢讓自己變笨，這是滿可笑的行為！在智慧飲食者的手中，對於這些穿戴裝置量測的數據，轉個念頭，卻是可以用來配合自己的感覺，協助驗證自己感覺，讓人更信任自己的感覺，最終不需要這些數據資料，就可以感知自己的健康狀態，就達到御物的境界，筆者認為這才應該是購買這些現代化科技配件的用途與目的！。

這段文字本來是不必要寫進來的，但是看到身旁周遭，迷失於現代科技的人們，這些所知障是必須破除，因為看到這些昂貴高科技裝置產生的數據，大多數人是會選擇相信的，選擇自我洗腦，如此就會回過頭來懷疑自己基於原始本能的感覺，透過穿戴裝置持續出現的高科技數據，不斷打擊脆弱的自我覺知，最終反而不信任自我的感覺，依賴數字行動就成了機器人，這身肉體不就是行屍走肉了嗎？難道這是人類文明演化所想要的嗎？

回到初心吧！相信自己原始本能的感覺就是回到初心！每次飲食時，觀察自己的感覺，熟悉自己的感覺，相信自己的感覺，對迷失於現代科技的人而言，不管是身體的能量補充，或是心智的重新開機，食物都是再出發的動力，在無邊無際的科技迷霧中，重新自我定位！掌穩舵兒向前進！每次飲食都是重新掌握人生船舵的又一次契機，永遠不嫌晚，專心吃飯，全心感受，好好的享受食物，享受感覺！

淡定選擇下一餐

充斥在現代飲食中的各種人工添加劑，如過量的味素，不僅在誘惑人的感官，更讓人體消化系統的處理能力，經常處於超載的狀態；各種令人成癮的食材，例如最常見的糖，以及主食類的精白米與精製麵粉等的製品，極容易造成血糖震盪，年輕的器官還有能力承受這些震盪，但是每承受一次震盪，器官就少一分緩衝能力，長期震溢下來，緩衝能力逐漸消失，最終器官的機能退敗了，就生病了，糖尿病發作了。

根據台灣糖尿病年鑑2019年報告[11]，台灣糖尿病的罹病人口，從西元2000年的843,690人增加了2.6倍，來到了2014年的2,189,401人，突破兩百萬人，接近總人口的十分之一是糖尿病患者，平均每年約新增16萬名糖尿病患者，診斷出糖尿病的年齡層也日漸下降，在青少年族群已經是常見的疾病了，在20歲以下的族群，罹病的比例從2008年的9.65%，快速增加到2014年的13.94%，更是令人憂心；40歲以下族群在2006年以後也呈現上升趨勢，65歲以上的族群，有高達一半的人罹患糖尿病，這些因年齡老化造成器官機能衰退所造成的疾病，並不意外，相反地，年輕族群罹患糖尿病的盛行率提高，相較於老年族群，因為正值壯年，對社會的影響也將較長遠，更應該重視。

筆者認為糖尿病年輕化的問題，或許與近年來台灣流行的速食飲料，如珍珠奶茶與各式含糖茶飲的暢銷而成癮，進而讓年輕世代養成習慣，有相對應的關係。年輕世代與壯年世代有太多的事情要忙，日常必須要專注於處理眾多的事情，對於身體的反應，通常在不知不覺中就選擇忽略了，吃了甜食之後，享受在滿足感與快樂感中，而相對的血糖震盪反應，通常都會以「累了」作為解釋，自認年輕力壯，休息一下就好了。

疲勞與血糖震盪的感覺是不同的，透過觀察進食的食物種類與飯後口腔的味覺變化，每個人都可以區別飯後愛睏的感覺與專心工作後的疲勞感覺是不同的，為何不做區分，反而隨便就把飯後愛睏的感覺認定是疲勞呢？可能真的是太忙了。是嗎？

How to do

對於喜愛高科技配件的人，不妨可以透過飯前與飯後血糖的測量數據，來協助自己釐清區分這兩者，幫自己一個忙，讓這些高科技配件發揮應有的功能，協助自己的感覺重新站起來，釐清後相信自己的感覺，不需要為已經吃下肚的食物後悔，也不必解釋，淡定地面對自己的感覺，對下一餐食物好好做出選擇。每一餐每一口飲食都能對應身體反應的感覺，健康的自主權就重回你的手中了！

二次大戰後由農業社會轉入工商社會化的過程，台灣有許多家長早上來不及自己做早餐，會在上班上學路上，找個早餐店隨便買個早點吃，填飽肚子，小朋友也就跟著做，流風所及，到現在，早餐外食幾乎是人人都在奉行的行為模式。1960年代的早餐鋪子通常會自己從原食材，洗洗切切，又醃又炸一手包辦，但是1984年美式速食食品龍頭，麥當勞進軍台灣展店之後，旋風所及，這些傳統油油膩膩的早餐店就紛紛應聲倒地，經過幾年的沉澱模仿，台式早餐店導入了食品加工的元素與連鎖加盟的行銷模式，各類台式早餐店，販售飯糰，豆漿，蛋餅，蘿蔔糕，三明治，漢堡等等在地傳統食物的升級版，就如雨後春筍般在街頭巷尾出現。

有了資金的挹注，一改以往油油膩膩的外觀，成了整潔明亮的店面，衛生條件大幅改善，符合新一代的法規；食材方面則引入了新式的食品加工技術與原料，香味與口味更是大幅升級，吸引了更多人來消費；原物料成本的降低，更讓加盟者大幅獲利，也擴大了加盟店的數量。這些都是現代食品科技的的貢獻，透過更多的行銷與市場擴大，在2011年台灣早餐連鎖產業就超過千億的市場，而且是現金交易(12,13)。

在這些現代東西方連鎖早餐店的菜單上的餐點，採用了中央廚房的概念，以大規模工業生產降低成本，為延長保鮮期並方便下游店家的前置作業，基本上都是使用加工食品，使用精製食材，利用高科技快速麵包製程，以精白麵粉作出口感綿密又耐儲存的麵包，以人工香精調味的冷凍（絞）肉品，加重口味的醬料，超多的色素，這些種種讓產品更具有商品價值的同時，同時也就使用了大量的添加物。

對這些添加物，業者當然都宣稱符合國家食品安全法規，更宣稱使用了可溯源性(traceability)食材，政府也都宣稱有積極管理。看過這麼多的宣稱與保證，不免讓人有點此地無銀三百兩的感覺，消費者是否也該問問，沒告訴我們的是甚麼？這些法規與管理的對象都是單一的添加物，每種添加物大概都有標準也都符合標準，而且還是國際標準！只是還沒有人敢挑戰將這些添加物組合之後的安全性如何評估？法規如何管？幾種添加劑混合之後，所有可能的排列組合，所產生的加乘效果又是怎麼樣？或許AI可以解決吧？陳年老問題了，過去沒解方，未來也不看好。怎麼辦呢？

筆者最頭痛的是這些早餐店的菜單中，極度缺乏蔬菜，也不曉得是消費者不喜歡吃蔬菜，還是業者嫌蔬菜清洗麻煩又容易壞掉，一兩片美生菜與切片番茄，夾在超大的漢堡裡，拍照是很漂亮，但相對於一個麵包的澱粉量，這一丁點的植物纖維，絕對是完全無法發揮緩衝血糖震盪效用的！

所以會有愛睏的感覺也是必然的，這時就搭配一杯香濃的咖啡，來提振精神吧！這是業者想到的好主意，增加銷售額的好主意！但是，對消費者是好主意嗎？找一個沒事的日子，來一份這樣的早餐，不要咖啡，感受一下愛睏的感覺，你就會發現將漢堡搭配咖啡一起賣的人，真是一個行銷天才。如果你有現代科技配件，你又是一個凡事要親身體驗才算數的後現代主義者，測一下用餐前與用餐後血糖的數字吧！觀察身體的感受反應與這些數字之間的關係，下次將生菜蕃茄的量加十倍，再測測看，如果你有感覺了有興趣了，未來你要改變飲食，成為智慧飲食者的進度就會加快了。

午餐吃便當

上班族在中午忙碌的空檔，喘息之餘，大多數會選擇吃便當。便當是日本用詞「弁当」，在火車月台販售的飯盒是台灣人早期的共同記憶，筆者印象中，早期的便當與現代的便當差別，在於飯量與菜量比例與鹹度的差別，早期月台便當的飯量偏多，菜料比例較少，鹹味偏重，近幾年都市裡銷售的便當，飯量就減少，鹹度也明顯降低；早期的便當都是以白米飯為主，近年的便當可以選擇糙米飯或是五穀飯，這也是因應新的健康觀念及農業社會轉入工商社會的關係。

大多數便當的蔬菜量基本上比早餐增加許多，但是肉類的比例又偏高，對店家來講，肉類比例偏低會讓消費者覺得不滿意，因為CP值不夠，當然也有素食便當可以選擇，少了動物性飽和油脂，符合預防三高的原則，但是動物性蛋白質的攝取減少了，又怕有肌少症等其他的副作用，這種兩難的選擇，其實是令人滿困擾的。如果休息時間足夠的話，親自到自助餐廳用餐，選擇自己的比例，就可以減少吃便當的這些難題。

在台灣城市到處可見的自助餐廳，主要是家庭式快餐店，通常一整檯子的菜色有一二十種，雞鴨魚肉任君選擇，各色蔬菜也是琳瑯滿目，此時你可以考慮不同的飲食金字塔組合，不管是正金字塔或是倒金字塔吃法，調配放入餐盤中，記得這一餐肉類蔬菜的比例，感覺身體的反應，記得這種感覺，調整下一餐蔬菜與肉類的比例，透過一餐一餐的調整，讓身體感覺越來越舒服，走路的步伐越輕盈，你會找到適合你的最佳比例。

「每個人都是獨特的」，這是常見於勵志文章的用詞，在生物學的討論上，代表的是個體的遺傳差異性，對於多年生的物種而言，又多了一個年齡的差異性，現代的營養學針對各種不同的體型或疾病，有各種不同的建議飲食法，但是我們大多數人，沒有專屬的營養師不斷監測我們的狀況，調整我們的飲食，我們獲得的營養建議通常都是依照平均值，而不是量身訂做的。透過觀察自己身體的感覺與反應，我們來做自己的營養師，久病成良醫，久吃也可以成為營養師。

在自助餐點菜時，營養師最常做的建議是：飯量要搭配菜量來調整澱粉的取食，這個原則耳熟能詳，卻也是最常犯規，多數人很常見的現象，是誤把澱粉類食物當作蔬菜，而讓整餐的澱粉量過高。在台灣，大多數人都要吃了米飯才會覺得吃飽了，這是文化薰陶而成的飲食偏好，對於北方人可能就要有麵食才算吃飽了，米飯與麵食都是被稱為主食類的食物，世界各國不同文化各有不同的主食，這些主食作物在農作物分類上稱為staple food，這些主食共同點就是來自高澱粉含量的作物，高澱粉也意味著高熱量，而熱量正是減肥相關的飲食法最關切項目之一。

在台灣街頭巷尾的自助餐廳菜檯上，常被誤認為蔬菜的有馬鈴薯（沙拉，咖哩），玉米，芋頭，番薯，山藥，花豆（大紅豆）等等，這些都是屬於某些文化的主食，也都是高澱粉含量的食物，澱粉量跟我們的米飯及麵食是相差不多的。如果單純考慮澱粉量，這些主食類的食物都相近，差別在於精製程度不同，精製程度越高纖維就越少，白米飯與白麵條幾乎不含膳食纖維，而山藥與番薯的纖維含量就較高，對於食物的選擇而言，增加膳食纖維是較符合健康的原則，對於盛放在菜檯的主食類食物，不必排斥它們，反而多食用這些「蔬菜類主食」可以獲得較多的膳食纖維，記得飯量減少一點就好了。

對於同樣都屬於主食類的食物，我們可以透過食用不同的主食，體驗當一天不同文化的人，增添飲食的趣味，虛擬出國，享受異國文化。學習食物的知識，可以在自助餐的菜檯上實際應用不也是有趣嗎？

晚餐

都市人的晚餐也有許多時候是在自助餐廳進食的，習慣了快節奏的生活步調，連吃飯也是很快，再加上配著手機下飯，用餐的速度可能又加快了幾分。花錢吃飯只換個肚皮飽，是不是CP值不夠高？請記得放下手機，讓自己有個獨立的時段跟自己相處，感受每一口飯菜的滋味，享受生命，這樣的CP值是不是比較好？

滿盤的菜餚吃幾口之後，如果你覺得味道分不清楚了，喝點水清一下味蕾。喝水不僅可以幫助我們分辨菜的滋味，最重要的是，可以讓我們不會因為進食速度過快，吃過頭而過飽了。外食的菜餚通常口味會較重，我們會感覺到鹹味，辣味，甜味，酸味等等，但通常吃不到青菜的滋味或是魚的鮮味，這些調味料的重口味是要來掩飾青菜的滋味不足，或是魚的不新鮮，如果這些食材都是很有滋味很新鮮，為何要用重口味來掩飾？這些重口味的菜餚通常在用餐的第一口，來自調味料的口味特色，就會很明顯地被感覺出來，食材的原始滋味則被掩蓋住了，但是也因為這些重口味的調味料，你的味蕾也就很快被麻痺了，如此一來，整個用餐期間你所沉浸感受的，只不過是第一口感覺的延續！

請在用餐期間養成喝水的習慣，不僅可以讓你免於過飽，更可以讓你清楚感受每一道菜餚的滋味，前段氣味與後段滋味的變化，享受你的食物！讓你所挑選菜餚的價值呈現出來！體驗各種平凡的驚喜。

與朋友聚餐上館子吃飯，不論是小酌或是大餐，通常會期待菜色比自助餐廳高檔，但是筆者的觀察與經驗，發現大多數人是來交際談天或是生意應酬的多，真的會關注菜色的人其實不多，下次如果你有機會在交際應酬之餘，趁上菜時偷個幾秒鐘空檔，挾一口菜靜下心來嚐嚐滋味，可能就有意外驚喜會發生，這個驚喜的美味印象或許就會讓你下次願意自掏腰包，當個老饕客專程來品嚐美食。

隨著近年健康議題的流行，台灣大多數的小館子與麵攤，目前已多可以配合客人的要求，少鹽少油不放味素，你可以透過少鹽不放味素的要求，嚐到店家挑選食材的用心，欣賞廚師的手藝與食物的美味，感受身體與食物的互動，找尋到自己專屬的私家廚房。

你也可以是廚師

朝九晚五的上班族，周休二日不用上班，不必外食，可以自己準備食物，控制調味料，多喝水，不用擔心開會要憋尿，可以盡情享用各式食物，是感受體驗食物與身體互動最好的時間。

如果你厭倦了精白麵粉所做的麵包，或是除了香精的氣味之外，找不到這些麵包的氣味，你不妨為自己做做麵包，感受一下小麥天然的香氣，體驗孕育埃及文明的力量。現代的自動麵包機，自1980年代末期發明問市後，功能齊全，價格也還可以接受，習慣以機器代勞的現代人，使用自動麵包機可以讓你快速入門，獲得成就感，幾乎毫無障礙地開始從頭認識麵包。為了要把麵包做出來，你需要從採購做麵包的麵粉、酵母粉等各種原料開始，過程中，你將會認識麵粉的種類：漂白vs未漂白，白麵粉 vs 全麥粉，變性澱粉 vs 天然麵粉，透過品嘗自己實作的麵包成品，你都可以一一體驗印證這些在本書前面的章節提過的項目。

過程中也將讓你對自己的感覺與身體的反應建立新的信任關係，重新發現天然食材的力道。這些利用自動麵包機完成的改良版快速麵包，利用不同麵粉及食材的調整，會讓你感受到與市售商業麵包的差異，你的身體也將會有不同的反應。

當你習慣自動麵包機的麵包味道後，應該也讓你對自己做麵包有信心了，此時，你可以嘗試進一步走上不需要自動麵包機，全程自己動手做的傳統麵包製程：酸種麵包 Sourdough bread，這是一種源自古埃及文明的技術，利用隨處可得的天然菌種，發酵麵糰所製作的麵包，發酵的天然菌種包含酵母菌與乳酸菌等自然存在的多種微生物系統，與自動麵包機的差別，除了菌種多樣複雜之外，一開始添加的菌種的量也較少，同時也不外加糖（古埃及時代沒有蔗糖），因此需要利用低溫長時間，讓少量起始的酵母菌與乳酸菌，將麵粉的澱粉進行接力式的分解反應，獲得養分增加各自菌種的族群。

在此讓澱粉的分子長度縮短的過程，除了這些酵母菌、乳酸菌獲得它們各自需要的能量，同時也生成各種二次代謝產物，這些二次代謝物會有不同特殊的氣味與滋味，會在麵包成品中呈現出來。被酵母菌與乳酸菌部分分解的澱粉，分子鏈的長度變短了，也更容易被胃腸消化吸收。從澱粉被分解的角度思考，這些澱粉是被改變了，換一句話也可以說是「被烹煮了cooked」而有了新的氣味，也更容易消化吸收。

快速麵包製程（包含工業化喬利伍德麵包製程以及自動麵包機製程）使用了大量外加糖的成分，吸引酵母菌利用這些現成的糖，而不需要費力去分解轉化澱粉產生糖，所以麵粉的澱粉基本上未被分解，因此當然也不會有澱粉二次代謝物的氣味，這樣的澱粉是沒有被改變，換句話說，也可以說是「生的raw」，筆者體驗自製的酸種麵包後，加深了懷疑這個快速化發酵的過程，與現代流行病：麩質不耐症gluten intolerance之間的關聯性，麵粉孕育了西方幾千年的文明，但是到了近代文明社會反而變成過敏源，邏輯不通！

近年來的研究證據大量累積，透過AI搜尋技術，發掘了許多隱藏的關聯性（14,

15)，許多號稱安全的農藥[16]被濫用，被利用做設定之外的用途，這就跨入了法規的灰色地帶，作物化學乾燥劑的演變就是一個最好的典範，自1990代以來，早期利用噴灑濃鹽水促進作物成熟的技術，被尿素（化學肥料）替代，再被更便宜但利潤更高的除草劑，一種被業界宣稱安全的嘉磷賽，結合基因改良作物的行銷，被跨界利用作為化學乾燥劑，噴施在接近成熟期的作物種子，通常是穀物作物，小麥、豆類等，快速成熟然後可以很快採收，這種短時間採收的操作模式，嘉磷賽的殘留量必然很高，因此我們吃的小麥上含有嘉磷賽是必然的。這種現象不是其他跨領域的科學家能夠想像推測的，但是透過資訊科技深度搜索大量資料庫，這種關聯性被發現了，現代流行病麩質不耐症出現的時序與除草劑嘉磷賽(Glyphosate，台灣常見的商品名為年年春）被廣泛應用的程度有緊密的連結性，一系列的研究針對嘉磷賽與現代流行病的研究工作就展開了[15, 17－20]，科學證據發現在基因轉譯(gene translation)過程中，嘉磷塞可以取代正常的氨基酸分子glycine，混入所有的基因轉譯過程，影響所及，人體所有的基因都可能被摻毒，因此對所有現代的文明病都有潛在的因果關係，所以麩質不耐症其實應該改名為嘉磷賽不耐症（年年春不耐症）[21]！

如果使用全麥麵粉，配合自製酵頭的天然多菌種微生物族群，更可以將小麥穀粒糊粉層的蛋白質，以及其他等等的成分進行分解，方便胃腸的消化吸收與利用。在Covid-19新冠肺炎疫情肆虐的期間，許多人在家生活的時間變長了，歐美國家就有許多人學做酸種麵包，四體不勤的這群人，採用了免揉麵糰(no-knead sourdough bread)的方法，這類相關的技術與方法，在youtube等網路平台有許多示範影片，不妨多看幾種方法，選一種可以搭配你現有器具的方法，動手做酸種麵包。

筆者在學作酸種麵包的過程，發現全麥酸種麵包的口味豐富迷人，尤其它所帶有的酸味，就像精品咖啡一般，讓喝每一口咖啡的過程都可以經歷一種變化，每一口的變化又都不同，讓品賞精品咖啡的過程有趣極了！品嚐自製的酸種麵包又讓我再一次發現新大陸，難怪酸種麵包會讓人著迷。使用新鮮咖啡生豆，新鮮烘焙，再現磨現煮的咖啡是最香醇濃厚的咖啡，使用全麥現磨麵粉製作的酸種麵包也一樣，可以保留麥子穀粒的完整風味，在酸種麵包的圈子裡，利用不同小麥品種製作酸種麵包的愛好者，就像咖啡圈子裡，追求單品咖啡的愛好者一樣的沉迷，這些單一品種咖啡與麥子就是有魔力，讓每一口的滋味引人入勝，讚嘆大自然的奧秘。

全麥麵粉含有的麩皮是會刺破麵筋，而讓全麥麵包的結構與白麵包有明顯的不同，白麵包柔軟富彈性的細絲狀結構是不會在全麥麵包出現的，某些麵包店使用白麵粉，在發酵後段接近完成時，再撒些麩皮做出來的所謂全麥麵包，是可以很容易用這個特徵來識破的，當然這個特徵也是白麵包在最近幾十年博取世人口感，獲得青睞的主因，但是，這個現代麵粉革命，卻也讓我們失去了小麥的完整營養，更吃下了半生不熟的澱粉、過多的酵母菌、以及為了補足失去的風味而添加的人工添加物。是時候了，了解這些背後的事實，回頭享受全穀物完整的風味，以及多菌種酵頭長時間發酵所帶來的營養，品味古老西方文明的滋味，喚起沉睡的智慧。自己做麵包，了解知識，感受身體的反應，做出智慧的選擇。

採購達人

隨著工商社會的發展與食安法規的施行，現代人買菜的場域，除了傳統市集攤販，年輕世代多傾向到超級市場 supermarket 購買食材，各大超級市場也多採行會員行銷的技術與模式，直接傳送廣告訊息到用戶的手機，人們對訊息中不了解的內容，可以直接在手機上查詢相關的資料，或是看看社群好友們的想法與評價，然後直接衝到賣場，從貨架上取貨購物，這是一種現代人購物的流程，對於成長在資訊世代的族群而言，這是既方便又正確的選擇，各項資訊都垂手可得，又有客觀的評價，價格又便宜合理，不滿意還可退貨，食品安全方面又有政府機構依照法規把關，當然是最佳選擇了，只是，選擇的自主權被妥協了而不自知。

許多日常的食材，筆者也是在超級市場購買的，超級市場有冷氣，環境清潔，明亮舒適，空氣品質則要挑時段，但是這種小細節是可以克服的，因此並不排斥到超級市場購物，只是我們要了解超級市場的貨源特性，挑選適合需求的食材。

在超級市場的貨架上，最明顯的特色就是貨源充足，同樣的品項，例如同一種西瓜就是一大籮筐，這些都是現代農業的產品。這一大籮筐的農產品幾乎大小一致，顏色也相同，這就是來自品種單一化，管理規則化的農場產出物。這些農場為了確保能夠滿足超級市場採購者的訂單，供應大量的規格化產品，除了必須使用單一遺傳同質性(homogeneity)品種之外，肥料與農藥的定期定量施用，也都整合在整個農場的管理系統中，因此也都有完整的生產資訊可以追查，正符合現代化可溯源性(Traceability)的潮流，對於現代都市人而言，這個就是高科技，所以一定是好東西，超級市場也正是這樣推銷的。

消費者最關注的是農藥問題如何處理吧？如果是慣行／現代農業的操作，使用農藥是合法的，也是必要的，在可溯源性的生產紀錄裡，就會有使用的農藥名稱，使用量與施用日期，在台灣，這些操作都必須符合所謂的「安全用藥規範 GAP 吉園圃(Good Agriculture Practice)」規範，在 2019 年 6 月 15 日起，台灣的有機農業促進法施行後，這個由官方認證的吉園圃標章，改採第三方認證的系統，整合各類農產品後，分為「CAS 有機農產品標章」、「CAS 臺灣優良農產品標章」和「產銷履歷認證標章」等三大類。

這些國產農產品的標章，再加上國外進口的各國有機標章與產品產地地理標章等等，對於喜愛標章認證的現代都市人，購買這些有標章的產品，可以安心，也可以再次滿足展示與模仿的潛意識，獲得莫名的小確幸！這似乎也顯示在超級市場選購食材的過程，大眾認為農藥議題是最重要，因為農藥的致命性令人害怕，所以賣場業者必須要有所因應，透過這些令人眩目的標籤，各國政府的保證都掛在產品上面，可以消除消費者對農藥殘留的疑慮，努力查看標籤的同時，轉移分散在商品選購的專注力，看標籤看到昏頭的消費者，外觀看起來只要是大顆又漂亮的就是好東西，就是可以購買，這個標籤與美觀的選購邏輯看起來過度簡單，但是都市人似乎吃這一套！

上述歸納現代人在超級市場購買食材的行為，可以發現一個特徵：資訊與理智優先，然後再用視覺判斷，這是一個現代文明演化的實況，具體反映在人類行為的典型代表。只是人們透過這種方式購買食材，對於我們擁有的其他感官，嗅覺，味覺與觸覺等就被閒置了，被放棄了，因而常常會買到無滋無味，嚼蠟般的食材！沒關係，超級市場多得是各種醬料調味料，只要加買這些重口味的調味料，平淡無味的食材也可以做出各種美味佳餚了。這些調味料含有各式的化工成分，使用這些調味料，生手也可以做出類似外食餐廳口味的菜色。這跟速食早餐配咖啡不是相同的套路嗎？

如果拿起計算機仔細算算，自己到超級市場購買食材與調味料的成本，與直接去買外食相比，可能也相差無幾，還可以省去洗碗盤的麻煩，又可以減少把家裡的裝潢弄得油膩膩等等更麻煩的問題，很多人都會止步，放棄為自己做菜。

這時，請你找回初心，想想為何要自己下廚做菜。如果你真的要自己上市場購買食材，請堅持盡量只使用最基本的調味料：鹽、糖、醋、胡椒……等一些基本的香料，不要用重口味的合成調味料麻痺自己的味蕾，回歸天然的味道。挑選食材時，請記得用上你的嗅覺，用力聞一聞食材的氣味，再用你雙手的觸覺摸一摸表皮的質地，捏一捏它的硬度，感受一下食材與身體嗅覺觸覺的互動。(只是有些食材，店家並不歡迎碰觸，但是至少要努力用視覺查看)

學學美食節目去市場挑選食材的大廚們的作法，剛開始，或許你不知道要去嗅聞甚麼氣味，各種食材外表質地又代表甚麼意思，但是不妨先記得這些感覺，等回家後，開始處理食材，清洗，削皮，烹煮等過程，觀察食材的外觀與過程中的變化，嚐一嚐原食材的滋味，聞一聞氣味，比對在購買時的各種感覺，多做幾次，得心應手的感覺就會出現，下次就可以幫助你選購到最棒的食材。

在超級市場裡，不會有太多的賣場員工站在貨架前，盯著你選購蔬菜水果，你大可自由自在地發揮感官功能，好好挑選蔬果一番。超級市場的貨品都有一定的規格，儘管是具有生物差異性的蔬果也都有規格，這是現代農業傑出的成果：讓農業工業化了，而自從電子科技人擴展觸角進入到農業之後，規格化的程度就更上一層樓了，最佳的成果就展現在植物工廠的蔬菜，在無土的環境中，以營養液培養出完全無菌的蔬菜，完全符合工程師的要求。

站在貨架前，觀賞這些包裝精緻的植物工廠商品，就像看花一樣，其實是滿賞心悅目的，但是對筆者這類在田裡打滾的人，這些蔬菜就是沒有氣味也沒有滋味，所以對於新鮮蔬果，筆者喜歡到傳統市場周圍的小農攤子前選購，這些外觀沾滿泥土，大小不整齊的蔬菜，沒有各種標籤加持，但是看起來就是充滿了生命力，仔細挑選，可以挑到氣味、滋味、口感三項都滿分的蔬菜。透過自己的感覺，超級市場或大菜攤的蔬菜與小農自產自銷的蔬菜，你將可以發現兩者之間的差異，做出你較喜歡的選擇。

有機農產品好吃與有機認證標籤的迷思

現在大多數的消費者，透過標籤的認識，大部分認為有機農產品就是不噴農藥、不用化學肥料的農產品，也應該比較好吃，但是相信不少消費者購買貼了有機標籤的農產品，發現吃起來也沒有比較好吃，這是消費者被誤導了的結果。還原有機農產品認證標籤的故事，必須回到1970年代的時空，在1972年國際有機農業運動聯盟IFOAM (International Federation of Organic Agriculture Movement)，有鑑於化學農藥與化學肥料的濫用，對環境產生大規模的破壞，因而以維護農業生產環境為宗旨成立了該組織，但是當時各國政府面對人口壓力，正忙於增產糧食，追趕美國在二十世紀中期所帶領起來的農業現代化潮流，對於限縮現代化學農業擴張的環境保護議題以及農業生產環境課題，多半採取敷衍的態度，雖然聯合國緊接著美國之後，在1972年也成立了環境保護總署(UNEP)，鼓勵並協助各國在其政府架構下，設立相關的環境保護官署，但是當時對於環境汙染的課題，並未受到各國人民的重視，因此這些政府層級的環保架構並未真正發揮功能。

IFOAM在這樣的時空背景下成立，接續1930年代的有機思想發軔，探討因應社會發展的趨勢，發現二戰之後，時代的新走向就是將這些思想轉變成為規範與標準，以符合現代人的要求：凡事要有標準。IFOAM 作為跨國性非政府組織 NGO，其會員以各國家政府為主，在 1980 年提出了「基礎有機農業標準 IFOAM Basic Standard [22]」，這個標準因應時代的潮流，常態性的增修內容與版本更新一直持續到 2007 年，在這段期間，許多國家以 IFOAM Basic Standard 為範本，調整部分內容而成為其國內的有機農業標準，許多國家再經過立法程序，將這些標準提升成為具有強制力的「法規 regulation」，藉由這些會員國的採用，IFOAM 的標準因而成為「標準的標準 Standard of Standards」。

歐美國家有許多認證 Certification 公司[23]，因應這些標準與法規的出現與社會需求的日增，在 1990 年前後相繼成立，依據這些標準／法規，提供各國國內有機農產品的檢驗與查驗服務，合格的產品即授予標章／標籤，成為有機農產品行銷的一個新方式[24]，數年下來，成就了現代的標籤潮流。這是都市化程度提高後，大多數人已經遠離土地遠離農村，對於蔬菜水果怎麼長出來幾乎是一無概念，但是農藥殘留的問題卻又是報章雜誌常見又令人驚心動魄的標題，因此有標籤證明沒有農藥總比沒有標籤，讓人覺得安心所發展出來的系統。

這個做為行銷工具之用的標籤，在後來的數十年間，卻也成為了有機農產品市場擴張的魔咒。有機農產品採用第三方驗證的過程，獲得標章／標籤是需要費用的，但是大量使用化學肥料、化學農藥的慣行／現代農業的農產品，沒有人要求檢驗，自然也不需要支付驗證費用，兩相比較之下，有標籤／標章的有機農產品價格就要貴上許多，尤其是自高所得國家進口的有機農產品，貼上有機標籤，價格更是高不可攀。

這些貼上標籤高價格的有機農產品，雖然這張標籤所代表的是農藥殘留的議題受到了關注與檢驗，但是並沒有證明是否好吃，因為檢驗的項目裡面沒有「好吃」這個項目。

有機農產品市場在1990年到2000年，全球市佔率緩步提升到接近5%，但是2000年後又逐步下滑到3%，打回原形，經歷這波浪潮的起伏，IFOAM的有識之士們，認真思考認證與標籤對有機農業推展的價值後，重新整理出發，在2017年整合全球各國的共識後，提出新一代的有機農業標準 Organic 3.0[25]，除了重建有機農業的原則之外，針對現代人與農業脫鉤，及因應現代行銷與企業的模式，推出了 IFOAM 的有機領袖課程 Organic Leadership Course，企圖讓現代人重新接軌土地與農業，筆者參加了這項課程也成為種子教官。

藉由參與這個課程，筆者重新梳理了個人長久以來建立的農業思路，深刻體驗現代農業與有機農業的差異，讓筆者更堅信有機農業的方向是正確的，也理解到自1930年以來，面對隊伍整齊的現代(化學)農業大軍，背後有著跨國企業支撐，有機農業更顯得像游擊隊，各自單兵獨立作戰的形式從未改變，也不會改變，這是植基於現代農業與有機農業兩者本質上的差異，從環境生態的角度而言，現代農業類似獨裁極權，只以產量為目的，對生態系採行掠奪式的操作；相反地，有機農業則是自由奔放，以維護生態系統及提升生態豐富性為核心，維護土地生命力的同時，也獲得收穫的紅利回饋，這種本質上的差異，讓有機農民保有自由，可以自主選擇操作的行為，因此只能在心態思想上，以建立聯盟的方式運作，很難做到動作整齊劃一，也因此世界各地的有機農業工作者，常有孤軍奮戰的悲壯感，消費者願意購買這些堅持有機耕作小農的農產品，就是給有機農業最大的支持！

筆者實際購買的經驗中，小農的有機農產品通常是滋味濃厚，細嫩好吃的，只是這些好吃的項目沒有列在現行有機認證的標準或法規裡面，當然超級市場裡掛標籤的有機農產品就不必是要好吃的。

面對現代驗證標章熱潮方興未艾的局勢，IFOAM在新一代Organic 3.0的標準中，融入了短供應鏈Short supply chain與參與者保障認證的第二方認證系統PGS, Participants Guarantee System，期待透過消費者直接參與農場生產與契作式採購，建立與農民之間的直接互動，提高消費者食用有機農產品的意願。PGS不須第三方認證業者的參與，就不會額外增加有機農產品的成本，這個是面對第三方驗證系統實施多年來所產生的一些問題（如墊高產品價格等）以及弊病（如驗證者執行寬鬆不一及證書不當使用等）的應對措施之一。PGS參與者保障認證，這類第二方驗證系統並不是全新的系統，這是在許多國家自1990年來，推動了一些社會運動中，已經被試驗過的系統，如飲食自主權運動等，在這些飲食相關的社會運動中，讓廣泛的消費者感受到食物議題的重要性，創造出願意主動參與糧食生產相關議題的新時空背景，這波風潮也吹進台灣。

台灣約在2000年左右，許多學校老師在自然科學課程中，利用校園的空地建立菜圃，讓學生實際體驗食物生產過程，由親手種植，一路到親手烹煮的飲食教育開始，進行了所謂的食農教育及食養教育。獲得家長認同，引起農委會重視後，進行相關的輔導，漸成氣候。2021年5月6日台灣農委會的食農教育法草案經行政院批准，進入立法院待完成最後的立法程序。透過食農教育的發展，讓年輕世代認識食物，體驗食物的滋味，對於有機法規與標準中所缺乏的「好吃」評定項目是難得的機遇，因為只要獲得消費者與農民兩方的認同，PGS的系統是可以整合納入這個項目，成為標準的一部分，在台灣目前漸次成型的食農教育溫床上，盼望未來能有機會看到這個項目列入為標準的項目之一。

現代農業農產品的滋味？

健康豐富的生態系是充滿生命力的系統，所培養出來的有機農產品，當然也是滿滿的生命力，所含有的養分是飽滿的，這就是原汁原味不打折扣的天然原味。現代農業系統講究肥料與農業管理，發展出現代的農業科學知識，筆者在年輕時代就是在這些農業科學教育之下養成的，只是在面對農業土壤劣變與草原沙漠化的現象上，讓筆者深刻思考化學農藥與化學肥料的問題。

筆者在水土保持與生態系演化的課題也特別有興趣，在整合這些議題後，發現共同點是在土壤有機質的含量變化，現代(化學)農業的土地，在幾輪生長季的耕作之後，土壤有機質的含量就會快速下降，有些農地變化的明顯程度，直接可以從土壤的顏色改變顯現出來，化學農業對此就是投入更多的肥料來彌補，很快地就會發生土壤劣變酸化的現象，然後慢慢走上沙漠化，而農地復育的首要重點就在提高土壤有機質含量，在現代(化學)農業的農地管理建議中，鼓勵施用有機肥，鼓勵休耕，鼓勵種植綠肥作物，歸根究柢就是要補充有機質。

土壤有機質含有豐富的微生物族群以及動植物族群(如蚯蚓，藻類等)，就是土壞生命力的源頭，沒了土壤有機質就沒了生命力，將蔬菜種在沒有有機質的土地，就像住進加護病房的人，怎麼會健康呢？又如何會有生命力？如此種出來的蔬菜，又怎麼會好吃呢？加一點調味料吧！

翻轉觀念

調味料與提味料

調味料顧名思義就是調出味道的材料，如果蔬菜等食材本來就有香氣滋味，請問要調出甚麼味道？

鹽與糖是常使用的兩種調味料，鹽放太多了，整盤菜就只吃到鹹味，糖放太多了，整盤菜就只有甜味，食材的原本味道都會不見了，更糟的是你的味蕾被過多的鹽與過多的糖麻痺了，而無法感受食材的味道，如果糖與鹽使用的恰到好處，品嚐菜餚時，感受不到鹹味與甜味，反而是食材的香氣與滋味被強化了，這就是所謂的提味。使用少量的調味料（鹽、糖）提出食材原有最棒的香氣滋味，這是對你費心到小農攤子前挑選美好食材的最佳回報。熟悉了各種食材各自原本的香氣滋味，將這些食材混搭，利用彼此的氣味相互提味，則是更大的樂趣！不只是品嘗享受菜餚的樂趣，更是動手做菜可以獲得的成就感！

米飯與雜糧飯

白米飯淋上滷汁是令人垂涎的簡單美食，滑膩香甜的口感，正是滷肉飯風靡台灣的核心感覺，對於腰圍日寬的人，更是致命的吸引力，1990年代自從三高在台灣盛行以來，就有許多人建議改吃五穀雜糧飯或是糙米飯，許多自助餐店也提供了雜糧飯的選項，但是口感就是比不上白米飯，大多數的人還是添了白米飯，所以白米還是目前市售的主流。

有些自助餐店提供的五穀飯口感不輸白米飯，仔細品嚐後，發現經常可以吃到其中含有糯米與白米，糯米的香甜又比白米更濃，其他的五穀成分又偏少的搭配下，這種五穀飯配方口感與滋味自然不輸白米飯。至於主打全營養高纖的糙米飯，一般人的反應就是口感不佳又磨牙，但是如果這些糙米能夠多磨去幾分外表的糙米層，不必堅持要吃到所有的糊粉層，保留至少一半的糊粉層，那麼這樣的糙米飯吃起來的口感，其實與白米相去不遠，更重要的是米飯的香氣會更濃厚，因為糊粉層含有的成分有許多是有香氣的，買米的時候不妨花點時間，挑選去除表皮比較多的糙米，這樣的糙米，烹煮的時間跟白米相同，也不需事先浸泡。

對於市面上不時就會出現的廣告，許多號稱超級穀物，這些其實都是主食作物，只是不同地區的人們的日常飲食而已，但是對食物日趨單一化的現代人而言，食用這些不同穀物，就是在增加食物的多樣性，對於營養的平衡是具有重大意義的，也難怪要掛上超級穀物的頭銜了，所以為了要增加食物多樣性，在每鍋煮的飯裡面，維持總量不變(也就是控制澱粉量)，混入這些超級穀物，取代原本白米的份量，這些不同的穀物有各自的口感與滋味，雖然都屬於澱粉作物，但氣味不同，值得細細品味，自己做配方，又是一種飲食的樂趣！

多樣性食材與營養平衡

自己購買食材自己烹煮是從根本掌握飲食的最佳方法，清楚認識每樣食材的特性與來源，就是讓這些食物知識發揮力量的機會，再透進食過程與餐後身體的感覺反應所產生的互動，依此選擇下一餐的食物，就是將知識進一步提升成為智慧的方法。

飲食的多樣性主要是來自不同種類的作物，對現代人而言，科學的訓練讓人透過外表的差異，直接就看到核心的成分，例如；對大多數人而言，麵粉與米粉基本上就是澱粉，所以吃米粉與麵粉製成的食物都是一樣的，這對專業領域的人而言是不恰當的，因為在化學分析上，稻米的澱粉分子結構與小麥的澱粉分子結構仍然是可以區分的，但是從食物的角度而言，可能升糖指數GI是大眾所關切的，兩者在升糖指數而言是相近的，所以他們就是一樣的。

這對去除了米粒與麥粒外層的糊粉層之後，所研磨而成的精白麵粉與精白米粉而言，兩者的相似度真的是提高了，但是全麥麵粉與糙米粉兩者的差異就明顯多了，所以選購全麥與糙米製作食物，就是在飲食中增加了多樣性。自行調配超級穀物與米飯的配比煮出多穀飯，也是一種增加多樣性的方法，透過各種穀物各自糊粉層所含有的元素與營養素，在健康的層次上，可以達到營養學所強調的平衡，在感官上，可以讓飲食的變化性提高。

從這些主食作物延伸，進一步到蔬菜，分辨各種被誤以為是蔬菜的澱粉作物，不必排斥這些食材，食用的時候以澱粉來歸類就好了，只要相對減少米飯和麵條的量。各種蔬菜作物各有最佳的生長季節，在最佳的季節氣候條件下，病蟲害的發生也少或是植物本身的抵抗力都是最好的，因此也不太需要農藥的幫忙，現代慣行農業的農法下，用藥量也會減少，滋味氣味也可能比較好，有機生產的蔬菜則會更好，市場上各個攤位都在賣的蔬菜，價格又便宜又好吃，這就是許多人提倡吃當季蔬菜背後的理由。多樣性蔬菜的選擇不妨從根、莖、葉、花、果、種子等植物的部位來挑選，搭配不同植物部位，其營養素的差異性大，所創造出來的飲食多樣性自然也大，營養也更平衡了。

多樣性食材與極端氣候

近年來，氣候變遷的話題甚囂塵上，極端氣候的發生次數，已經多到讓人不得不承認這個事實了，極端氣候的威力已經逐漸深入人們的生活中，目前大家感受到的水災，土石流，旱災，自來水輪流供應的生活不便就是切身之痛，最近的例子是2021年台灣入夏期間，農業與工業爭奪水庫儲水，面對經濟成長與GDP貢獻度龐大的數字差異，農業只能默默採取休耕，讓大片農地荒蕪，這一季的稻米生產是要大大減少了，如果因應工農爭水議題，每年都是採取休耕的決策，台灣距離大規模進口稻米的日子就不遠了，這種進口稻米的日子，在2007年全球稻米價格飆漲，讓以糧食進口為主的新加坡，受盡了鄰國的刁難，翻漲數倍捧著現金仍難取得稻米，發生真實版的糧食危機，事件後，隔年新加坡派遣前後三任的農業部長四處張羅，尋求土地與農業人才，以求糧食生產的自主，筆者因而有機會與新加坡的淡馬錫基金主管面對面會談。透過深入廣泛討論的話題，讓筆者深感氣候議題對糧食安全的重要性，自此常常放在心上。多年思考觀察之後，發現透過增加現代人飲食的多樣性，回歸到現代農業征服全球農地之前的飲食多樣性，是一個解決的方法，對應現代極端氣候的挑戰，正是一個對症下藥的良方，可以達到一舉數得的功效。

台灣在日據時代興建了許多的水利設施，提供了水源，改善許多區域原本惡劣的農業生產環境，打下後續發展現代農業的基礎，但更早之前，先民們在沒有這些水利設施之下，雖然備極辛苦，仍能生產糧食繁衍後代。現代的政府與農民一心想要企業化，規模化，甚至國際化，站在現代農業的基礎上，陸續提出各種農作物專業生產區，農業產銷班，小地主大佃農制度，這些制度都是在鼓勵推行現代農業，進一步走上單一作物專業生產的系統。

我們作物種類的多樣性越來越少，大多數的農民專精種植特定的一兩種作物，農民喪失生產多種作物的能力與經驗，這同時也讓農民的彈性與農業的韌性降低，雖然這是順應世界潮流，但是卻也是追隨發展現代農業系統的一個嚴重而必然的後果。對這種作物多樣性的降低，聯合國農糧組織已經發出嚴重警告，對這些警告，許多人覺得是放羊小孩的行為。

今日世界中，糧食安全最嚴重的非洲就是最佳的例證，早在西方歐洲國家進入大航海時代之前，在非洲大陸上長滿的是各式各樣的作物，有超過2000種以上原生的穀類作物，蔬菜與果樹(26－28)，滋養當地的人口，但是外來的殖民者，強迫當地人種植咖啡可可等經濟作物後，並以歐洲的小麥進口，取代當地糧食作物，幾代之後，吃慣了進口小麥，當地的農民根本忘記原本的糧食作物，更遑論種植的技術，淪落至今成為飢荒的常客。

台灣專業的農民已經出現這樣的影子了，如果不鼓勵農民種植多種作物，這些作物的種植技術很快就會流失。近十餘年的生物科技發展，促使台灣農業發展基石之一的農業改良場系統大幅換血轉型，新納入的人力技術已提升到分子生物級的水準，但是相對地也排擠到其他農業基礎領域的發展，與作物多樣性發展最直接的耕作制度Cropping system，已經多年乏人問津，也流失了研究的動能。許多被認定為放羊小孩的農業界人士，多年的憂心，眼看著一步一步成真。

台灣如果不願意淪為糧食安全的受害者，作為一個看似無力的消費者，你可以做的事情，就是多購買、消費台灣生產的各種雜糧作物，當一個潮人，這些雜糧作物現在有一個新名詞：超級穀物，透過購買，用鈔票鼓勵農民種植這些超級穀物（雜糧作物），紅藜已經在這幾年被台灣人炒紅了，證明台灣人對不熟悉的穀物是有興趣的，這是可以效法的。

與其對政府官員大聲疾呼，請他們重視作物多樣性，還不如採取現代行銷策略，從自己做起，影響周邊的人，鼓勵大眾消費台灣本土生產的超級穀物，當這個市場被推起來了，這些官員絕對會一改相應不理的態度，競相加碼，讓大家有更多更好的超級穀物！當一個智慧飲食者，在現在超級穀物醞釀的階段，默默地在每一餐投下一票支持票，不管最終這波超級穀物浪潮掀起何等的浪花，作為一個原始忠誠的支持者，現在的每一餐，你都已經在享受成果，平衡的營養與豐富的飲食體驗就是你的最實在的獎賞！

食物調養與中醫藥食同源

認真感受自己身體的反應，調整每一餐飲食讓身體更舒服，步伐更輕盈，這就是智慧飲食所能帶給你最大的功效，不必在乎是哪一種飲食法，踏踏實實去做，日起有功，你的感覺會證明這條路是正確的。前提是要相信自己真正的感覺，第一個萌起的感覺才是真的，再想要去描述形容這個感覺，已經開始扭曲原始的感覺，你不需要向任何人報告，更無須解釋說明，所以就是專注於感覺就好了！

這種憑感覺辨事的說法，對現代人而言根本是天方夜譚，絕對不可靠的，非要有檢驗報告的數據才可以，這是現代西方醫學薰陶之下所逐漸養成的習慣，打破這個慣性吧，認真地與自己的感覺相處！

在這些檢驗數據出現之前，東西方的醫生們，是怎麼醫治患者的？這樣子的行為持續了幾千年，古埃及的醫生，印度的阿育吠陀醫者，中國的漢醫，蒙醫及藏醫等醫治了廣大區域的人類，醫生們憑著感覺替人治病，透過觀察病人的氣色，聽聞病人的敘述，觸探病人的脈象，再詢問病人釐清疑點，這是中國醫學發展出來的一套系統性診斷方法：望、聞、切、問，數千年來，在沒有現代醫學科學數據與影像資料協助之下，仍然竭力的治療病人，解病患於倒懸之中。

中醫的醫典「備急千金要方」是唐朝孫思邈所著，是匯集唐朝之前歷代的臨床診斷百科醫書，對於醫生診斷用藥及醫治都有詳細的解說，對於一般人而言，或許學習脈理針灸很困難，但是印證基本原理卻是不須外求，就在自己這個身體，無時不刻在運行流轉著，隨時都可以去感覺印證，傳統的中醫師透過這些系統性的方法，利用自己的感覺，感受病人身體的各種現象進行診治，自己感受自己身體的反應，來調整食物，進行食療，調理自己的健康，又有何妨，不使用藥材，又有何懼？

在現代營養學流行的風潮，食物是很多人日日關切的話題，但是多帶有行銷目的，只要購買相關產品問題即可解決，健康就會恢復。急症外傷需要到醫院就診，但是治療之後的健康復原，還是要回到飲食，備急千金要方第二十六卷食治方，列舉了各種食材的特性，主要在討論熱、溫、平、涼、寒等人體食用後的作用反應，民間流傳的許多食療的說法大多與此有關，但是在現代醫學科學與營養學的影響之下，常被視為無稽之談，在講究數據影像等外在證據的時代，這些說法確實令人匪夷所思，筆者也無足夠的證據多談此一議題，但是自己在熟悉了身體與食物互動的感覺過程後，對於這些食物的熱、溫、平、涼、寒，常有如人飲水的感嘆，古人誠不我欺！

筆者跨入智慧飲食的大門之後，觀察自身的反應與食物的互動，摸索前進，偶有心得，增添日常生活的樂趣，入門熟悉這些感覺後，開始以中醫的角度，探索食物的溫涼性質，自調自適，反覆印證，更覺興趣盎然，雖僅窺堂奥之美，竊以為這是智慧飲食的康莊大道，不敢藏私，甘冒科學之大不諱，仍以小篇幅述之，謹以為記，共勉之。

acids help digest these foods : C_S_T, (available at https://www.reddit.com/r/C_S_T/comments/6lwx7x/gluten_intolerance_is_really_glyphosate/).

22. IFOAM Standard | IFOAM, (available at https://www.ifoam.bio/our-work/how/standards-certification/organic-guarantee-system/ifoam-standard).

23. IFOAM Accreditation - IOAS, (available at https://ioas.org/services/organic-agriculture/ifoam-accreditation/).

24. The Organic Guarantee System | IFOAM, (available at https://www.ifoam.bio/our-work/how/standards-certification/organic-guarantee-system).

25. Organic 3.0: For Truly Sustainable Farming & Consumption | IFOAM, (available at https://www.ifoam.bio/why-organic/organic-landmarks/organic-30-truly-sustainable).

26. N. R. Council, Policy and Global Affairs, Office of International Affairs, Board on Science and Technology for International Development, Lost Crops of Africa: Volume I: Grains (Lost Crops of Africa Vol. I) (National Academies Press, Washington, D.C, Illustrated., 1996).

27. N. R. Council, Policy and Global Affairs, S., and Cooperation Development, Lost Crops of Africa: Volume II: Vegetables (National Academies Press, Washington, D.C, 2006).

28. N. R. Council, Policy and Global Affairs, S., and Cooperation Development, Lost Crops of Africa: Volume III: Fruits (Lost Crops of Africa Vol. I) (National Academies Press, Washington, D.C, Illustrated., 2008).

ies, (available at https://www.csis.org/analysis/urbanization-opportunity-and-development).

3. Fact Check: Reynolds says one Iowa farmer feeds 155 people worldwide | The Gazette, (available at https://www.thegazette.com/government-politics/fact-check-reynolds-says-one-iowa-farmer-feeds-155-people-worldwide/).

4. H. Cash, C. D. Rae, A. H. Steel, A. Winkler, Internet Addiction: A Brief Summary of Research and Practice. Curr. Psychiatry Rev. 8, 292–298 (2012).

5. 網路成癮症候群 | 衛教資訊 | 便民服務 | 衛生福利部臺中醫院, (available at https://www.taic.mohw.gov.tw/?aid=509&pid=86&page_name=detail&type=978&iid=623).

6. J. M. Chapel, M. D. Ritchey, D. Zhang, G. Wang, Prevalence and medical costs of chronic diseases among adult medicaid beneficiaries. Am. J. Prev. Med. 53, S143–S154 (2017).

7. List of diets - Wikipedia, (available at https://en.wikipedia.org/wiki/List_of_diets).

8. 穿戴裝置普及 有利遠距醫療 - i 創科技, (available at https://itritech.itri.org.tw/blog/telehealth-wearable-device/).

9. Remote Medication Management System - Class II Special Controls Guidance for Industry and FDA Staff | FDA, (available at https://www.fda.gov/medical-devices/guidance-documents-medical-devices-and-radiation-emitting-products/remote-medication-management-system-class-ii-special-controls-guidance-industry-and-fda-staff).

10. 產業技術評析 智慧手錶訴求醫療級功效, (available at https://www.moea.gov.tw/mns/doit/industrytech/IndustryTech.aspx?menu_id=13545&it_id=236).

11. 中華民國糖尿病學會, (available at http://www.endo-dm.org.tw/dia/direct/index.asp?BK_KIND=36&current=%E8%87%BA%E7%81%A3%E7%B3%96%E5%B0%BF%E7%97%85%E5%B9%B4%E9%91%912019%E7%AC%AC2%E5%9E%8B%E7%B3%96%E5%B0%BF%E7%97%85+++++++++++++).

12. 賣早餐　卡位千億大市場 | 天下雜誌, (available at https://www.cw.com.tw/article/5003077).

13. 台灣速食餐飲協會 - 早餐, 早餐速食, 早餐速食促進協會, 早餐促進會, 早餐協會, (available at http://www.tbf.org.tw/).

14. A. Samsel, S. Seneff, Glyphosate, pathways to modern diseases II: Celiac sprue and gluten intolerance. Interdiscip. Toxicol. 6, 159–184 (2013).

15. A. Samsel, S. Seneff, Glyphosate, pathways to modern diseases III: Manganese, neurological diseases, and associated pathologies. Surg Neurol Int. 6, 45 (2015).

16. C. Caiati, P. Pollice, S. Favale, M. E. Lepera, The herbicide glyphosate and its apparently controversial effect on human health: an updated clinical perspective. Endocr. Metab. Immune Disord. Drug Targets. 20, 489–505 (2020).

17. AP-42: Compilation of Air Emissions Factors | US EPA, (available at https://www.epa.gov/air-emissions-factors-and-quantification/ap-42-compilation-air-emissions-factors).

18. A. Samsel, S. Seneff, Glyphosate, pathways to modern diseases IV: cancer and related pathologies. JBPC. 15, 121–159 (2015).

19. A. Samsel, S. Seneff, Glyphosate pathways to modern diseases V: Amino acid analogue of glycine in diverse proteins. JBPC. 16, 9–46 (2016).

20. A. Samsel, S. Seneff, Glyphosate pathways to modern diseases VI: Prions, amyloidoses and autoimmune neurological diseases. JBPC. 17, 8–32 (2017).

21. Gluten Intolerance is really Glyphosate Intolerance. When Round Up started to be used commercially in the 90's Celiac cases went up hand in hand with Round Up spraying. Glyphosate interrupts the pathways of Three Important Amino acids. Those same Amino

mohw.gov.tw/cp-16-26527-1.html).

29. R. H. Kwok, Chinese-restaurant syndrome. N. Engl. J. Med. 278, 796 (1968).

30. MSG symptom complex: MedlinePlus Medical Encyclopedia, (available at https://medlineplus.gov/ency/article/001126.htm).

31. K. IKEDA, On a new seasoning. J. Tokyo Chem. Soc. 30, 820–836 (1909).

32. The History of MSG – Monosodium Glutamate (MSG) Facts, (available at https://glutamate.com/the-history-of-msg/).

33. R. Kumar, D. Vikramachakravarthi, P. Pal, Production and purification of glutamic acid: A critical review towards process intensification. Chemical Engineering and Processing: Process Intensification. 81, 59–71 (2014).

34. T. Yamamoto, in Koku in food science and physiology: recent research on a key concept in palatability, T. Nishimura, M. Kuroda, Eds. (Springer Singapore, Singapore, 2019), pp. 17–31.

35. 蘇遠志 . 台灣味精工業的發展歷程 - 回顧與前瞻 . 科學發展 , 457, 151-154. (2011)

36. U. Masic, M. R. Yeomans, Umami flavor enhances appetite but also increases satiety. Am. J. Clin. Nutr. 100, 532–538 (2014).

37. J. W. Olney, Brain lesions, obesity, and other disturbances in mice treated with monosodium glutamate. Science. 164, 719–721 (1969).

38. J. Rhodes, A. C. Titherley, J. A. Norman, R. Wood, D. W. Lord, A survey of the monosodium glutamate content of foods and an estimation of the dietary intake of monosodium glutamate. Food Addit Contam. 8, 663–672 (1991).

39. W. Yang, M. Drouin, M. Herbert, Y. Mao, J. Karsh, The monosodium glutamate symptom complex: Assessment in a double-blind, placebo-controlled, randomized studyl. Journal of Allergy and Clinical Immunology. 99, 757–762 (1997).

40. R. L. Blaylock, Excitotoxins: The Taste That Kills (Health Press (NM), Santa Fe, N.M, ed. 1, 1996).

41. Excitotoxins: The Taste That Kills | The Suppers Programs, (available at https://www.thesuppersprograms.org/content/excitotoxins-taste-kills).

42. D. R. Lucas, J. P. Newhouse, The toxic effect of sodium L-glutamate on the inner layers of the retina. AMA Arch. Ophthalmol. 58, 193–201 (1957).

43. Home | CODEXALIMENTARIUS FAO-WHO, (available at http://www.fao.org/fao-who-codexalimentarius/home/en/).

44. Pesticides | CODEXALIMENTARIUS FAO-WHO, (available at http://www.fao.org/fao-who-codexalimentarius/codex-texts/dbs/pestres/pesticides/en/).

45. Guidelines | CODEXALIMENTARIUS FAO-WHO, (available at http://www.fao.org/fao-who-codexalimentarius/codex-texts/guidelines/en/).

46. K. L. Hawley et al., The science on front-of-package food labels. Public Health Nutr. 16, 430–439 (2013).

第五章 跨入智慧飲食的大門

1. 關於《米其林指南》, (available at https://guide.michelin.com/tw/zh_TW/about-the-michelin-guide-taipei).

2. Urbanization, Opportunity, and Development | Center for Strategic and International Stud-

6. 食回安全｜林惠君｜遠見雜誌, (available at https://www.gvm.com.tw/article/3640).

7. 【果蔬上的殘毒】「地審」還是「地毒」？｜環境資訊中心, (available at https://e-info.org.tw/node/95584).

8. 農藥殘留容許量標準 - 全國法規資料庫, (available at https://law.moj.gov.tw/LawClass/LawAll.aspx?pcode=L0040083).

9. 起雲劑、DEHP 事件！必學 5 招面對有毒塑化劑｜天下雜誌, (available at https://www.cw.com.tw/article/5013064).

10. Q&A - 起雲劑遭塑化劑污染專區 - 衛生福利部食品藥物管理署, (available at https://www.fda.gov.tw/tc/siteContent.aspx?sid=2481).

11. S. P. Cauvain, L. S. Young, The chorleywood bread process (Woodhead Publishing Limited, 2006).

12. Chorleywood: The bread that changed Britain - BBC News, (available at https://www.bbc.com/news/magazine-13670278).

13. P. H. R. Green M.D., R. Jones, Celiac Disease (Revised and Updated Edition): A Hidden Epidemic (William Morrow, New York, N.Y, Revised, Updated., 2010).

14. A. Whitley, Bread Matters (Harpercollins, UK., 2009).

15. The Rise of the Real Bread Movement - Caldesi, (available at https://www.caldesi.com/the-rise-of-the-real-bread-movement/).

16. V. K. Bajpai et al., Prospects of using nanotechnology for food preservation, safety, and security. J. Food Drug Anal. 26, 1201–1214 (2018).

17. P. J. P. Espitia, C. G. Otoni, N. F. F. Soares, in Antimicrobial Food Packaging (Elsevier, 2016), pp. 425–431.

18. M. Carbone, D. T. Donia, G. Sabbatella, R. Antiochia, Silver nanoparticles in polymeric matrices for fresh food packaging. Journal of King Saud University - Science. 28, 273–279 (2016).

19. D. S. Jackson, D. L. Shandera, Corn wet milling: separation chemistry and technology. Adv. Food Nutr. Res. 38, 271–300 (1995).

20. World of Corn 2021, (available at http://www.worldofcorn.com/#/).

21. M. C. Yebra-Biurrun, in Encyclopedia of analytical science (Elsevier, 2005), pp. 562–572.

22. R. O. Marshall, E. R. Kooi, Enzymatic conversion of D-glucose to D-fructose. Science. 125, 648–649 (1957).

23. A brief history of high fructose corn syrup, (available at https://clarkstreetpress.com/a-brief-history-of-high-fructose-corn-syrup/).

24. AP 42, Fifth Edition, Volume I Chapter 9: Food and Agricultural Industries | Air Emissions Factors and Quantification | US EPA, (available at https://www.epa.gov/air-emissions-factors-and-quantification/ap-42-fifth-edition-volume-i-chapter-9-food-and-0).

25. It's Time to Rethink America's Corn System - Scientific American, (available at https://www.scientificamerican.com/article/time-to-rethink-corn/).

26. How corn made its way into just about everything we eat - The Washington Post, (available at https://www.washingtonpost.com/news/wonk/wp/2015/07/14/how-corn-made-its-way-into-just-about-everything-we-eat/).

27. Corn (Elsevier, 2019).

28. 食物 GI 知多少 吃出健康少煩惱！ - 衛生福利部, (available at https://www.

19. H. J. Creech, Historical review of the American Association of Cancer Research, Inc., 1941--1978. Cancer Res. 39, 1863–1890 (1979).

20. R. Williams, Biochemical Individuality (McGraw-Hill Education, New Canaan, Ct, ed. 1, 1998).

21. L. Pauling, Vitamin C and the Common Cold (W. H. Freeman, San Francisco, ed. 1st, 1970).

22. Vitamin C and the common cold. J R Coll Gen Pract (1971).

23. H. Hemilä, E. Chalker, Vitamin C for preventing and treating the common cold. Cochrane Database Syst. Rev., CD000980 (2013).

24. L. Schwingshackl et al., Dietary supplements and risk of cause-specific death, cardiovascular disease, and cancer: a protocol for a systematic review and network meta-analysis of primary prevention trials. Syst. Rev. 4, 34 (2015).

25. Supplements Send Thousands of Americans to Emergency Room Every Year, Study Finds, (available at https://www.nbcnews.com/health/health-news/supplements-send-thousands-people-emergency-room-every-year-study-finds-n444681?icid=related).

26. Surveillance of Adverse Events for Dietary Supplements | RAPS, (available at https://www.raps.org/regulatory-focus%e2%84%a2/news-articles/2017/11/surveillance-of-adverse-events-for-dietary-supplements).

27. Dietary Supplements: A Historical Examination of its Regulation, (available at http://nrs.harvard.edu/urn-3:HUL.InstRepos:8852130).

28. Institute of Medicine (US) and National Research Council (US) Committee on the Framework for Evaluating the Safety of Dietary Supplements, Dietary supplements: A framework for evaluating safety (National Academies Press (US), Washington (DC), 2005).

29. Half of Americans use supplements - CNN.com, (available at http://edition.cnn.com/2011/HEALTH/04/13/supplements.dietary/index.html).

30. Dietary Supplement Use Reaches All Time High | Council for Responsible Nutrition, (available at https://www.crnusa.org/newsroom/dietary-supplement-use-reaches-all-time-high).

31. K. M. Wilson et al., Use of complementary medicine and dietary supplements among U.S. adolescents. J. Adolesc. Health. 38, 385–394 (2006).

32. J. Kennedy, Herb and supplement use in the US adult population. Clin. Ther. 27, 1847–1858 (2005).

第四章 食物到毒物

1. A. Hailey, R. L. Chidavaenzi, J. P. Loveridge, Diet mixing in the omnivorous tortoise Kinixys spekii. Funct. Ecol. 12, 373–385 (1998).

2. M. S. Singer, E. A. Bernays, UNDERSTANDING OMNIVORY NEEDS A BEHAVIORAL PERSPECTIVE. Ecology. 84, 2532–2537 (2003).

3. J. L. Weisdorf, From foraging to farming: explaining the neolithic revolution. J Econ Surv. 19, 561–586 (2005).

4. 食品安全衛生管理法 - 全國法規資料庫, (available at https://law.moj.gov.tw/LawClass/LawAll.aspx?PCode=L0040001).

5. Regulation (EC) No 258/97 of the European Parliament and of the Council of 27 January 1997 concerning novel foods and novel food ingredients - Publications Office of the EU, (available at https://op.europa.eu/en/publication-detail/-/publication/f70927b0-8f64-4bad-b142-82a6f8f96e11/language-en/format-PDFA1B).

US, Boston, MA, 2017), Food Engineering Series.

61. Sugar in Wine Chart (Calories and Carbs) | Wine Folly, (available at https://winefolly.com/deep-dive/sugar-in-wine-chart/).

62. S. M. Barbalho et al., Grape juice or wine: which is the best option? Crit. Rev. Food Sci. Nutr. 60, 3876–3889 (2020).

蔬菜到藥丸

1. Working group on nutrition and feeding problems (National Academies Press, Washington, D.C., 1963).

2. M. Cooper, G. Douglas, M. Perchonok, Developing the NASA food system for long-duration missions. J. Food Sci. 76, R40–8 (2011).

3. G. L. Douglas, S. R. Zwart, S. M. Smith, Space food for thought: challenges and considerations for food and nutrition on exploration missions. J. Nutr. 150, 2242–2244 (2020).

4. NASA, Space food and nutrition - An Educator's Guide With Activities in Science and Mathematics. EG-1999-02-115-HQ.

5. NASA. Human Adaptation to Spaceflight: The Role of Food and Nutrition. 2nd Ed. (2021)

6. G.-S. Sun, J. C. Tou, D. Yu, B. E. Girten, J. Cohen, The past, present, and future of National Aeronautics and Space Administration spaceflight diet in support of microgravity rodent experiments. Nutrition. 30, 125–130 (2014).

7. H. W. Lane, C. Bourland, A. Barrett, M. Heer, S. M. Smith, The role of nutritional research in the success of human space flight. Adv. Nutr. 4, 521–523 (2013).

8. How the Moon Landing Led to Safer Food for Everyone | NASA Spinoff, (available at https://spinoff.nasa.gov/moon-landing-food-safety).

9. Happy 50th Birthday to HACCP: Retrospective and Prospective, (available at https://www.food-safety.com/articles/3874-happy-50th-birthday-to-haccp-retrospective-and-prospective).

10. Evolution of HACCP: A Natural Progression to ISO 22000, (available at https://www.food-safety.com/articles/4577-evolution-of-haccp-a-natural-progression-to-iso-22000).

11. K. J. Carpenter, A short history of nutritional science: part 1 (1785-1885). J. Nutr. 133, 638–645 (2003).

12. K. J. Carpenter, A short history of nutritional science: part 3 (1912-1944). J. Nutr. 133, 3023–3032 (2003).

13. K. J. Carpenter, A short history of nutritional science: part 2 (1885-1912). J. Nutr. 133, 975–984 (2003).

14. nutrition | Definition, Importance, & Food | Britannica, (available at https://www.britannica.com/science/nutrition).

15. D. Harman, Aging: a theory based on free radical and radiation chemistry. J Gerontol. 11, 298–300 (1956).

16. Historical Leading Causes of Death | NCHStats, (available at https://nchstats.com/2007/07/06/historical-leading-causes-of-death/).

17. I. B. Weinstein, K. Case, The history of Cancer Research: introducing an AACR Centennial series. Cancer Res. 68, 6861–6862 (2008).

18. V. A. Triolo, I. L. Riegel, The American Association for Cancer Research, 1907-1940. Historical review. Cancer Res. 21, 137–167 (1961).

381, 480–481 (1996).

40. H. Li et al., The worlds of wine: Old, new and ancient. Wine Economics and Policy. 7, 178–182 (2018).

41. History of Cider | WSU Cider | Washington State University, (available at https://cider.wsu.edu/history-of-cider/).

42. Thomas Bramwell Welch - Wikipedia, (available at https://en.wikipedia.org/wiki/Thomas_Bramwell_Welch).

43. HISTORY OF BEVERAGE: History of grape juice processing in North America, (available at https://www.beveragehistory.com/2013/02/history-of-grape-juice-processing-in.html).

44. A. Lianou, E. Z. Panagou, G. J. E. Nychas, in The stability and shelf life of food (Elsevier, 2016), pp. 3–42.

45. 台灣食品安全事件列表 - 維基百科，自由的百科全書, (available at https://zh.wikipedia.org/zh-tw/%E5%8F%B0%E7%81%A3%E9%A3%9F%E5%93%81%E5%AE%89%E5%85%A8%E4%BA%8B%E4%BB%B6%E5%88%97%E8%A1%A8).

46. P. Ashurst, in The stability and shelf life of food (Elsevier, 2016), pp. 347–374.

47. "California Grape Crush 2020 Final Report."

48. R. Ward, A Brief History of Fruit and Vegetable Juice Regulation in the United States (2011).

49. CREC History, (available at https://web.archive.org/web/20161202045858/http://www.crec.ifas.ufl.edu/about/History/frozenconcentrate.shtml).

50. History - University of Florida, Institute of Food and Agricultural Sciences, (available at https://crec.ifas.ufl.edu/about-us/history/).

51. How World War II Brought the World Frozen Orange Juice | Time, (available at https://time.com/4922457/wwii-orange-juice-history/).

52. A. Hamilton, Squeezed: What You Don't Know About Orange Juice (Yale Agrarian Studies Series) (Yale University Press, New Haven, 2nd Printing., 2009; http://www.jstor.org/stable/j.ctt1nq2s5).

53. 公告修正「宣稱含果蔬汁之市售包裝飲料標示規定」，相關業者應於 103 年 7 月 1 日起依循辦理 - 衛生福利部, (available at https://www.mohw.gov.tw/cp-3199-22258-1.html).

54. I. Muraki et al., Fruit consumption and risk of type 2 diabetes: results from three prospective longitudinal cohort studies. BMJ. 347, f5001 (2013).

55. R. K. Johnson et al., Dietary sugars intake and cardiovascular health: a scientific statement from the American Heart Association. Circulation. 120, 1011–1020 (2009).

56. A. K. Bergfeld et al., N-glycolyl groups of nonhuman chondroitin sulfates survive in ancient fossils. Proc. Natl. Acad. Sci. USA. 114, E8155–E8164 (2017).

57. Why do humans crave sugary foods? Shouldn't evolution lead us to crave healthy foods? | Science Questions with Surprising Answers, (available at https://wtamu.edu/~cbaird/sq/2015/08/17/why-do-humans-crave-sugary-foods-shouldnt-evolution-lead-us-to-crave-healthy-foods/).

58. Why Our Brains Love Sugar - And Why Our Bodies Don't | Psychology Today, (available at https://www.psychologytoday.com/us/blog/the-mindful-self-express/201302/why-our-brains-love-sugar-and-why-our-bodies-dont).

59. Guideline: sugars intake for adults and children (World Health Organization, Geneva, 2015), WHO guidelines approved by the guidelines review committee.

60. F. Yildiz, R. C. Wiley, Eds., Minimally processed refrigerated fruits and vegetables (Springer

Genet. 18, 426–430 (2002).

17. 詩經：國風：豳風：七月 - 中國哲學書電子化計劃, (available at https://ctext.org/book-of-poetry/qi-yue/zh).

18. Neuberger, The Technical Arts And Sciences Of The Ancients (Routledge, 2002).

19. 夏傳才, 詩經研究史概要 (萬卷樓發行：三民總經銷, 臺北市, 1993).

20. O. E. Anderson, Refrigeration In America;: A History Of A New Technology And Its Impact (Kennikat Press, Port Washington, N.Y, 1972).

21. Arora, Refrigeration and Air Conditioning (PHI, ed. 1st, 2010).

22. S. Freidberg, Fresh: A Perishable History (Belknap Press: An Imprint of Harvard University Press, 2010).

23. H. T. Meryman, Historical recollections of freeze-drying. Dev Biol Stand. 36, 29–32 (1976).

24. A. Figiel, A. Michalska, Overall Quality of Fruits and Vegetables Products Affected by the Drying Processes with the Assistance of Vacuum-Microwaves. Int. J. Mol. Sci. 18 (2016), doi:10.3390/ijms18010071.

25. Application of vacuum in the food industry - New Food Magazine, (available at https://www.newfoodmagazine.com/article/9153/application-of-vacuum-in-the-food-industry/).

26. Historical Origins of Food Preservation. National Center for Home Food Preservation (2002), (available at https://nchfp.uga.edu/publications/nchfp/factsheets/food_pres_hist.html).

27. A. H. Paterson, P. H. Moore, T. L. Tew, in Genomics of the saccharinae, A. H. Paterson, Ed. (Springer New York, New York, NY, 2013), pp. 43–71.

28. E. J. Sacks, J. A. Juvik, Q. Lin, J. R. Stewart, T. Yamada, in Genomics of the saccharinae, A. H. Paterson, Ed. (Springer New York, New York, NY, 2013), pp. 73–101.

29. P. Faas, Around the Roman Table: Food and Feasting in Ancient Rome (University of Chicago Press, Chicago, ed. 1, 2005).

30. USDA Canning Guide, 2015, (available at https://mdc.itap.purdue.edu/item.asp?Item_Number=AIG-539).

31. Home Canning Jams, Jellies, and Other Soft Spreads. https://laurel.ca.uky.edu/files/home_canning_jams_jellies.pdf. (2017)

32. 26 Ways to Use Up a Jar of Jam (or Marmalade) | Epicurious, (available at https://www.epicurious.com/ingredients/26-ways-to-cook-with-jam-marmalade-article).

33. R. Garcia, J. Adrian, Nicolas appert: inventor and manufacturer. Food Reviews International. 25, 115–125 (2009).

34. Nicolas Appert | Encyclopedia.com, (available at https://www.encyclopedia.com/people/food-and-drink/food-and-cooking-biographies/nicolas-appert).

35. R. C. Wiley, Minimally Processed Refrigerated Fruits & Vegetables (Springer, New York, ed. 1, 1994).

36. J. Wang et al., Revealing a 5,000-y-old beer recipe in China. Proc. Natl. Acad. Sci. USA. 113, 6444–6448 (2016).

37. P. McGovern et al., Early Neolithic wine of Georgia in the South Caucasus. Proc. Natl. Acad. Sci. USA. 114, E10309–E10318 (2017).

38. D. Cavalieri, P. E. McGovern, D. L. Hartl, R. Mortimer, M. Polsinelli, Evidence for S. cerevisiae fermentation in ancient wine. J. Mol. Evol. 57 Suppl 1, S226–32 (2003).

39. P. E. McGovern, D. L. Glusker, L. J. Exner, M. M. Voigt, Neolithic resinated wine. Nature.

47. A. Tay, R. K. Singh, S. S. Krishnan, J. P. Gore, Authentication of Olive Oil Adulterated with Vegetable Oils Using Fourier Transform Infrared Spectroscopy. LWT - Food Science and Technology. 35, 99–103 (2002).

48. Olive oil | European Commission, (available at https://ec.europa.eu/info/food-farming-fisheries/plants-and-plant-products/plant-products/olive-oil_en).

49. Olive Oil and Olive-Pomace Oil Grades and Standards | Agricultural Marketing Service, (available at https://www.ams.usda.gov/grades-standards/olive-oil-and-olive-pomace-oil-grades-and-standards).

50. 2014 年台灣劣質油品事件 - 維基百科，自由的百科全書，(available at https://zh.wikipedia.org/wiki/2014%E5%B9%B4%E5%8F%B0%E7%81%A3%E5%8A%A3%E8%B3%AA%E6%B2%B9%E5%93%81%E4%BA%8B%E4%BB%B6).

水果到果汁

1. 黃帝內經：素問：藏氣法時論 - 中國哲學書電子化計劃，(available at https://ctext.org/huangdi-neijing/cang-qi-fa-shi-lun/zh).

2. 本草綱目：果之一 - 中國哲學書電子化計劃，(available at https://ctext.org/wiki.pl?if=gb&chapter=344).

3. J. Janick, in Plant Breeding Reviews, J. Janick, Ed. (John Wiley & Sons, Inc., Oxford, UK, 2005), pp. 255–321.

4. K. J. Carpenter, A short history of nutritional science: part 1 (1785-1885). J. Nutr. 133, 638–645 (2003).

5. World Health Organization, "World Health Organization model list of essential medicines: 21st list 2019" (World Health Organization, Geneva, 2019).

6. 衛生福利部國民健康署 - 健康五蔬果，(available at https://www.hpa.gov.tw/Pages/Detail.aspx?nodeid=543&pid=715).

7. D. Zohary, P. Spiegel-Roy, Beginnings of fruit growing in the old world. Science. 187, 319–327 (1975).

8. 爾雅：釋木 - 中國哲學書電子化計劃，(available at https://ctext.org/er-ya/shi-mu/zh).

9. 齊民要術：卷四 - 中國哲學書電子化計劃，(available at https://ctext.org/wiki.pl?if=gb&chapter=628350).

10. 農業統計資料查詢，(available at https://agrstat.coa.gov.tw/sdweb/public/inquiry/InquireAdvance.aspx).

11. 台灣果樹產業結構調整現況（農委會），(available at https://www.coa.gov.tw/ws.php?id=4268).

12. 香蕉滯銷價跌「好人運動」揪眾助收購 | 公視新聞網 PNN, (available at https://news.pts.org.tw/article/375957).

13. Millions in Africa face starvation as huge locust swarms descend | World Economic Forum, (available at https://www.weforum.org/agenda/2020/06/locusts-africa-hunger-famine-covid-19/).

14. T. Hohm, T. Preuten, C. Fankhauser, Phototropism: translating light into directional growth. Am. J. Bot. 100, 47–59 (2013).

15. Food And Agriculture Organization Of The United Nations, Date Palm Cultivation (fao Plant Production And Protection Papers) (Fao, 2003).

16. S. A. Harris, J. P. Robinson, B. E. Juniper, Genetic clues to the origin of the apple. Trends

Wiley & Sons, Ltd, Chichester, UK, 2013), pp. 97–125.

28. M. S. Sutar, A. B. Ghogare, Solvent Extraction of Oil and It's Economy. International Journal for Scientific Research and Development (2017).

29. C. Paper, Methods for oil obtaining from oleaginous materials. Analele Universității din Craiova, seria Agricultură – Montanologie – Cadastru (Annals of the University of Craiova - Agriculture, Montanology, Cadastre Series) Vol. XLVI (2016)

30. 台灣食品安全史的大事件—「多氯聯苯中毒」, (available at http://www.kmuh.org.tw/www/kmcj/data/10303/11.htm).

31. 中華民國消費者文教基金會 - 維基百科，自由的百科全書, (available at https://zh.wikipedia.org/wiki/%E4%B8%AD%E8%8F%AF%E6%B0%91%E5%9C%8B%E6%B6%88%E8%B2%BB%E8%80%85%E6%96%87%E6%95%99%E5%9F%BA%E9%87%91%E6%9C%83).

32. J. Fao, who Codex Alimentarius Commission, Codex Alimentarius Commission: Fats, Oils & Related Products (v. 8) (Bernan Assoc, ed. 3, 2002).

33. A. S. Bawa, K. R. Anilakumar, Genetically modified foods: safety, risks and public concerns-a review. J. Food Sci. Technol. 50, 1035–1046 (2013).

34. J. Reske, J. Siebrecht, J. Hazebroek, Triacylglycerol composition and structure in genetically modified sunflower and soybean oils. J Am Oil Chem Soc. 74, 989–998 (1997).

35. Y. Li et al., Molecular characterization of edible vegetable oils via free fatty acid and triacylglycerol fingerprints by electrospray ionization Fourier transform ion cyclotron resonance mass spectrometry. Int. J. Food Sci. Technol. 55, 165–174 (2020).

36. Since 2007, India's govt has allowed import of GM edible oil, violating food safety laws, (available at https://gmwatch.org/en/news/archive/2018/18058-since-2007-india-s-govt-has-allowed-import-of-gm-edible-oil-violating-food-safety-laws).

37. List of genetically modified crops - Wikipedia, (available at https://en.wikipedia.org/wiki/List_of_genetically_modified_crops).

38. World Food Programme. G. application., Technical Specifications for FORTIFIED REFINED SUNFLOWER OIL. Ver. 4. (2020)

39. World Food Programme. G. application., Technical Specifications for FORTIFIED REFINED RAPESEED OIL. Ver. 3. (2020)

40. F. N. Salta, A. Mylona, A. Chiou, G. Boskou, N. K. Andrikopoulos, Oxidative Stability of Edible Vegetable Oils Enriched in Polyphenols with Olive Leaf Extract. Food Science and Technology International. 13, 413–421 (2007).

41. S. Sengupta, D. K. Bhattacharyya, J. Bhowal, Improved quality attributes in soy yogurts prepared from DAG enriched edible oils and edible deoiled soy flour. Eur. J. Lipid Sci. Technol. 120, 1800033 (2018).

42. Fat and oil processing - Pressing | Britannica, (available at https://www.britannica.com/science/fat-processing/Pressing#ref501287).

43. Mission & Basic Text - International Olive Council, (available at https://www.internationaloliveoil.org/about-ioc/mission-basic-text/).

44. J. M. Tabuenca, Toxic-allergic syndrome caused by ingestion of rapeseed oil denatured with aniline. Lancet. 2, 567–568 (1981).

45. E. Gelpí et al., The Spanish toxic oil syndrome 20 years after its onset: a multidisciplinary review of scientific knowledge. Environ. Health Perspect. 110, 457–464 (2002).

46. Mailer RJ, Gafner S. Adulteration of olive oil. Botanical Adulterants Prevention Bulletin. Austin, TX: ABC-AHP-NCNPR Botanical Adulterants Prevention Program; (2020).

in the food industry – A review. Food Biosci. 10, 26–41 (2015).

5. D. J. McNamara, Palm oil and health: a case of manipulated perception and misuse of science. J Am Coll Nutr. 29, 240S–244S (2010).

6. P. Cooper, Rapeseed oil and erucic acid. Food Cosmet Toxicol. 13, 130–133 (1975).

7. Canada's Cinderella crop. fst. 34, 49–51 (2020).

8. History of Canola Seed Development | Canola Encyclopedia, (available at https://www.canolacouncil.org/canola-encyclopedia/history-of-canola-seed-development/).

9. Q. Hu et al., Rapeseed research and production in China. Crop J. (2016), doi:10.1016/j.cj.2016.06.005.

10. S. K. Gupta, in Technological innovations in major world oil crops, volume 1, S. K. Gupta, Ed. (Springer New York, New York, NY, 2012), pp. 53–83.

11. R. Jönsson, Erucic-acid heredity in rapeseed:(Brassica napus L. and Brassica campestris L.). Hereditas. 86, 159–170 (1977).

12. M. R. Sahasrabudhe, Crismer values and erucic acid contents of rapeseed oils. J Am Oil Chem Soc. 54, 323–324 (1977).

13. H. R. Katragadda, A. Fullana, S. Sidhu, Á. A. Carbonell-Barrachina, Emissions of volatile aldehydes from heated cooking oils. Food Chem. 120, 59–65 (2010).

14. A. Keys et al., The diet and 15-year death rate in the seven countries study. Am. J. Epidemiol. 124, 903–915 (1986).

15. Healthy People: The Surgeon General's Report on Health Promotion and Disease Prevention (Chapter 8) - Reports of the Surgeon General - Profiles in Science, (available at https://profiles.nlm.nih.gov/spotlight/nn/catalog/nlm:nlmuid-101584932X101-doc).

16. A. F. La Berge, How the ideology of low fat conquered america. J. Hist. Med. Allied Sci. 63, 139–177 (2008).

17. F. A. Kummerow, The negative effects of hydrogenated trans fats and what to do about them. Atherosclerosis. 205, 458–465 (2009).

18. Substituting Palm Oil for Trans Fat, (available at https://www.todaysdietitian.com/newarchives/070114p20.shtml).

19. WHO plan to eliminate industrially-produced trans-fatty acids from global food supply, (available at https://www.who.int/news/item/14-05-2018-who-plan-to-eliminate-industrially-produced-trans-fatty-acids-from-global-food-supply).

20. W. Hamm, R. J. (richard J. Hamilton, G. Calliauw, Edible Oil Processing (Wiley-blackwell, Chichester, West Sussex, ed. 2, 2013).

21. Edible Oil Processing, (available at https://lipidlibrary.aocs.org/edible-oil-processing).

22. MPOB, Pocketbook of oil palm uses. 7th Ed. (2017).

23. E. Deffense, Fractionation of palm oil. J Am Oil Chem Soc. 62, 376–385 (1985).

24. A.E. Staley Manufacturing Company, (available at https://www.soyinfocenter.com/HSS/ae_staley_manufacturing.php).

25. H. J. Dutton, History of the development of soy oil for edible uses. J Am Oil Chem Soc. 58, 234 (1981).

26. tvoa.industry.org.tw/company/company.asp, (available at http://tvoa.industry.org.tw/company/company.asp).

27. T. G. Kemper, in Edible Oil Processing, W. Hamm, R. J. Hamilton, G. Calliauw, Eds. (John

cl).

24. 21 CFR § 166.110 - Margarine. | CFR | US Law | LII / Legal Information Institute, (available at https://www.law.cornell.edu/cfr/text/21/166.110).

25. J. Quick, E. Murphy, The Fortification of Foods: A Review.

26. D. M. Graham, A. A. Hertzler, Why enrich or fortify foods? J Nutr Educ. 9, 166–168 (1977).

27. FSMA Final Rule for Preventive Controls for Animal Food | FDA, (available at https://www.fda.gov/food/food-safety-modernization-act-fsma/fsma-final-rule-preventive-controls-animal-food).

28. :: 臺灣飼料工業同業公會 ::, (available at http://www.taiwanfeed.org.tw/company/about1.asp).

29. EUR-Lex - 32017R1017 - EN - EUR-Lex, (available at https://eur-lex.europa.eu/legal-content/EN/TXT/?uri=CELEX:32017R1017).

30. BBC NEWS | UK | End to 10-year British beef ban, (available at http://news.bbc.co.uk/2/hi/4967480.stm).

31. J. L. Harman, C. J. Silva, Bovine spongiform encephalopathy. J. Am. Vet. Med. Assoc. 234, 59–72 (2009).

32. P. Ranum, J. P. Peña-Rosas, M. N. Garcia-Casal, Global maize production, utilization, and consumption. Ann. N. Y. Acad. Sci. 1312, 105–112 (2014).

33. NOAA/USDA Alternative Feeds Initiative. The future of aquafeeds | Scientific Publications Office, (available at https://spo.nmfs.noaa.gov/content/tech-memo/noaausda-alternative-feeds-initiative-future-aquafeeds).

34. J. Cabo, R. Alonso, P. Mata, Omega-3 fatty acids and blood pressure. Br. J. Nutr. 107 Suppl 2, S195–200 (2012).

35. M. Sprague, J. R. Dick, D. R. Tocher, Impact of sustainable feeds on omega-3 long-chain fatty acid levels in farmed Atlantic salmon, 2006-2015. Sci. Rep. 6, 21892 (2016).

36. C. A. Daley, A. Abbott, P. S. Doyle, G. A. Nader, S. Larson, A review of fatty acid profiles and antioxidant content in grass-fed and grain-fed beef. Nutr J. 9, 10 (2010).

37. A. P. Simopoulos, The importance of the ratio of omega-6/omega-3 essential fatty acids. Biomed. Pharmacother. 56, 365–379 (2002).

38. M. Yu et al., Unbalanced omega-6/omega-3 ratio in red meat products in China. J Biomed Res. 27, 366–371 (2013).

39. K. Weber, Food Inc. : How Industrial Food Is Making Us Sicker, Fatter, and Poorer - And What You Can Do about It; A Participant Guide (Paperback)--by Karl Weber [2009 Edition] ISBN: 9781586486945 (Karl Weber, New York, ed. 1).

種子到食用油

1. J.-F. Mittaine, T. Mielke, The globalization of international oilseeds trade. OCL. 19, 249–260 (2012).

2. F. A. S. Production, Consumption, Oilseeds: World Markets and Trade. https://www.fas.usda.gov/data/oilseeds-world-markets-and-trade (2020), (available at https://www.fas.usda.gov/data/oilseeds-world-markets-and-trade).

3. B. Matthäus, Use of palm oil for frying in comparison with other high-stability oils. Eur. J. Lipid Sci. Technol. 109, 400–409 (2007).

4. O. I. Mba, M.-J. Dumont, M. Ngadi, Palm oil: Processing, characterization and utilization

3. K. J. Carpenter, A short history of nutritional science: part 1 (1785-1885). J. Nutr. 133, 638–645 (2003).

4. W. J. Darby, Contributions of Atwater and USDA to knowledge of nutrient requirements. J. Nutr. 124, 1733S–1737S (1994).

5. M. L. Zou, P. J. Moughan, A. Awati, G. Livesey, Accuracy of the Atwater factors and related food energy conversion factors with low-fat, high-fiber diets when energy intake is reduced spontaneously. Am. J. Clin. Nutr. 86, 1649–1656 (2007).

6. How Calories are Calculated in Different Countries | ESHA Research, (available at https://esha.com/blog/calorie-calculation-country/).

7. FoodData Central, (available at https://fdc.nal.usda.gov/).

8. Feedlots | The Encyclopedia of Oklahoma History and Culture, (available at https://www.okhistory.org/publications/enc/entry.php?entry=FE006).

9. C. E. Ball, The Finishing Touch. A History of the Texas Cattle Feeders Association and Cattle Feeding in the Southwest (Texas Cattle Feeders Association, Amarillo, Tex, 2nd, rev,., 1996).

10. Animal Feeding Operations (AFOs) | National Pollutant Discharge Elimination System (NPDES) | US EPA, (available at https://www.epa.gov/npdes/animal-feeding-operations-afos).

11. Advances in cattle welfare (Elsevier, 2018).

12. Production Story, (available at https://www.beefitswhatsfordinner.com/raising-beef/production-story).

13. Sacred Cows and Stocking Rates | Agricultural Economics, (available at https://agecon.ca.uky.edu/sacred-cows-and-stocking-rates).

14. R. Kellems, D. Church, Livestock Feeds and Feeding (Pearson, ed. 6, 2009).

15. Stocking Density Effects on Steer Performance, (available at http://www.thebeefsite.com/articles/3076/stocking-density-effects-on-steer-performance/).

16. W. provision, Prepared by the Cattle Standards and Guidelines Writing Group, February 2013.

17. Cattle : Animal Welfare Standards, (available at http://www.animalwelfarestandards.net.au/cattle/).

18. K. J. Carpenter, A short history of nutritional science: part 2 (1885-1912). J. Nutr. 133, 975–984 (2003).

19. F. G. Hopkins, S. W. Cole, A contribution to the chemistry of proteids: Part I. A preliminary study of a hitherto undescribed product of tryptic digestion. J. Physiol. (Lond.). 27, 418–428 (1901).

20. E. G. Willcock, The importance of individual amino-acids in metabolism: Observations on the effect of adding tryptophane to a dietary in which zein is the sole nitrogenous constituent. J. Physiol. (Lond.). 35, 88–102 (1906).

21. D. Mozaffarian, I. Rosenberg, R. Uauy, History of modern nutrition science-implications for current research, dietary guidelines, and food policy. BMJ. 361, k2392 (2018).

22. A Brief History of Food Guides in the United States : Nutrition Today, (available at https://journals.lww.com/nutritiontodayonline/Abstract/1992/11000/A_Brief_History_of_Food_Guides_in_the_United.4.aspx).

23. Graham flour : A study of the physical and chemical differences between graham flour and imitation graham flours : Le Clerc, J. Arthur, b. 1873 : Free Download, Borrow, and Streaming : Internet Archive, (available at https://archive.org/details/grahamflourstudy16le-

uksi/1998/141/made).

31. L. Georghiou, J. S. Metcalfe, M. Gibbons, T. Ray, J. Evans, in Post-Innovation Performance (Palgrave Macmillan UK, London, 1986), pp. 130–136.

32. Chorleywood: The bread that changed Britain - BBC News, (available at https://www.bbc.com/news/magazine-13670278).

33. S. P. Cauvain, L. S. Young, The chorleywood bread process (Woodhead Publishing Limited, 2006).

34. J. Cherfas, The Worst Thing Since Sliced Bread: the Chorleywood Bread Process. Technological University Dublin (2020), doi:10.21427/99cm-eb95.

35. M. Plummer, The Big Secret - What Happened To Our Bread: The Chorleywood Bread Process (CreateSpace Independent Publishing Platform, 2016).

36. Colin Ratledge and BjÃfÂ rn Kristiansen, Basic Biotechnology (Cambridge University Press, Cambridge, U.K, ed. 2, 2001).

37. S. Feinstein, Louis Pasteur: The Father of Microbiology (Inventors Who Changed the World) (Myreportlinks.Com, Berkeley Heights, N.J, 2008).

38. E. L. Marx, A Revolution In Biotechnology (Cambridge University Press, Cambridge [Cambridgeshire], 1989).

39. A. Goffeau et al., Life with 6000 genes. Science. 274, 546, 563–7 (1996).

40. R. Van Rooijen, P. Klaassen, in Genetic modification in the food industry, S. Roller, S. Harlander, Eds. (Springer US, Boston, MA, 1998), pp. 158–173.

41. J. Hammond, in Genetic modification in the food industry, S. Roller, S. Harlander, Eds. (Springer US, Boston, MA, 1998), pp. 129–157.

42. Who Invented the Bread Machine? | Make The Bread Blog, (available at https://makethebread.com/who-invented-the-bread-machine/).

43. Joseph Lee...Baking up a Storm! - The Black History Channel, (available at http://theblackhistorychannel.com/2013/joseph-lee-baking-up-a-storm/).

44. Automatic bread producing machine - Matsushita Electric Industrial Co., Ltd., (available at https://www.freepatentsonline.com/4762057.html).

45. A. Whitley, Bread Matters (Harpercollins, UK., 2009).

46. The Chorleywood Bread process. How bread was conquered., (available at https://www.breadbeginners.co.uk/blog/chorleywood-bread-process/).

47. L. Elli et al., Diagnosis of gluten related disorders: Celiac disease, wheat allergy and non-celiac gluten sensitivity. World J. Gastroenterol. 21, 7110–7119 (2015).

48. J. F. Ludvigsson et al., Screening for celiac disease in the general population and in high-risk groups. United European Gastroenterol. J. 3, 106–120 (2015).

49. Gluten-Free Diet Plan: What to Eat, What to Avoid, (available at https://www.healthline.com/nutrition/gluten-free-diet).

飼料到肉

1. EUR-Lex - 32003R1831 - EN - EUR-Lex, (available at https://eur-lex.europa.eu/legal-content/EN/TXT/?uri=CELEX:32003R1831).

2. 動物用藥品管理法，(available at http://www.rootlaw.com.tw/LawContent.aspx?LawID=A040270070001000-1051109).

Production (Food & Agriculture Organization Of The Un, Rome, ed. 1, 2002).

11. A. Arzani, M. Ashraf, Cultivated Ancient Wheats (Triticum spp.): A Potential Source of Health-Beneficial Food Products. Comp. Rev. Food Sci. Food Safety. 16, 477–488 (2017).

12. I. Pasha, F. M. Anjum, C. F. Morris, Grain hardness: a major determinant of wheat quality. Food Sci. Technol. Int. 16, 511–522 (2010).

13. C. M. Brites, C. A. L. dos Santos, A. S. Bagulho, M. L. Beirão-da-Costa, Effect of wheat puroindoline alleles on functional properties of starch. Eur. Food Res. Technol. 226, 1205–1212 (2008).

14. K. G. Campbell et al., Quantitative Trait Loci Associated with Kernel Traits in a Soft × Hard Wheat Cross. Crop Sci. 39, 1184–1195 (1999).

15. C. F. Morris, Puroindolines: the molecular genetic basis of wheat grain hardness. Plant Mol. Biol. 48, 633–647 (2002).

16. Metakovsky, Branlard, Graybosch, Bekes, AACCI Web Site (www.aaccnet.org) Grain Bin' ' The Gluten Composition of Wheat Varieties and Genotypes PART I. GLIADIN COMPOSITION TABLE.

17. Report on Vienna Bread : Eben Norton Horsford : Free Download, Borrow, and Streaming : Internet Archive, (available at https://archive.org/details/bub_gb_6jRDAAAAIAAJ).

18. How the Roller Mills Changed the Milling Industry, (available at http://www.angelfire.com/journal/millrestoration/roller.html).

19. M. Pollan, Cooked: A Natural History of Transformation (Penguin Books, Reprint., 2014).

20. Graham flour : A study of the physical and chemical differences between graham flour and imitation graham flours : Le Clerc, J. Arthur, b. 1873 : Free Download, Borrow, and Streaming : Internet Archive, (available at https://archive.org/details/grahamflourstudy16lecl).

21. Benjamin R. Jacobs - Wikipedia, (available at https://en.wikipedia.org/wiki/Benjamin_R._Jacobs).

22. Wheat Milling Process | North American Millers' Association, (available at https://www.namamillers.org/education/wheat-milling-process/).

23. Types of Flour | North American Millers' Association, (available at https://www.namamillers.org/education/types-of-flour/).

24. 《烘焙麵粉介紹》高筋麵粉、中筋麵粉與低筋麵粉如何運用？附食譜與品牌資訊表 - 愛料理生活誌 , (available at https://blog.icook.tw/posts/121830).

25. S. Cauvain, Technology of Breadmaking (Springer International Publishing, Cham, 2015).

26. E. Buehler, Bread Science: The Chemistry and Craft of Making Bread (Two Blue Books, Carrboro, N.C, 2006).

27. W. Jago, A Text-book Of The Science And Art Of Bread-making: Including The Chemistry And Analytic And Practical Testing Of Wheat, Flour, And Other Materials Emloyed In Baking (Andesite Press, 2015).

28. Regulation (EC) No 258/97 of the European Parliament and of the Council of 27 January 1997 concerning novel foods and novel food ingredients - Publications Office of the EU, (available at https://op.europa.eu/en/publication-detail/-/publication/f70927b0-8f64-4bad-b142-82a6f8f96e11/language-en/format-PDFA1B).

29. The Miscellaneous Food Additives Regulations 1995 No. 3187, (available at https://www.legislation.gov.uk/uksi/1995/3187/made/data.xht?view=snippet&wrap=true).

30. The Bread and Flour Regulations 1998, (available at https://www.legislation.gov.uk/

help meet the Challenges of increased population and Climate Change.

85. www.fao.org/fileadmin/templates/ERP/uni/F4D.pdf.

86. J. Gustavsson, Global Food Losses And Food Waste (Food & Agriculture Organization, 2015).

87. C. Hiç, P. Pradhan, D. Rybski, J. P. Kropp, Food surplus and its climate burdens. Environ. Sci. Technol. 50, 4269–4277 (2016).

88. History - Corn Refiners Association, (available at https://web.archive.org/web/20160507115317/http://corn.org/about/history/).

89. How many people does one farmer feed in a year? | HowStuffWorks, (available at https://recipes.howstuffworks.com/how-many-farmer-feed.htm/printable).

90. How many farmers will we "need"? F. Kirschenmann Jan. 01, (available at https://www.extension.iastate.edu/agdm/articles/others/KirJan01.htm).

91. U. N. Publications, World Urbanization Prospects: The 2018 Revision (United Nations, 2019).

第三章 現代食物的新樣貌

1. E. L. (Eugene L. Jack, History of the Department of Dairy Industry in the University of California (Davis?, 1966).

2. J. Salatin, Everything I Want To Do Is Illegal: War Stories From The Local Food Front (Polyface, Swoope, Va, ed. 1, 2007).

3. Joel Salatin Processes Chickens - MOTHER EARTH NEWS FAIR, (available at https://www.youtube.com/watch?v=7GYjRv8dIDg).

4. J. Poti, M. Mendez, S. W. Ng, B. Popkin, Are Food Processing and Convenience Linked with the Nutritional Quality of Foods Purchased by US Households? FASEB J. 29, 587.9 (2015).

小麥到麵包

1. 農業統計視覺化查詢網，(available at https://statview.coa.gov.tw/aqsys_on/importantArgiGoal_lv3_1_5_3.html).

2. Daily chart - Asian countries are eating more wheat | Graphic detail | The Economist, (available at https://www.economist.com/graphic-detail/2017/03/13/asian-countries-are-eating-more-wheat).

3. 食米量僅 20 年前一半！國產稻米與小麥食用量 驚現死亡交叉 | 農傳媒，(available at https://agriharvest.tw/archives/11577).

4. R. Cooper, Re-discovering ancient wheat varieties as functional foods. J Tradit Complement Med. 5, 138–143 (2015).

5. J. Diamond, Guns, Germs And Steel: The Fates Of Human Societies (W W Norton & Co Inc, New York, ed. 1, 1997).

6. D. Samuel, Bread in archaeology. Civilisations, 27–36 (2002).

7. B. J. Kemp, Amarna Reports, V (occasional Publications) (Egypt Exploration Society, 1989).

8. Integrated Taxonomic Information System, (available at https://www.itis.gov/).

9. Wheat Taxonomy, (available at https://www.k-state.edu/wgrc/wheat_tax/index.html).

10. Food And Agriculture Organization Of The United Nations, Bread Wheat: Improvement And

62. 四民月令：四民月令 - 中國哲學書電子化計劃，(available at https://ctext.org/wiki.pl?if=gb&chapter=661267).

63. 龔光明．古代生物多樣性防治病蟲害的實施及現代的利用方式．Shanxi Agri Univ (Social Science Edition) No.9 Vol. 12 (2013).

64. An Introduction to Insecticides (4th edition) | Radcliffe's IPM World Textbook, (available at https://ipmworld.umn.edu/ware-intro-insecticides).

65. Paul Hermann Müller Biography, (available at http://www.bookrags.com/biography/paul-hermann-muller-wap/).

66. The Truth About DDT and Silent Spring - The New Atlantis, (available at https://www.thenewatlantis.com/publications/the-truth-about-ddt-and-silent-spring).

67. R. P. Mcintosh, The Background Of Ecology: Concept And Theory (cambridge Studies In Ecology) (Cambridge University Press, ed. 1, 1986).

68. Vol. 14, No. 7, Jul., 1964 of BioScience on JSTOR, (available at https://www.jstor.org/stable/i255354).

69. DDT Regulatory History: A Brief Survey (to 1975) | About EPA | US EPA, (available at https://archive.epa.gov/epa/aboutepa/ddt-regulatory-history-brief-survey-1975.html).

70. DDT - A Brief History and Status | Ingredients Used in Pesticide Products | US EPA, (available at https://www.epa.gov/ingredients-used-pesticide-products/ddt-brief-history-and-status).

71. W. S. Sutton, The chromosomes in heredity. Biol Bull. 4, 231–250 (1903).

72. J. D. Watson, F. H. Crick, Molecular structure of nucleic acids; a structure for deoxyribose nucleic acid. Nature. 171, 737–738 (1953).

73. Tissue culture | biology | Britannica, (available at https://www.britannica.com/science/tissue-culture).

74. Playing God: "We are in the midst of a genetic revolution" - CBS News, (available at https://www.cbsnews.com/news/playing-god-crispr-dna-genetic-ethics/).

75. 世界首例免疫愛滋病基因編輯嬰兒 在中國誕生 | 生活 | 重點新聞 | 中央社 CNA, (available at https://www.cna.com.tw/news/firstnews/201811260176.aspx).

76. Research and development (R&D) - Gross domestic spending on R&D - OECD Data, (available at https://data.oecd.org/rd/gross-domestic-spending-on-r-d.htm#indicator-chart).

77. Research and development (R&D) - Researchers - OECD Data, (available at https://data.oecd.org/rd/researchers.htm#indicator-chart).

78. J. Fernandez-Cornejo, R. E. Just, Researchability of modern agricultural input markets and growing concentration. Am J Agric Econ. 89, 1269–1275 (2007).

79. TheSeedIndustryinUSAgriculture.pdf.

80. P. Howard, Visualizing consolidation in the global seed industry: 1996–2008. Sustainability. 1, 1266–1287 (2009).

81. www.ipes-food.org/_img/upload/files/Concentration_FullReport.pdf.

82. J. M. Smith, Seeds Of Deception: Exposing Industry And Government Lies About The Safety Of The Genetically Engineered Foods You're Eating (Yes Books Distributed By Chelsea Green Publishing, Fairfield, IA, First Paperback Edition., 2003).

83. Michael, M. Pollan, The Omnivore's Dilemma: A Natural History Of Four Meals (Penguin, Reprint., 2007).

84. Global StatuS of CommerCialized bioteCh/Gm CropS in 2018: biotech Crops Continue to

org/stable/41360607#metadata_info_tab_contents).

39. Farming and Gardening for Health or Disease - Albert Howard - ToC, (available at http://www.journeytoforever.org/farm_library/howardSH/SHtoc.html).

40. An Agricultural Testament - Albert Howard - ToC, (available at http://www.journeytoforever.org/farm_library/howardAT/ATtoc.html).

41. J. Paull, The Farm as Organism: The Foundational Idea of Organic Agriculture (2006).

42. J. Hoppit, The nation, the state, and the first industrial revolution. J. Br. Stud. 50, 307–331 (2011).

43. 盈豪陳，我國古代的養羊智慧．羊協一家親．30, 9–14 (2004).

44. E. Grant, God And Reason In The Middle Ages (Cambridge University Press, Cambridge [England], 1st Edition., 2001).

45. I. B. Cohen, The Scientific Renaissance, 1450-1630 . Marie Boas. Isis. 56, 240–242 (1965).

46. G. Mendel, Versuche über Pflanzen-Hybriden / (Im Verlage des Vereines,, Brünn :, 1866).

47. Translated By Leonie Kellen Piernick Department of Zoology, University of California, Berkeley, California.

48. C. Correns, G. Mendel's law concerning the behavior of progeny of varietal hybrids. Genetics. 35, 33–41 (1950).

49. I. H. Stamhuis, O. G. Meijer, E. J. Zevenhuizen, Hugo de Vries on heredity, 1889-1903. Statistics, Mendelian laws, pangenes, mutations. Isis. 90, 238–267 (1999).

50. R. M. Henig, The Monk In The Garden: The Lost And Found Genius Of Gregor Mendel, The Father Of Genetics (Houghton Mifflin Harcourt, Boston, ed. 1, 2000).

51. E. A. Carlson, Mendel's Legacy: The Origin Of Classical Genetics (Cold Spring Harbor Laboratory Press, Cold Spring Harbor, N.Y, ed. 1, 2004).

52. U. Deichmann, Early 20th-century research at the interfaces of genetics, development, and evolution: reflections on progress and dead ends. Dev. Biol. 357, 3–12 (2011).

53. H. C. G. Matthew, B. Harrison, Eds., The oxford dictionary of national biography (Oxford University Press, Oxford, 2004).

54. Alan L. Et Al Jones, The Parliament Of Science: The British Association For The Advancement Of Science 1831-1981 (Science Reviews, Northwood, Midx, 1981).

55. H. H. Flor, Current status of the gene-for-gene concept. Annu. Rev. Phytopathol. 9, 275–296 (1971).

56. R. Carson, Silent Spring (Houghton Mifflin Company, Boston, 40th Anniversary Edition., 2002).

57. Beyond Silent Spring: An Alternate History of DDT | Science History Institute, (available at https://www.sciencehistory.org/distillations/magazine/beyond-silent-spring-an-alternate-history-of-ddt).

58. The Guardian: Origins of the EPA | About EPA | US EPA, (available at https://archive.epa.gov/epa/aboutepa/guardian-origins-epa.html).

59. The Origins of EPA | EPA History | US EPA, (available at https://www.epa.gov/history/origins-epa).

60. www.ifoam.bio/sites/default/files/page/files/founding_letter.pdf.

61. History | IFOAM, (available at https://www.ifoam.bio/en/about-us/history).

16. I. Mathieson et al., Genome-wide patterns of selection in 230 ancient Eurasians. Nature. 528, 499–503 (2015).

17. J.-P. Bocquet-Appel, When the world's population took off: the springboard of the Neolithic Demographic Transition. Science. 333, 560–561 (2011).

18. 200,000 Years in Seven Minutes | AMNH, (available at https://www.amnh.org/explore/news-blogs/news-posts/200-000-years-in-seven-minutes).

19. V. Eshed, A. Gopher, T. B. Gage, I. Hershkovitz, Has the transition to agriculture reshaped the demographic structure of prehistoric populations? New evidence from the Levant. Am. J. Phys. Anthropol. 124, 315–329 (2004).

20. R. S. Solecki, Shanidar IV, a neanderthal flower burial in northern iraq. Science. 190, 880–881 (1975).

21. 公告「可同時提供食品使用之中藥材」品項，自中華民國 107 年 2 月 22 日生效。- 中醫藥司 , (available at https://dep.mohw.gov.tw/DOCMAP/cp-754-39873-108.html).

22. D. Hooper, Pharmacographia indica :A history of the principal drugs of vegetable origin, met with in British India (K. Paul, Trench, Trübner, 1890), vol. v. 1.

23. The state of the world's biodiversity for food and agriculture (FAO, 2019).

24. WHO | Traditional medicine, (available at https://web.archive.org/web/20080727053337/http://www.who.int/mediacentre/factsheets/fs134/en/).

25. M. Rashrash, J. C. Schommer, L. M. Brown, Prevalence and predictors of herbal medicine use among adults in the united states. J. Patient Exp. 4, 108–113 (2017).

26. M. A. Morse, Craniology and the Adoption of the Three-Age System in Britain. Proc. Prehist. Soc. 65, 1–16 (1999).

27. H. Ritchie, M. Roser, Land Use - Our World in Data. Our World in Data (2013) (available at https://ourworldindata.org/land-use).

28. The John Deere Legacy - Don Macmillan Wayne G. Broehl - Google 圖書.

29. 饑荒列表 - 維基百科，自由的百科全書 , (available at https://zh.wikipedia.org/wiki/%E9%A5%A5%E8%8D%92%E5%88%97%E8%A1%A8).

30. 愛爾蘭大饑荒 - 維基百科，自由的百科全書 , (available at https://zh.wikipedia.org/wiki/%E7%88%B1%E5%B0%94%E5%85%B0%E5%A4%A7%E9%A5%A5%E8%8D%92).

31. 陳冠文 , 肥料的發展與推進 . 科學發展 . 545 (2018).

32. Ammonia, (available at https://www.essentialchemicalindustry.org/chemicals/ammonia.html).

33. J. W. Erisman, M. A. Sutton, J. Galloway, Z. Klimont, W. Winiwarter, How a century of ammonia synthesis changed the world. Nat. Geosci. 1, 636–639 (2008).

34. J. Heckman, A history of organic farming: Transitions from Sir Albert Howard's War in the Soil to USDA National Organic Program. RAF. 21, 143–150 (2006).

35. Farmers of forty centuries, or, Permanent agriculture in China, Korea and Japan - Cornell University Library Digital Collections: Core Historical Literature of Agriculture, (available at https://digital.library.cornell.edu/catalog/chla2917542).

36. Sir Albert Howard Memorial Issue, (available at http://www.journeytoforever.org/farm_library/howard_memorial.html).

37. A. Howard, Y. D. Wad, The Waste Products of Agriculture - Their Utilization as Humus (Oxford University Press, 1931).

38. The manufactire of humus by the indore process on JSTOR, (available at https://www.jstor.

第一章 緣起

1. S. Haze et al., 2-Nonenal newly found in human body odor tends to increase with aging. J. Invest. Dermatol. 116, 520–524 (2001).
2. G. Preti, J. J. Leyden, Genetic influences on human body odor: from genes to the axillae. J. Invest. Dermatol. 130, 344–346 (2010).
3. S. Mitro, A. R. Gordon, M. J. Olsson, J. N. Lundström, The smell of age: perception and discrimination of body odors of different ages. PLoS One. 7, e38110 (2012).
4. M. Gallagher et al., Analyses of volatile organic compounds from human skin. Br. J. Dermatol. 159, 780–791 (2008).
5. H. Stone, Example food: What are its sensory properties and why is that important? npj Sci. Food. 2, 11 (2018).

第二章 人類飲食與農業發展

1. C. E. Ebert, J. A. Hoggarth, J. J. Awe, B. J. Culleton, D. J. Kennett, The Role of Diet in Resilience and Vulnerability to Climate Change among Early Agricultural Communities in the Maya Lowlands. Curr Anthropol, 000–000 (2019).
2. The Introduction of American Food Plants into China on JSTOR, (available at https://www.jstor.org/stable/666391?seq=1#metadata_info_tab_contents).
3. S. Chen, J. K. Kung, Of maize and men: the effect of a New World crop on population and economic growth in China. J. Econ. Growth. 21, 71–99 (2016).
4. A. Hailey, R. L. Chidavaenzi, J. P. Loveridge, Diet mixing in the omnivorous tortoise Kinixys spekii. Funct. Ecol. 12, 373–385 (1998).
5. M. S. Singer, E. A. Bernays, Understanding omnivory needs a behavioeral perspectives. Ecology. 84, 2532–2537 (2003).
6. C. H. Yeager, T. S. Painter, R. M. Yerkes, The chromosomes of the chimpanzee. Science. 91, 74–75 (1940).
7. J. Wakeley, Nature, in press, doi:10.1038/nature06805.
8. P. Andrews, L. Martin, Philos. Trans. R. Soc. Lond. B, Biol. Sci., in press, doi:10.1098/rstb.1991.0109.
9. P. S. Ungar, F. E. Grine, M. F. Teaford, Diet in earlyhomo : A review of the evidence and a new model of adaptive versatility. Annu Rev Anthropol. 35, 209–228 (2006).
10. S. R. James et al., Hominid Use of Fire in the Lower and Middle Pleistocene: A Review of the Evidence [and Comments and Replies]. Curr Anthropol. 30, 1–26 (1989).
11. K. W. de Winter, Biological and cultural evolution: Different manifestations of the same principle. A systems-theoretical approach. J. Hum. Evol. 13, 61–70 (1984).
12. P., 1928- Angela, The extraordinary story of human origins (Prometheus Books, Buffalo, N.Y, 1993).
13. J. L. Weisdorf, From foraging to farming: explaining the neolithic revolution. J Econ Surv. 19, 561–586 (2005).
14. Lactose Tolerance and Human Evolution | Arts & Culture | Smithsonian Magazine, (available at https://www.smithsonianmag.com/arts-culture/lactose-tolerance-and-human-evolution-56187902/).
15. A. Ranciaro et al., Genetic origins of lactase persistence and the spread of pastoralism in Africa. Am. J. Hum. Genet. 94, 496–510 (2014).

參考文獻

書　　名 Me too 智慧飲食

作　　者 王裕文
封面設計 林巾靖
企劃總編 游玉美

出　　版 國立臺灣大學磯永吉學會
地址 / 台北市羅斯福路四段 1 號農藝學系
電話 /886-2-33664754
理 事 長 劉力瑜
顧　　問 彭雲明

印　　製 博創印藝文化事業有限公司
印　　刷 皇賓彩色印刷公司
出版日期 2021 年 12 月
版　　次 初版
定　　價 新臺幣 380 元
讀者信箱 forestlife99@gmail.com
I S B N 978-986-93182-9-7

國家圖書館出版品預行編目(CIP)資料

Me too 智慧飲食 = Me too@smart dietarian / 王裕文著. -- 初版. -- 臺北市 : 國立臺灣大學磯永吉學會, 2021.12
面； 公分
ISBN 978-986-93182-9-7(平裝)

1.農業史 2.食品工業 3.食品衛生

430.933　　110020954

Printed in Taiwan